高职高专公共基础课系列教材

信息技术基础

(Windows 10 + Office 2016 + 新技术)

(第二版)

主　编　万雅静

副主编　徐　勇　张　莉　任琰杰

参　编　张　越　张伟杰　郭小静

　　　　赵　杰　吴晓霞

主　审　任立军　杨玉坤

西安电子科技大学出版社

内 容 简 介

本书根据当前高职高专教学创新改革的新形势，按照高素质、高技能应用型人才对信息技术认知和能力的要求，将工作与生活中的计算机操作技能有机地组织起来，同时对新技术进行了拓展性的阐述。书中以思维导图展示内容的逻辑关系，以二维码形式补充拓展知识。全书分为基础篇和拓展篇。前 10 章为基础篇，内容包括计算机基础知识、操作系统、Word 2016 文档处理、Excel 2016 的应用、PowerPoint 2016 的应用、多媒体技术、网络技术与信息安全、计算机网络应用、程序设计基础和新一代信息技术概述。后 9 章为拓展篇，内容包括 WPS Office 办公应用、机器人流程自动化、大数据、人工智能、云计算、现代通信技术、物联网、虚拟现实和区块链。基础篇以"理实结合、学做合一"为原则，拓展篇以构建新时代信息化素养为核心。本书融入了职业素养、伦理道德、政策法规等内容融入教材各环节。

本书具有定位准确、理论适中、知识系统、内容翔实等特点，既可作为高职高专院校学生学习"信息技术基础"课程的教材，又可作为各类从业人员进行职业教育和在职培训的学习资料。

图书在版编目(CIP)数据

信息技术基础：Windows 10 + Office 2016 + 新技术 / 万雅静主编. —2 版. —西安：西安电子科技大学出版社，2022.8(2024.6 重印)
ISBN 978–7–5606–6555–9

Ⅰ. ①信…　Ⅱ. ①万…　Ⅲ. ①Windows 操作系统—高等学校—教材 ②办公自动化—应用软件—高等学校—教材　Ⅳ. ①TP316.7 ②TP317.1

中国版本图书馆 CIP 数据核字(2022)第 147914 号

策　　划　刘小莉　杨航斌
责任编辑　刘小莉
出版发行　西安电子科技大学出版社(西安市太白南路 2 号)
电　　话　(029) 88202421　88201467　　　　邮　　编　710071
网　　址　www.xduph.com　　　　　　　　电子邮箱　xdupfxb001@163.com
经　　销　新华书店
印刷单位　咸阳华盛印务有限责任公司
版　　次　2022 年 8 月第 2 版　2024 年 6 月第 4 次印刷
开　　本　787 毫米×1092 毫米　1/16　印张 23
字　　数　545 千字
定　　价　58.00 元
ISBN　978–7–5606–6555–9 / TP
XDUP 6857002–4
如有印装问题可调换

前　　言

　　"信息技术基础"是高等职业技术院校开设范围最广的一门公共基础课，是帮助高等职业院校学生增强信息化意识、建立信息化思维模式、提升信息化创新与发展能力、树立正确的信息社会价值观和责任感，为以后的职业发展、终身学习和服务社会奠定基础的一门重要课程。本书依据教育部制定的《高职高专教育计算机公共基础课程教学基本要求》《高等职业教育专科信息技术课程标准(2021 年版)》，根据高职院校国家级规划教材的指导精神编写而成，同时也兼顾了全国计算机等级考试一级计算机基础及 MS Office 应用考试的需求，可满足学习者的多维学习需求。

　　深入推进党的创新理论进教材，是构建中国特色高质量教材体系的重大原则，是教材工作必须完成好的重要政治任务。教育部坚持以习近平新时代中国特色社会主义思想为指导，全面贯彻落实党的二十大精神，把教材建设作为深化教育领域综合改革的重要环节，不断深化对做好这项工作的规律性认识和实践探索，确保党的二十大精神进教材落到实处、取得实效。

　　本书在编写过程中，以党的二十大报告中关于坚持理论与实践相结合、坚持问题导向和系统观念、重视思想政治教育、加快建设网络强国、加强网络安全保障体系等重要论述为引领，结合党的二十大精神进教材、进课堂、进头脑的要求，选取实际生活中的案例，将理论知识和实践操作相结合，将知识讲解与思政教育相结合，注重培养学生的创新精神、实践能力、社会责任感、法治意识与安全观。同时，本书紧跟信息技术发展前沿，以新时代信息化素养为核心，新增拓展篇讲解人工智能、大数据、云计算等数字中国建设的重要内容。此外，本书还提供了线上资源拓展知识，体现了现代信息技术与教育教学过程的深度融合，对于进一步推动教育数字化发展具有重要意义。

　　本书主要介绍了 Windows 10 操作系统的基本操作、Office 2016 办公软件的基本应用和高级应用，同时对新一代信息技术及应用进行了系统性介绍。本书具有如下鲜明特色：

1. 定位准确，内容先进

本书内容和职业标准、课程标准、专业服务需求有机衔接，力求实现学生知识和技能、价值观、必备品格和关键能力的培养目标。本书采用基础知识与前沿技术相结合的形式，优化知识编排结构，将当前信息技术的应用与未来职业行业发展中信息技术的作用合理组织，具有实用性和先进性。

2. 案例丰富，注重效果

本书注重教材的应用性和实践性，各章案例源于学校、公司、政府机关等真实场景。书中遵循读者在生活、学习中使用信息工具的趋势设计案例，贴近生活，具有较强的可用性和可操作性，可使读者在"所学即所用"中快速掌握知识和技能，提升学习效果。

3. 内容可折叠，选择更主动

本书直接呈现的内容是课标要求的内容。书中二维码提供了更丰富的拓展内容，为多媒体融合教材、立体教材的建设起到了积极作用。

本书由河北机电职业技术学院万雅静、徐勇、张莉、任琰杰等人编写，其中第1、2、17章由徐勇编写，第3、9、12章由郭小静、赵杰编写，第4、15、19章由张伟杰编写，第5、11章由张莉、吴晓霞编写，第6、18章由张越编写，第7、8、10、13、14、16章由任琰杰编写。万雅静参与了第3、9、13、18章的编写，并对全书进行了统稿。河北机电职业技术学院任立军教授、杨玉坤高级工程师对全书内容进行了政策性方面、形式上、内容上的全面审核，并提出了大量宝贵建议，在此表示感谢。

由于编者水平有限，书中难免存在不足之处，敬请广大读者不吝指正。

编　者

2023 年 8 月

目　录

基　础　篇

拓 展 篇

第 1 章　计算机基础知识

计算机是 20 世纪人类社会最伟大的科技成果之一,计算机技术也是 20 世纪发展最快的新兴学科之一。计算机技术的飞速发展极大地改变了人们的生活和工作。从 20 世纪 90 年代起,随着 Internet 的出现,人类开始进入信息化时代。当前,计算机及其应用已经渗透到社会的各个领域,计算机已经成为人类信息化社会中必不可少的基本工具,计算机技术更是人类信息社会重要的技术基础,有力地推动了整个信息化社会的发展。在信息化社会中,计算机的基础知识及操作技能是人们工作、学习、生活所必须具有的基本素质。只有全面认知计算机,充分了解计算机的各项功能,才能使其成为人们的助手,使其更好地协助人们的学习、生活和工作。

一个完整的计算机系统是由硬件系统和软件系统两部分组成的。硬件系统就像计算机的身体,软件系统就像计算机的灵魂(不是大脑)。如果没有身体,灵魂无法生存;如果没有了灵魂,硬件再强大也无法运转。

本章将介绍计算机的起源、发展历程和发展趋势,计算机的特点、应用和分类,计算机中信息的表示,计算机系统的组成和工作原理,微型计算机的软硬件系统及其主要性能指标。

本章要点:

- 计算机的发展历程、发展趋势。
- 计算机的特点、应用及分类。
- 计算机中的数制、编码。
- 计算机系统的基本结构、工作原理。
- 微型计算机的硬件系统、软件系统。
- 计算机系统的主要性能指标。

思维导图:

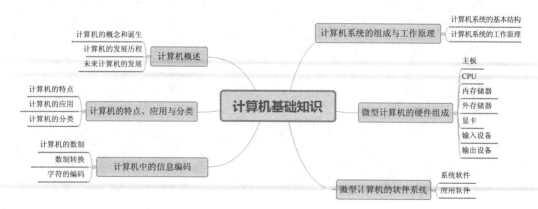

关键字：

  计算机系统：Computer System。
  控制器：Control Unit。
  存储器：Memery。
  主板：Main Board。
  中央处理器：Central Processing Unit。

1.1　计算机概述

1.1.1　计算机的概念和诞生

  电子计算机，俗称"电脑"，是一种具有快速计算和逻辑运算能力，依据一定程序自动处理信息、存储并输出处理结果的电子设备，是 20 世纪人类最伟大的发明创造之一。

  在计算机产生之前，计算问题主要通过算盘、计算尺、手摇或电动机械计算器、微分仪等计算工具由人工计算解决。计算工具的演化经历了由简单到复杂、由低级到高级的不同阶段，它们在不同的历史时期发挥了各自的历史作用。

  提到世界公认的第一台电子数字计算机，大多数人都认为是 1946 年诞生的"埃尼阿克"(ENIAC，即 Electronic Numerical Integrator and Calculator，电子数字积分器和计算器)，它是美国宾夕法尼亚州立大学莫尔电工学院设计制造的。它的体积庞大，由 17 468 个电子管、60 000 个电阻器、10 000 个电容器和 6000 个开关组成，占地面积 170 多平方米，重约 30 吨，运行时耗电功率近 150 千瓦。

1.1.2　计算机的发展历程

  1946 年问世的电子计算机是人类最伟大的科学技术成就之一，它是电子技术和计算技术空前发展的产物,是科学技术与生产力发展的结晶。它的诞生极大地推动了科学技术的发展。

计算机发展阶段

  自第一台计算机诞生至今，虽然只有几十年的时间，但计算机已发生了日新月异的变化。人们根据计算机所用元器件的不同，将计算机的发展划分为 4 个阶段：电子管计算机(1946—1959 年)、晶体管计算机(1959—1965 年)、集成电路计算机(1965—1971 年)、大规模与超大规模计算机(1971 年至今)。

  我国从 1956 年开始研制第一代计算机。1958 年我国成功研发第一台小型电子管通用计算机 103 机，标志着我国步入计算机发展时代。1983 年，国防科技大学研制成功运算速度每秒上亿次的银河-I 巨型机，这是我国高速计算机研制的一个重要里程碑。2002 年，我国成功制造出首枚高性能通用 CPU——龙芯一号。2009 年我国首台千万亿次超级计算机"天河一号"诞生，使我国成为继美国之后世界上第二个能够研制千万亿次超级计算机的国家。2013 年 6 月 17 日，全球超级计算机 500 强榜单公布，国防科技大学研制的天河二号以每秒 33.86 千万亿次的浮点运算速度成为全球最快的超级计算机。2017 年 11 月 13 日，中国超级计算机"神威·太湖之光"(见图1-1)和"天河二号"第四次分列冠亚军,且中国超级计算机上榜总数又一次超过美国,夺得第一。

图 1-1　位于国家超级计算无锡中心的"神威·太湖之光"

1.1.3　未来计算机的发展

随着大规模、超大规模集成电路的广泛应用,计算机在存储容量、运算速度和可靠性等方面都得到了很大的提高。计算机正朝着巨型化、微型化、网络化、人工智能化等方向深入发展。

计算机的发展趋势

在未来社会中,计算机、网络、通信技术将会三位一体化,会把人从重复、枯燥的信息处理过程中解脱出来,从而改变我们的工作、生活和学习方式,给人类和社会拓展更大的生存和发展空间。传统的基于集成电路的计算机短期内还不会退出历史舞台,但未来计算机,如量子计算机、神经网络计算机、生物计算机、光计算机等,已崭露头角。

1.2　计算机的特点、应用与分类

1.2.1　计算机的特点

计算机凭借传统信息处理工具所不具备的特征,深入到了社会生活的各个方面,而且它的应用领域正在变得越来越广泛。计算机主要具备以下特点:具有自动控制能力,处理速度快,"记忆"能力强,能进行逻辑判断,计算精度高,通用性强。

计算机的特点

1.2.2　计算机的应用

计算机诞生之初主要用于数值计算,所以才得名"计算机"。但随着计算机技术的飞速发展,计算机的应用范围不断扩大,已经从科学计算、数据处理、实时控制等扩展到办公自动化、生产自动化、人工智能和多种多样的网络应用等领域。

1.2.3　计算机的分类

电子计算机的分类方法有很多种,可以从计算机所处理信息的表示方式、计算机的用途、计算机的主要构成元件、计算机的运算速度和应用环境等多个方面予以划分。

按照结构原理不同，计算机可以分为数字电子计算机、模拟电子计算机和数模混合电子计算机；按照设计目的划分，计算机可以分为通用电子计算机、专用电子计算机；按大小和用途划分，计算机可以分为巨型计算机、大中型主机、小型计算机、个人计算机和工作站。

1.3　计算机中的信息编码

信息在计算机中以数据的形式存在，数据可分为数值数据和非数值数据两大类，其中非数值数据包括西文字母、标点符号、汉字、图形、声音和视频等。无论什么类型的数据，在计算机内都使用二进制数表示和处理，其中数值数据可以直接转换为二进制数，而非数值数据则采用二进制编码的形式存储。

计算机之所以采用二进制，是因为：

(1) 技术实现简单。二进制数只有“1”和“0”两个数字，两个数字可以很方便地使用基础元器件的两种状态对应。比如，开关的“开”和“关”分别对应“1”和“0”。

(2) 运算规则简单。计算机中的算术运算都可以归结为二进制加法这一种运算。而二进制加法的运算组合极少，运算规则简单，有利于简化计算机的内部结构，提高运算速度。

(3) 适合逻辑运算。计算机用来实现逻辑判断的运算称为逻辑运算。它可以对若干只有“真”和“假”两个状态的元素进行计算，得出结果为“真”或“假”的结论。这里的“真”或“假”就可以很方便地用二进制的“0”或“1”表示。

(4) 易于进行转换。二进制数与十进制数可以很容易地进行相互转换。

(5) 抗干扰能力强，可靠性高。计算机中的“0”和“1”可以用一定范围内的高低电平表示，比如 2.5 V 至 5 V 表示“1”，−1.5 V 至−3 V 表示“0”。两种电平信号受到干扰时仍能可靠地分辨出是高电平还是低电平。

二进制是计算机用来描述世界的方式。除了计算，二进制还可以用来表示图形、图像、音频、文字等其他信息，今天计算机技术能够深入我们生活的方方面面，与它采用二进制有着莫大的关系。

1.3.1　计算机的数制

数制也称计数制，是指用一组固定的符号和一套统一的规则来表示数值的方法。按照进位方式计数的数制称为进位计数制。

生活当中，人们通常使用十进制，即以 10 为模，逢十进一的进制规则。实际上，人们还使用其他进制，如十二进制(1 年等于 12 个月，1 英尺等于 12 英寸，1 打等于 12 个)、六十进制(1 小时等于 60 分钟，1 分钟等于 60 秒)等。

1. 十进制

十进位计数制简称十进制，有十个不同的数码符号：0、1、2、3、4、5、6、7、8、9。每个数码符号的实际数值由其在数中所处的位置(数位)确定，按“逢十进一”的原则进行计算。

为什么使用十进制

例如：

$$(215.48)_{10} = 2 \times 10^2 + 1 \times 10^1 + 5 \times 10^0 + 4 \times 10^{-1} + 8 \times 10^{-2}$$

数码处于不同的位置代表不同的数值，数值的大小与其所处的位置有关，每个位置都有其对应的单位值，称为位权。十进制数各数位的位权是以 10 为底的方幂。

例如，对于十进制数 123.45，整数部分的第一个数码 1 处在百位，表示 100，第二个数码 2 处在十位，表示 20，第三个数码 3 处在个位，表示 3，小数点后第一个数码 4 处在十分位，表示 0.4，小数点后第二个数码 5 处在百分位，表示 0.05。也就是说，十进制数 123.45 可以写成：

$$(123.45)_{10} = 1 \times 10^2 + 2 \times 10^1 + 3 \times 10^0 + 4 \times 10^{-1} + 5 \times 10^{-2}$$

2. 二进制

二进位计数制简称二进制，它只有两个不同的数码 0 和 1，其进位规则是"逢二进一"，即各数位的位权是以 2 为底的方幂。

例如：

$$(10110.10)_2 = 1 \times 2^4 + 0 \times 2^3 + 1 \times 2^2 + 1 \times 2^1 + 0 \times 2^0 + 1 \times 2^{-1} + 0 \times 2^{-2} = (22.50)_{10}$$

1.3.2 数制转换

常用的进制包括二进制、八进制、十进制、十六进制，它们之间的区别在于运算时是逢几进一位，它们之间是可以相互转化的。下面给出十进制数与二进制数的相互转换方法。

1. 二进制数转换成十进制数

转换方法：用该数制的各位数乘以相应位权数，然后将乘积相加。

例如：将二进制数 11010.11 转换成十进制数。

$$(11010.11)_2 = 1 \times 2^4 + 1 \times 2^3 + 0 \times 2^2 + 1 \times 2^1 + 0 \times 2^0 + 1 \times 2^{-1} + 1 \times 2^{-2} = (26.75)_{10}$$

2. 十进制数转换成二进制数

采用短除法，将十进制数逐次除以 2，逆序取余数，直到商位是 0 为止，得到的余数即为转化后的二进制数。

例如：将十进制数 158 转换为二进制数。

转换方法：

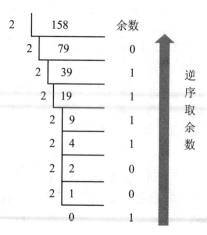

因为最后一位是经过多次除以 2 才得到的，所以它是最高位，读数字从最后的余数向前读，读出结果(10011110)₂。

将十进制转换为其他进制的转换方法跟上述方法类似。

1.3.3　字符的编码

在计算机内部对字符的存储和操作都是通过字符代码进行的。常用的字符代码有 ASCII 码和 Unicode 编码。

1. ASCII 码

ASCII 码是 American Standard Code for Information Interchange(美国信息交换标准代码)的简称，已经被国际标准化组织(ISO)指定为国际标准，称为 ISO646 标准，适用于所有拉丁字母。标准 ASCII 码采用 7 位二进制数来表示所有的大写和小写字母、数字 0 到 9、标点符号，以及在美式英语中使用的特殊控制字符等 128 个字符。这 128 个字符可以分为 95 个可显示/打印字符和 33 个控制字符两类。在 8 个二进制位中，ASCII 采用了 7 位(b0～b6)编码，空闲最高位 b7 常用作奇偶校验位。

标准 ASCII 码字符集如表 1-1 所示，表中的每个字符对应一个二进制编码，每个编码的数值称为 ASCII 码的值。例如，字母 A 的编码为 1000001B，即 65D 或 41H。由于 ASCII 码只有 7 位，在用一个字节保存一个字符的 ASCII 码时，占该字节的低 7 位，最高位补 0。

可以看出，数字 0～9 的 ASCII 码的值范围是 48～57，大写字母的 ASCII 码的值范围是 65～90，小写字母的 ASCII 码的值范围是 97～122，其顺序与字母表中的顺序是一样的，并且同一个字母的大小写 ASCII 码的值相差 32。

表 1-1　标准 ASCII 码字符集

ASCII 值	控制字符	ASCII 值	控制字符	ASCII 值	控制字符	ASCII 值	控制字符
0	NUT	32	(space)	64	@	96	、
1	SOH	33	!	65	A	97	a
2	STX	34	"	66	B	98	b
3	ETX	35	#	67	C	99	c
4	EOT	36	$	68	D	100	d
5	ENQ	37	%	69	E	101	e
6	ACK	38	&	70	F	102	f
7	BEL	39	,	71	G	103	g
8	BS	40	(	72	H	104	h
9	HT	41	)	73	I	105	i
10	LF	42	*	74	J	106	j
11	VT	43	+	75	K	107	k
12	FF	44	,	76	L	108	l
13	CR	45	-	77	M	109	m

ASCII 值	控制字符	ASCII 值	控制字符	ASCII 值	控制字符	ASCII 值	控制字符
14	SO	46	.	78	N	110	n
15	SI	47	/	79	O	111	o
16	DLE	48	0	80	P	112	p
17	DCI	49	1	81	Q	113	q
18	DC2	50	2	82	R	114	r
19	DC3	51	3	83	X	115	s
20	DC4	52	4	84	T	116	t
21	NAK	53	5	85	U	117	u
22	SYN	54	6	86	V	118	v
23	TB	55	7	87	W	119	w
24	CAN	56	8	88	X	120	x
25	EM	57	9	89	Y	121	y
26	SUB	58	:	90	Z	122	z
27	ESC	59	;	91	[	123	{
28	FS	60	<	92	\	124	|
29	GS	61	=	93	]	125	}
30	RS	62	>	94	^	126	~
31	US	63	?	95	—	127	DEL

2. Unicode 编码

扩展的 ASCII 码一共提供了 256 个字符，但用来表示世界各国的文字编码显然是远远不够的，还需要表示更多的字符和意义，因此又出现了 Unicode 编码。

Unicode 是国际组织制定的可以容纳世界上所有文字和符号的字符编码方案。它为每种语言中的每个字符设定了统一并且唯一的二进制编码，以满足跨语言、跨平台进行文本转换、处理的要求。Unicode 编码自 1994 年公布以来已得到普及，广泛应用于 Windows 操作系统、Office 等软件中。

1.4　计算机系统的组成与工作原理

一个完整的计算机系统由硬件系统和软件系统两大部分组成，如图 1-2 所示。硬件是组成计算机的物质实体，是看得见摸得着的，是计算机系统中实际物理设备的总称，如 CPU、存储器、输入/输出设备等；软件一般是指用计算机语言编写的各种程序。硬件的性能决定计算机的运行速度；软件决定计算机的功能。两者相互依存、协同工作，只有两者得到充分结合才能发挥计算机的最大功能。也可以说，硬件是基础，软件是灵魂，只有将硬件和软件结合成统一的整体，才能称其为一个完整的计算机系统。

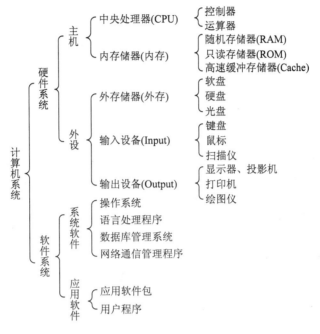

图 1-2　计算机系统的组成

1.4.1　计算机系统的基本结构

冯·诺依曼结构

计算机由运算器、控制器、存储器、输入设备和输出设备五个基本部分组成，其结构如图 1-3 所示。

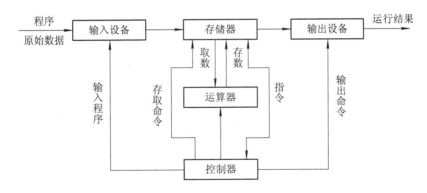

图 1-3　计算机的硬件组成

1. 运算器

运算器又称算术逻辑单元(Arithmetic Logic Unit，ALU)，是计算机对数据进行加工处理的部件，它的主要功能是对二进制数码进行加、减、乘、除等算术运算和与、或、非等基本逻辑运算，实现逻辑判断。运算器在控制器的控制下实现其功能，运算结果由控制器指挥送到内存储器中。

2. 控制器

控制器(Control Unit)主要由指令寄存器、译码器、程序计数器和操作控制器等组成。控制器用来控制计算机各部件协调工作，并使整个处理过程有条不紊地进行。它的基本功能就是从内存中取指令和执行指令，即控制器按程序计数器指出的指令地址从内存中取出该指令进行译码，然后根据该指令功能向有关部件发出控制命令，执行该指令。另外，控制器在工作过程中还要接收各部件反馈回来的信息。

3. 存储器

存储器(Memery)具有记忆功能，用来保存信息，如数据、指令和运算结果等。存储器的存储容量以字节为基本单位。8 位二进制码(8 bit)为 1 字节(Byte，B)，1024 字节为 1 KB，1024 KB 为 1 MB，1024 MB 为 1 GB，1024 GB 为 1 TB。现在微型计算机内存储器容量一般在 8 GB 以上，外存储器一般在 1 TB 以上。一部 100 万字的小说大约占用 2.2 MB 的存储空间，智能手机拍摄一张照片大约占用 5 MB 的存储空间，一部高清电影(720P)大约占用 1.5 GB 的存储空间。不同存储容量单位之间的换算关系如表 1-2 所示。

表 1-2　存储容量单位之间的换算关系

中文单位	中文简称	英文单位	英文简称	换算关系
位	比特	Bit	b	1 b = 0.125 B
字节	字节	Byte	B	1 B = 8 b
千字节	千字节	KiloByte	KB	1 KB = 1024 B
兆字节	兆	MegaByte	MB	1 MB = 1024 KB
吉字节	吉	GigaByte	GB	1 GB = 1024 MB
太字节	太	TrillionByte	TB	1 TB = 1024 GB

4. 输入/输出设备

输入/输出设备简称 I/O(Input/Output)设备。用户通过输入设备将程序和数据输入计算机，输出设备将计算机处理的结果(如数字、字母、符号和图形)显示或打印出来。常用的输入设备有键盘、鼠标器、扫描仪、数字化仪等。常用的输出设备有显示器、打印机、绘图仪等。

1.4.2　计算机系统的工作原理

到目前为止，尽管计算机发展了四代，但其基本工作原理(冯·诺依曼原理)仍然没有改变。概括地说，计算机的基本工作原理就是两点：存储程序与程序控制，如图 1-4 所示。

这一原理可以简单地叙述为：将完成某一计算任务的步骤用机器语言编写成程序预先送到计算机存储器中保存，然后按照程序编排的顺序，一步一步地从存储器中取出指令，控制计算机各部分运行，并获得所需结果。按照这个原理，计算机在执行程序时必须先将要执行的相关程序和数据放入内存储器中，在执行程序时，CPU 根据当前程序指针从寄存器的内容中取出指令,并执行指令,然后再取出下一条指令并执行,如此循环下去,直到程序结束指令时才停止执行。

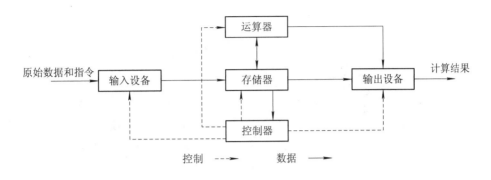

图 1-4　冯·诺依曼结构

1.5　微型计算机的硬件组成

人们日常所见和使用的大都是微型计算机。现在市场上微型计算机的型号越来越多,但无论什么机型什么档次,它们的构成部件都是相同的。一台典型的多媒体微型计算机由主机箱、键盘、鼠标、显示器、音箱等部分构成,如图 1-5 所示。

图 1-5　微型计算机的硬件组成

一台完整的计算机由主板、CPU、内存储器、外存储器、显卡以及其他输入设备和输出设备构成。

1.5.1　主板

主板(Main Board)又称为母板(Mother Board)、系统板,它安装在机箱内,是微型计算机最基本的也是最重要的部件之一。主板一般为矩形电路板,上面安装了组成计算机的主要电路系统,一般有 BIOS 芯片、I/O 控制芯片、键盘和面板控制开关接口、指示灯插接件、扩充插槽、主板及插卡的直流电源供接插件等元件。主板实物如图 1-6 所示。

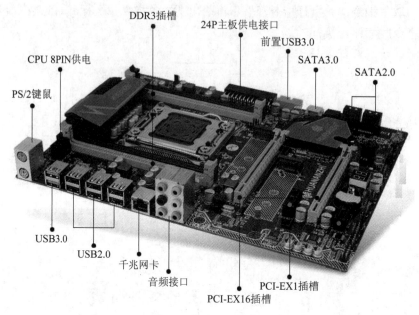

图 1-6　华南 X79 主板

1.5.2　CPU

　　CPU 是 Central Processing Unit(中央处理器)的缩写，微型计算机的 CPU 习惯上称为微处理器(Microprocessor)，是计算机系统中必备的核心部件。CPU 由运算器和控制器组成。运算器(也称执行单元)是微机的运算部件，包含算术逻辑部件 ALU 和寄存器；控制器是微机的指挥控制中心，包含指令寄存器、指令译码器和指令计数器 PC 等。CPU 的外观如图 1-7 所示。

CPU 性能指标

图 1-7　Intel 酷睿 i9 7980XE 和 AMD Ryzen 线程撕裂者 CPU

　　目前主流 CPU 一般是由 Intel 和 AMD 两个厂家生产的，例如 Intel 公司的 Core 酷睿 i 系列和 AMD 公司的 Athlon(速龙)、Phenom(弈龙)和 Ryzen(锐龙)系列产品，在设计技术、工艺标准和参数指标上存在差异，但都能满足微机的运行需求。

　　常用的计算机系统中一般只安装一个 CPU，称为单处理器系统。而在高性能应用领域内的计算机通常都配备多个 CPU，这些 CPU 能同时执行程序，这样的计算机系统称为多处理机系统。依靠多个 CPU 同时并行地运行程序是实现超高速计算的一个重要方向，称为并行处理。

随着 CPU 频率的不断提高和核心数量的增加，其耗电量和发热量也持续攀升，CPU 的散热问题变得越来越重要，散热器已成为与 CPU 配套的重要配件。当前，PC 最常用的散热器采用风冷加热管散热方式。

CPU 的性能指标直接决定了由它构成的微型计算机系统性能指标。

1.5.3　内存储器

内存储器简称内存，也叫主存，是 CPU 可以直接访问的存储器，用来存放当前计算机运行所需的数据和程序，是微型计算机主要的工作存储区。内存的大小是衡量计算机性能的主要指标之一。内存的大小和快慢直接决定一个程序的运行速度。

根据作用的不同，内存储器可分为随机存储器和只读存储器。只读存储器简称 ROM(Read Only Memory)。ROM 的特点是只能进行读操作，不能进行写操作，ROM 中的信息在写入之后就不能更改，系统板上的 ROM 由厂家写入了磁盘引导程序、自检程序、输入/输出驱动程序等常驻程序，即 BIOS。

随机存储器简称 RAM(Random Access Memory)，用户既可以对它进行读操作，也可以对它进行写操作，又称读写存储器。读取时不损坏原有存储的内容，只有写入时才修改原来所存储的内容。断电后，存储的内容立即消失。

所谓内存(内存条)，一般指的就是 RAM(随机存储器)，它实际上是由存储器芯片和存储器接口组成的储存模块，安装时用户只要把内存条插在系统主板的内存插槽中就可以使用了。内存条外观如图 1-8 所示。

图 1-8　内存条

内存的性能指标有：

(1) 传输类型：它实际上是指内存的规格，即通常说的 DDR2 内存或 DDR3 内存，DDR3 内存在传输速率、工作频率、工作电压等方面都优于前者。

(2) 主频：内存主频和 CPU 主频一样，习惯上被用来表示内存的速度，它代表着该内存所能达到的最高工作频率。内存主频是以 MHz(兆赫)为单位来计量的。内存主频越高，在一定程度上代表着内存所能达到的速度越快。

(3) 存储容量：即一根内存条可以容纳的二进制信息量，内存通常是以字节为单位编址的，一个字节由 8 个二进制位组成。当前常见的内存容量有 2 GB、4 GB 和 8 GB 等。

1.5.4　外存储器

外存储器简称外存或辅存，属于外部设备，是对内存的扩充。外存具有存储容量大、可以长期保存暂时不用的程序和数据、信息存储性价比高等特点。微机的外存储器主要有软盘存储器、硬盘存储器、移动存储器和光盘存储器。

1. 硬盘存储器

硬盘存储器(Hard Disk Drive 或 Hard State Drive，HDD，也称机械硬盘)由硬盘片、硬盘驱动器和适配卡组成。其中，硬盘片和硬盘驱动器简称硬盘，是微机系统的主要外存储器(或称辅存)，由盘片、磁头、盘片主轴、控制电机、磁头控制器、数据转换器、接口、缓存等组成。

根据硬盘存储介质的类型和数据存储方式，硬盘可以分为传统的温氏硬盘和新式的固态硬盘。根据硬盘的体积，可以分为 1.8 英寸硬盘、2.5 英寸硬盘和 3.5 英寸硬盘。3.5 英寸硬盘主要用于台式机，2.5 英寸硬盘则用在笔记本电脑上，1.8 英寸硬盘经常被用于平板电脑或视频播放器等小型移动设备。传统机械硬盘结构如图 1-9 所示。

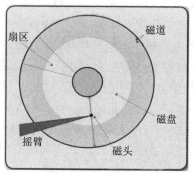

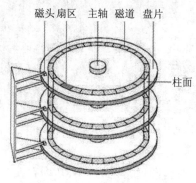

硬盘性能指标

图 1-9　传统机械硬盘结构示意图

2. 固态硬盘

固态硬盘(Solid State Disk 或 Solid State Drive，SSD)，也称作电子硬盘或者固态电子盘，如图 1-10 所示。固态硬盘是由控制单元和固态存储单元(DRAM 或 FLASH 芯片)组成的硬盘。固态硬盘的存储介质分为两种，一种是采用闪存(FLASH 芯片)作为存储介质，另一种是采用 DRAM 作为存储介质，目前绝大多数固态硬盘采用的是闪存介质。存储单元负责存储数据，控制单元负责读取、写入数据。由于固态硬盘没有普通硬盘的机械结构，也不存在机械硬盘的寻道问题，因此系统能够在低于 1 ms 的时间内对任意位置存储单元完成输入/输出操作。

固态硬盘是近几年新兴起的设备，它主要以 Flash 闪存芯片实现数据的永久存储。其最大优势是存取数据比普通温氏硬盘快，但每吉字节数据的存储代价远远高于后者。由于固态硬盘所采用的闪存材料有重写次数的限制，因此固态硬盘绝不允许针对一个位置的频繁读写。

图 1-10 固态硬盘

3. 光盘存储器

光盘(Optical Disk)存储器是一种利用激光技术存储信息的装置，由光盘驱动器(简称光驱)和光盘组成。光驱的核心部件是由半导体激光器和光路系统组成的光学头，主要负责数据的读取工作。

光驱与光盘的
更多知识

目前用于计算机系统的光盘有三类：只读型光盘、一次写入型光盘和可擦写型光盘。

4. U 盘

U 盘(优盘)也就是常说的 USB 闪存盘，是采用 Flash Memory(闪存)作为存储器的移动存储设备。闪存具有可擦、可写、可编程和断电后数据不丢失的优点，而且其数据安全性很高，不会像软盘那样很容易损坏，也不会像光盘那样很容易划伤，因此被广泛应用于智能手机、数码相机和移动存储设备。

U 盘存储量从几 MB 到几十 GB，通过微机的 USB 接口连接，可以热带电插拔。因其具有操作简单、携带方便、容量大、用途广泛的优点，正在成为最便携的存储器件。

1.5.5 显卡

显卡即显示适配卡(显示卡)，是主机与显示器连接的"桥梁"，是连接显示器和主板的适配卡。显卡主要用于图形数据处理传输数据给显示器并控制显示器的数据组织方式。显卡的性能决定显示器的成像速度和效果。

显卡分集成显卡和独立显卡，图 1-11 所示为独立显卡。

图 1-11 独立显卡

目前主流的显卡是具有 2D、3D 图形处理功能的 AGP 接口或 PCI-E 接口的显卡,由图形加速芯片(Graphics Processing Unit,GPU,图形处理单元)、随机存取存储器(显存或显卡内存)、数据转换器、时钟合成器以及基本输入/输出系统等五大部分组成。

显示内存(简称显存)是待处理的图形数据和处理后的图形信息的暂存空间,目前主流显卡的显存容量从 512 MB 到 8 GB 不等。

目前市场上知名的品牌有 Colorful(七彩虹)、GALAXY(影驰)、ASUS(华硕)、UNIKA(双敏)等。

1.5.6　输入设备

计算机常用的输入设备有键盘、鼠标、摄像头、触摸屏、手写输入板、语音输入装置等。

1. 键盘

键盘(Keyboard)是用户与计算机进行交流的主要工具,是计算机最重要的输入设备,也是微型计算机必不可少的外部设备。微机键盘可以根据击键数、按键工作原理、键盘外形等进行分类。其中,键盘的按键数曾出现过 83 键、93 键、96 键、101 键、102 键、104 键、107 键等。目前,市场上主流的是 104 键键盘。

指法与操作方法

通常键盘由三部分组成:主键盘区、控制键区、数字键区、功能键区、状态指示区,如图 1-12 所示。

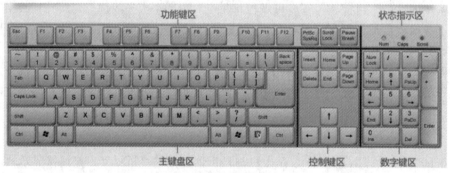

图 1-12　键盘结构

主键盘即通常的英文打字机用键(键盘中部)。小键盘即数字键组(键盘右侧,与计算器类似)。功能键组在键盘上部,标记为 F1—F12。键盘的接口主要有 PS/2 和 USB,无线键盘则采用无线连接。

2. 鼠标

鼠标的全称是"显示系统纵横位置指示器",因其外形酷似老鼠而得名"鼠标",英文名"Mouse"。鼠标是一种流行的输入设备,它可以方便准确地移动光标进行定位,鼠标的使用是为了使计算机的操作更加简便,来代替键盘烦琐的指令。

鼠标按键数分类可以分为传统双键鼠标、三键鼠标和新型的多键鼠标;按内部构造可以分为机械式鼠标、光机式鼠标和光电式鼠标三大类;按接口分类可以分为 COM 鼠标、PS/2 接口鼠标、USB 接口鼠标三类。

1.5.7　输出设备

微型计算机常用的输出设备有显示器、打印机等。

1. 显示器

显示器也称监视器(Monitor)，是人机交互必不可少的设备，也是计算机系统最常用的输出设备。通过显示器，人们可以方便地查看输入计算机的程序、数据和图形信息，以及经过计算机处理后的结果。

显示器技术指标

根据工作原理的不同，显示器分为阴极射线管显示器(Cathode Ray Tube，CRT)和液晶显示器(Liquid Crystal Display，LCD)两类。目前，大部分液晶显示器采用 LED(Light Emitting Diode，发光二极管)背光技术，优点是使用范围广、低电压和耐冲击等。按照用途不同，显示器可分为实用型显示器、绘图型显示器、专业型显示器和多媒体型显示器四类。显示器屏幕的尺寸以英寸为单位，目前常见的显示器屏幕大小有 19 英寸、21 英寸、22 英寸、25 英寸等。

2. 打印机

打印机也是计算机系统中常用的输出设备，可以分为撞针式(击打式)打印机和非撞针式(非击打式)打印机两种。

目前常用的打印机有针式打印机、喷墨打印机和激光打印机三种。

打印机的分类

1.6　微型计算机的软件系统

软件(Software)是计算机系统必不可少的组成部分，相对于硬件而言，软件是计算机的灵魂。软件的功能是充分发挥计算机硬件资源的效益，为用户使用计算机提供方便。

概括来说，软件＝程序＋文档。软件是为方便使用计算机和提高使用效率而组织开发的程序，以及用于开发、使用和维护的有关文档。程序是一系列按照特定顺序组织的计算机数据和有序指令的集合，计算机之所以能够自动而连续地完成预定的操作，就是运行特定程序的结果。而文档指的是对程序进行描述的文本，用于对程序进行解释、说明。

根据软件的不同用途，可将微型计算机的软件系统分为系统软件和应用软件两大类。系统软件一般包括操作系统、语言编译程序、数据库管理系统。应用软件是指计算机用户为某一特定应用而开发的软件。如文字处理软件、表格处理软件、绘图软件、财务软件、过程控制软件等。

1.6.1　系统软件

系统软件指的是为使计算机正常、高效地工作所配备的各种程序的集合，其主要功能是进行调度、监控和维护计算机系统；负责管理计算机系统中的硬件，使它们协调工作。系统软件是计算机系统正常运行必不可少的软件，包括操作系统、语言处理程序、数据库管理系统和服务程序等。

1. 操作系统

操作系统(Operating System，OS)是最重要的系统软件，是用于管理、控制计算机系统的软、硬件和数据资源的大型程序，也是用户和计算机之间的接口，并提供了软件的开发和应用环境。

概括来说，操作系统有两大功能：一是对计算机系统硬件和软件资源进行管理、控制和调度，以提高计算机的效率和各种硬件的利用率；二是作为人机对话的界面，为用户提供最佳的工作环境和最友好的服务。

随着计算机技术的迅速发展和计算机的广泛应用，用户对操作系统的功能、应用环境、使用方式不断提出新的要求，因而逐步形成了不同类型的操作系统。

操作系统种类繁多，可以从以下几个角度进行分类：

根据应用领域不同，可分为桌面操作系统、服务器操作系统、主机操作系统、嵌入式操作系统等。

根据功能不同，可分为批处理操作系统、分时操作系统、实时操作系统、网络操作系统、分布式操作系统等。

根据工作方式不同，可分为单用户单任务操作系统(例如 MS-DOS 等)、单用户多任务操作系统(例如 Windows 98 等)、多用户多任务分时操作系统(例如 Linux、Unix、Windows 7、Windows 8、Windows 10 等)。

根据源代码的开放程度不同，可分为开源操作系统(Linux、Android、Chrome OS)和不开源操作系统(Windows 系列)等。

2. 语言处理程序

人和计算机交流信息使用的语言称为计算机语言或程序设计语言。语言处理程序是为用户设计的编程服务软件，用于将高级语言源程序翻译成计算机能识别的目标程序，从而让计算机解决实际问题。程序设计语言的基础是一组记号和一组规则。在程序设计语言发展过程中产生了种类繁多的语言，这些语言中都包含数据成分、运算成分、控制成分和传输成分。数据成分描述程序中所涉及的数据；运算成分描述程序中所涉及的运算；控制成分描述程序中的控制结构；传输成分描述程序中的数据传输。

程序设计语言经历了由低级语言向高级语言发展的辉煌历程，按照语言处理程序对硬件的依赖程度，计算机语言通常分为机器语言、汇编语言和高级语言三类。

3. 数据库管理系统

数据库管理系统(Database Management System，DBMS)是对计算机中所存放的大量数据进行组织、管理、查询，并提供一定处理功能的大型系统软件。简单来说，数据库管理系统的作用就是管理数据库。它是位于用户和操作系统之间的数据管理软件，能够科学地组织和存储数据、高效地获取和维护数据。

目前，常见的数据库管理系统有 Access、SQL Server、My SQL、Oracle 等。

4. 服务程序

服务性程序是指为了帮助用户使用与维护电脑，提供服务性手段并支持其他软件开发而编制的一类程序；它是一类辅助性的程序，提供各种运行所需的服务；可以在操作系统的控制下运行，也可以在没有操作系统的情况下独立运行，主要有工具软件、编辑程序、软件调试程序、诊断程序等。

1.6.2　应用软件

　　应用软件是为了解决用户的各种实际问题、面向某一特定任务或特殊目的而开发的软件，涉及计算机应用的所有领域，各种科学和工程计算软件、各种管理软件、各种辅助设计软件和过程控制软件等都属于应用软件。应用软件可以是一个特定的程序，也可以是一组功能紧密协作的软件集合体，或由众多独立软件组成的庞大软件系统。应用软件在计算机系统中的位置如图 1-13 所示。

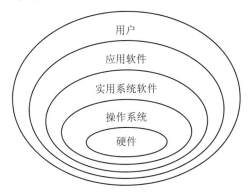

图 1-13　应用软件与系统软件的关系

　　现在市面上应用软件的种类非常多，应用软件的开发也是使计算机充分发挥作用的十分重要的工作。表 1-3 列举了各大领域常用的应用软件。

表 1-3　常用应用软件举例

种　类	举　例
通信软件	微信、QQ、钉钉、陌陌、飞信、ICQ、MSN
平面设计	Photoshop、CorelDRAW、Illustator、Fireworks、AutoCAD、方正飞腾排版
程序设计	Microsoft Visual Studio、Eclipse、易语言
网站开发	Dreamweaver、SharePoint Designer、Apache Tomcat
辅助设计	Auto CAD、Rhino、Pro/E
三维制作	3ds Max、Maya、Cinema 4D、softimage 3d
视频编辑与后期制作	Adobe Premiere、Vegas、After Effects、Ulead
多媒体开发	Flash、Authorware
办公应用	Microsoft Office、WPS、Open Office、永中 Office
浏览器	IE、Microsoft Edge、360、Chrome、Opera、Firefox、QQ、搜狗、猎豹、遨游、UC、世界之窗、GreenBrowser
安全软件	360、火绒、金山、瑞星、微点、AVAST、诺顿、卡巴斯基、ESET NOD32、Avira AntiVir、趋势科技、McAfee、BitDefender

　　一台微型计算机功能的强弱或性能的好坏，不是由某项指标来决定的，而是由它的系

统结构、指令系统、硬件组成、软件配置等多方面的因素综合决定的。但对于大多数普通用户来说，可以从以下几个指标来大体评价计算机的性能。

1. 基本字长

字长是指计算机运算一次能同时处理的二进制数据的位数，是计算机设计时规定的，是存储、传送、处理操作的信息单位。字长越长，作为存储数据，则计算机的运算精度就越高；作为存储指令，则计算机的处理能力就越强。通常，字长总是 8 位的整倍数，如 8 位、16 位、32 位、64 位等。如 Intel 486 机均属于 32 位机。

2. 存储容量

存储容量包括主存容量和辅存容量，主要指内存储器的容量。内存容量越大，机器所能运行的程序就越大，处理能力就越强。目前，微型计算机的内存容量一般为 1～8 GB。

3. 运算速度

计算机的运算速度通常是指每秒钟所能执行加法的指令数目，通常衡量计算机运算速度的指标是每秒钟能执行基本指令的操作次数，一般用"百万条指令/秒"(Million Instruction Per Second，MIPS)来描述。这个指标更能直观地反映机器的速度。现在微型机的主频，即微处理器时钟工作频率，在很大程度上决定了计算机的运行速度。一般主频越高，其运算速度就越快。

4. 外部设备配置

这是指结构上允许配置的外部设备的最大数量和种类，实际数量和品种由用户根据需要选定。这关系到计算机对信息输入输出的支持能力。

一台微型计算机可配置外部设备的数量以及配置外部设备的类型，对整个系统的性能有重大影响。如显示器的分辨率、多媒体接口功能和打印机型号等，都是外部设备选择时要考虑的问题。

5. 软件配置

软件配置包括操作系统、计算机语言、数据库管理系统、网络通信软件等。软件配置情况将直接影响微型计算机系统的使用和性能的发挥，丰富的软件系统是保证计算机系统得以实现其功能和提高性能的重要保证。

当然，除了上述指标外，还要考虑诸多因素，如计算机的故障诊断能力、容错能力、维护手段，以及机器的可靠性和稳定性等多种因素。

习　　题

一、选择题

1. 计算机的硬件主要包括运算器、控制器、存储器、输入设备和(　　)五个基本部分。
A. 键盘　　　　　B. 鼠标　　　　　C. 输出设备　　　　D. 显示器
2. 十进制数 100 转换成二进制数是(　　)。
A. 0110101　　　B. 01111110　　　C. 01100110　　　D. 01100100

3. 以下关于系统软件的描述中，正确的是(　　)。

A. 系统软件与具体硬件逻辑功能无关

B. 系统软件是在应用软件基础上开发的

C. 系统软件并不是具体提供人机界面

D. 系统软件与具体应用领域无关

4. 英文字母 D 的 ASCII 码是 01000100，那么英文字母 B 的 ASCII 码是(　　)。

A. 01000100　　　B. 01000001　　　C. 01000111　　　D. 01000010

5. 下列选项中不属于计算机的主要技术指标的是(　　)。

A. 存储容量　　　B. 时钟主频　　　C. 字长　　　D. 体积大小

6. 计算机的发展趋势是(　　)、微型化、网络化和智能化。

A. 小型化　　　B. 精巧化　　　C. 大型化　　　D. 巨型化

7. 计算机中信息的最小单位是(　　)。

A. Byte　　　　　　　　　B. bitC.

C. DoubleWord　　　　　　D. Word

8. 在一个大于零的无符号二进制整数最后一位之后添加一个 0，则新数的值为原数值的(　　)。

A. 8 倍　　　B. 2 倍　　　C. 1/2　　　D. 4 倍

9. 一个完整的计算机系统应该包含(　　)。

A. 硬件系统和软件系统　　　　B. 主机、键盘和鼠标

C. 主机、外设和办公软件　　　D. 操作系统和应用软件

10. 在计算机中，(　　)不是度量存储器容量的单位。

A. KB　　　B. GHz　　　C. MB　　　D. GB

11. 计算机的存储器中，访问速度最快的是(　　)。

A. 固态硬盘　　　B. 机械硬盘　　　C. 内存　　　D. U 盘

12. 下列各组软件中，全部属于系统软件的是(　　)。

A. Windows 10、Android、IOS

B. Red Hat Linux、Microsoft SQL Server 2008、C++

C. Ubuntu、WPS Office、Lumia

D. Unix、WinRAR、Mac OS

二、思考题

1. 调研目前市场上主流计算机的配置及价格，试给出一份 5000 元左右办公台式计算机的详细配置单。

2. 设想一下，十年以后的计算机会发展成什么样子，具备哪些特征，能够实现哪些功能？

第2章 操 作 系 统

　　操作系统是安装在计算机上的一种系统软件，主要作用是负责对计算机的各种资源进行管理，保证其得到高效的使用，让用户方便地使用计算机。

　　计算机系统由硬件系统和软件系统两大部分组成，其中软件系统是一系列按照特定顺序组织的计算机数据和指令的集合，一般意义上软件就是指能够在计算机上运行的程序。在所有软件中最重要的就是操作系统，操作系统负责对计算机的硬件资源进行管理，并为其他软件的运行提供基础，如果没有操作系统计算机的其他软件就无法运行了。通过本章学习，要求同学们掌握相关知识。

本章要点：

- 操作系统的基本概念、发展历史与分类。
- 操作系统的主要功能。
- 常用操作系统的基本使用。
- 常见国产操作系统的基本使用。

思维导图：

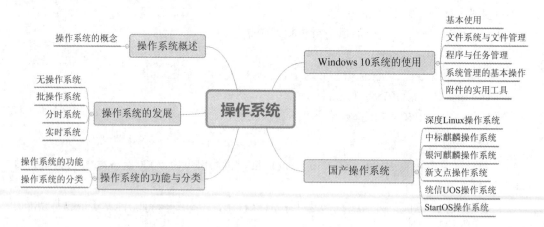

关键字：

　　操作系统：Operating System。

　　批处理：Batch Processing。

　　分时操作：Time Sharing Operating。

实时操作系统：Real-Time Operating。

2.1　操作系统概述

　　操作系统(Operating System，OS)是一种管理计算机硬件与软件资源的程序，是直接在计算机硬件上运行的计算机程序，用户在使用计算机时主要使用的程序就是操作系统，其他应用软件必须在操作系统的支持下才能够运行。如果没有操作系统的支持，用户将不得不自己处理 CPU 调度、内存分配、输入/输出等工作，这对于一般用户来说是根本无法完成的。人们为了方便高效地使用计算机，就必须要安装操作系统。操作系统可以对计算机的硬件资源进行管理，协调各种应用软件的运行，并为用户提供必要的操作界面。图 2-1 展示了计算机系统的构成及操作系统在其中的位置，图 1-13 也表明了相同的内容。

图 2-1　操作系统所处的位置

　　近年来，随着信息技术和制造技术的不断进步，越来越多的智能设备进入了人们的生活，如智能手机、智能手表等，这些智能设备都要安装操作系统。

2.2　操作系统的发展

　　电子计算机诞生时并没有操作系统的概念，操作系统是在人们使用计算机的过程中为了提高资源利用效率、方便用户操作和适应硬件的发展而逐步形成和发展起来的。

2.2.1　无操作系统

　　从 1946 年世界上第一台计算机诞生到 20 世纪 50 年代中期，操作系统还未出现，计算机工作采用手工操作方式。这一时期没有程序设计语言(汇编也没有)，所有的程序设计是用纯粹的机器语言编写的。有时候甚至需要通过成千上万根电缆接到插件板上连成电路来控制机器的基本功能。

　　20 世纪 50 年代末出现了脱机输入输出技术，即输入输出过程脱离主机在外围机的控制下进行，因此提高了 CPU 的利用率，也节省了人工装卸纸带或卡片的时间，输入输出效率也得到了提高。

2.2.2　批处理系统

　　批处理系统是指将任务成批交给计算机系统，之后系统自动运行任务，无须人工干预。批处理系统分为单道批处理系统和多道批处理系统。

　　单道批处理系统是指计算机系统中同时只有一个作业在运行，由其独占 CPU 和内存资源，直到该作业运行结束，下一个作业才能运行。

多道批处理系统是指计算机系统中可以同时运行多个作业，多个作业共享 CPU 和内存资源，当某一作业完成后，由系统按照一定算法自动装入下一个作业，提高了 CPU 的利用率。

2.2.3　分时系统

批处理系统的引入成功提高了计算机系统资源的利用率和吞吐量，但是系统与用户的交互性很差，于是分时系统被设计出来。分时操作系统是几个、几十个甚至几百个用户采用时间片轮转的方式同时使用一台计算机的一种操作系统。

人们把计算机与许多终端用户连接起来，分时操作系统将系统处理机时间与内存空间按一定的时间间隔，轮流地切换给各终端用户的程序使用。由于时间间隔很短，每个用户的感觉就像他独占计算机一样。分时操作系统的特点是可有效增加资源的使用率。

分时系统的特点有：

(1) 交互性。用户与计算机系统可以很好地进行人机对话。用户在终端上可以直接输入、调试和运行自己的程序，在本机上修改程序中的错误，直接获得结果。

(2) 多路性。多用户可以同时在各自终端上使用同一 CPU 和其他资源，从而充分发挥系统的效率。

(3) 独立性。用户感觉不到其他用户的存在，各自独立操作，互不干扰。

(4) 及时性。用户在短时间内可得到系统的及时回答，感觉像自己独占一套计算机系统。

影响响应时间的因素：终端数目的多少、时间片的大小、信息交换量、信息交换速度。典型的分时操作系统就是 Unix 和 Linux 操作系统。

2.2.4　实时系统

实时操作系统(Real Time Operating System，RTOS)是指使计算机能及时响应外部事件的请求，在规定的极短时间内完成对该事件的处理，并控制所有实时设备和实时任务协调一致地工作的操作系统。实时操作系统要追求的目标是：对外部请求在严格时间范围内做出反应，有高可靠性和完整性。实时操作系统多用于工业控制场合，需要对某些温度、电压等参数进行实时采集并作出相应处理，对处理时间的要求很高。在各种武器系统中，如导弹发射、飞行控制，也需要对各种参数做出尽可能快地处理和响应。

随着计算机体系结构的发展，又出现了许多种操作系统，包括嵌入式操作系统、个人操作系统、网络操作系统和分布式操作系统。

2.3　操作系统的功能与分类

操作系统是计算机和用户之间的桥梁。用户通过操作系统操控计算机，操作系统负责管理计算机中所有的软硬件资源，为用户提供服务。

2.3.1　操作系统的主要功能

操作系统是一个庞大复杂的控制管理程序，它的主要功能包括：内

操作系统的功能

存管理功能、进程管理功能、文件管理功能、设备管理功能和用户接口功能。

内存管理功能：主要提供内存分配、内存保护和内存扩充功能。

进程管理功能：主要提供进程控制、进程同步、进程通信和进程调度功能。

文件管理功能：提供对文件存储空间的管理，文件的读、写管理，目录管理及文件的保护与共享等功能。

设备管理功能：负责管理各类输入、输出设备，包括分配、启动和故障处理等。

用户接口功能：为用户在使用计算机处理各种任务时，提供调用和管理计算机各种硬件、软件资源的功能。接口的主要方式包括命令接口、程序接口和图形接口。

2.3.2 操作系统的分类

根据操作系统在用户界面的使用环境和功能特征的不同，可以从不同角度对操作系统进行分类。常见的分类方式包括按照安装机型分类、按照用户数目分类、按照功能特征分类。

按照安装机型分类：大型机，中、小型机和微型机的操作系统。

按照用户数目和并发任务数分类：单用户单任务、单用户多任务和多用户多任务操作系统三种。

(1) 单用户单任务操作系统：在同一时间只能允许一个用户单独运行一个程序，早期的操作系统往往采用此种方式，如 DOS。

(2) 单用户多任务操作系统：在同一时间只允许一个用户使用计算机，但可以同时运行多道程序，如 Windows 98、Windows XP、OS/2 等。

(3) 多用户多任务操作系统：在同一时间允许多个用户同时使用计算机，每个用户可以同时运行多道程序，如 Windows NT、Windows 10、Linux 等。

按照功能特征分类：批处理系统、分时系统和实时系统。

(1) 批处理系统：用户将多个任务提交操作系统后，操作系统会依次执行，执行结束后将结果反馈给用户，执行过程用户一般无法干预。

(2) 分时系统：操作系统将 CPU 时间划分成若干个片段，并以时间片为单位，轮流为每个用户服务。在一个时间片内，操作系统服务的用户是唯一的。

(3) 实时系统：操作系统能及时响应外部事件的请求，并在严格规定的时间内完成对事件的处理，具有实时响应的特点。

2.4 Windows 10 系统的基本使用

Windows 10 操作系统是微软继 Windows 8.1 之后推出的操作系统，Windows 8 更改了传统的开始菜单，以碎瓷片程序图标的形式给用户提供操作，其主要目的是使用户通过触摸操作打开程序。所谓碎瓷片，就是将所有程序以紧密排列的大小不等的小方块图标铺满整个屏幕。这种方式方便安装了 Windows 8 的平板用户使用，但对习惯于传统鼠标操作的用户来说很不习惯。在 Windows 10 中，微软重新将桌面用户已经习惯使用的经典开始菜单找了回来，并加入了相关触屏支持功能，使之既能很好地支持鼠标操作，也能很好地支持触摸操作。与之前的操作系统相比，Windows 10 引入了许多新特性，包括语音助手、应用商店、取代 IE 的 Edge 浏览器、注册账号实现多端同步，提供的功能更加人性化。

2.4.1　Windows 10 的启动与退出

本节介绍启动和关闭 Windows 10 操作系统的基本方法。

1. 启动 Windows 10

按下主机箱上的【Power】按钮，计算机将自动进行硬件测试，然后启动 Windows 10 操作系统。如果正常启动，则启动完成后用户能看到登录界面，使用安装时设立的账号和密码即可进入操作系统。进入系统后，用户就可以看到图 2-2 所示的 Windows 10 界面了。

图 2-2　Windows 10 界面

在 Windows 10 之前，很多用户使用的操作系统是 Windows 7 与 Windows 7 相比，Windows 10 的【开始】菜单的左侧任务栏中语音助手的位置非常明显，可以通过语音输入进行一定的人机交互(需要语音输入设备的支持)，也可在文本框中输入要搜索的内容。

2. 关闭 Windows 10

当用户不再使用计算机时需要进行关机操作，此时单击屏幕左下角的【开始】按钮■或者按键盘上的■键，在弹出的【开始】菜单中，单击左下角的电源图标即可，如图 2-3 所示。

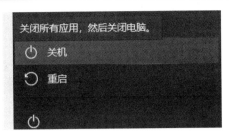

图 2-3　Windows 10 关机

2.4.2　Windows 10 的桌面布局与操作

进入 Windows 10 后，出现在屏幕上的整个区域被称为"桌面"。桌面是打开计算机并进入 Windows 10 之后看到的主屏幕区域。就像实际的桌面一样，它是用户工作的平台。打开程序或文件夹时，它们便会出现在桌面上。还可以将一些项目(如文件和文件夹)放在桌面上，并且随意排列它们。Windows 10 的桌面主要由桌面图标、桌面背景和任务栏等几部分组成，如图 2-4 所示。

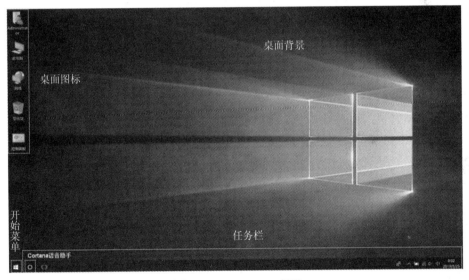

图 2-4　Windows 10 桌面

1. 桌面图标

(1) 系统图标：系统自带的一些有特殊用途的专属图标，包括"此电脑""网络"和"回收站"等，双击可打开相应的系统对象。

(2) 快捷方式图标：用于快速启动相应的应用程序，通常是在安装某些应用程序时自动生成的，用户也可根据需要自行创建，其特征是图标左下角有一个箭头标志。

2. 桌面背景

桌面背景又称墙纸，即显示在电脑屏幕上的背景画面，起丰富桌面内容、美化工作环境的作用。刚安装好的系统采用的是默认的背景，用户可根据自己的喜好，选择系统提供的其他图片或保存的图片作为桌面背景。

3. 任务栏

默认状态下任务栏位于桌面的最下方，主要包括开始按钮、快速启动区、语音助手、任务按钮区、语言栏、系统提示区和"显示桌面"按钮等部分。

Cortana 语音助手(微软称之为"小娜")是 Windows 10 新引入的功能。语音助手采用人工智能算法，可以和用户之间实现语音聊天、咨询搜索、日程安排等功能。对于不习惯使用语音助手的用户，可以通过在任务栏空白处右击，选择"Cortana(O)"，在级联菜单中选择"隐藏"，让其不在任务栏中显示。

在语音助手的右侧按钮 ▢ 是"任务视图"，用户可快速选择要操作的任务。

任务视图的右侧有一组按钮(如图 2-5 所示)，主要用于快速启动一些常用程序，默认的按钮分别可以打开"Edge""文档""应用商店"。用户也可通过右击任务栏的方式，在任务栏中添加或删除快速启动项。

图 2-5　快速启动按钮组

2.4.3　窗口的基本操作

窗口是 Windows 操作系统中用户和系统交互的主要方式。采用窗口实现人机交互，是 Windows 操作系统最受欢迎、市场占有率最高的主要原因。

1. 窗口的组成

窗口是 Windows 10 系统的基本对象，是桌面上用于查看应用程序或文件等信息，进行各种操作的一个矩形区域。图 2-6 所示的窗口为 Windows 资源管理器窗口。该窗口由以下几部分组成：

标题栏：窗口控制按钮的左侧空白区域。标题栏在进行 Windows 操作时不显示内容，在打开应用程序时显示应用程序或文档的标题。

地址栏：用于显示文件在计算机中的位置，可通过输入地址直接进入目录或打开文件。

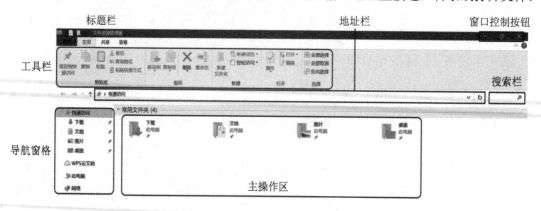

图 2-6　Windows 资源管理器窗口及组成

搜索栏：提供文件搜索功能。

窗口控制按钮：包括用于控制窗口【最小化】【最大化】和【关闭】的三个按钮。

工具栏：提供常用操作的各种工具，该工具栏会随选择对象的不同而显示不同的工具。

导航窗格：提供了快速进入计算机中某个位置的导航条，只需点击要进入的对象即可直接进入。

细节窗格：显示选中对象的详细信息。

主操作区：也称为文件操作区，在 Windows 窗口中占据最大的区域，用于显示文件夹和文件，用户的大部分文件操作也在此进行。

2. 窗口的操作

1) 打开窗口操作

打开窗口操作可以通过以下几种方法实现。

方法 1：双击一个对象图标，将打开对象窗口。

方法 2：选中对象后按【Enter】键即可打开对象窗口。

方法 3：在对象图标上单击鼠标右键，在弹出的快捷菜单中选择【打开】命令。

2) 窗口最大化/还原、最小化、关闭操作

单击【最大化】按钮，使窗口充满桌面，此时文档窗口充满所对应的应用程序窗口，【最大化】按钮变成【还原】按钮，单击可使窗口还原。

单击【最小化】按钮，将使窗口缩小为任务栏上的按钮。

单击【关闭】按钮，将使窗口关闭，即关闭了窗口对应的应用程序。

3) 改变窗口大小操作

当窗口处于还原状态时，将鼠标指针移动到窗口的边框或窗口角，当鼠标指针形状变成双向箭头时进行拖动，即可改变窗口的大小。

4) 移动窗口操作

将鼠标指针放到窗口的标题栏处拖动窗口，即可将窗口移动到指定的位置。

5) 切换窗口操作

当有多个窗口被同时打开时，单击要切换的窗口中的某一点，就可以切换到该窗口。窗口切换主要有以下几种方法。

方法 1：在任务栏上单击某窗口对应的按钮，可切换到该按钮对应的窗口。

方法 2：利用【Alt + Tab】或【Alt + Esc】组合键，可以在不同窗口之间进行切换。

方法 3：通过【Win + Tab】键进行切换，此时各个窗口会以 3D 形式进行切换。

3. 对话框

对话框是一种特殊的窗口，它没有控制菜单图标、【最大化】【最小化】按钮，对话框的大小不能改变，但可以用鼠标将其拖动或关闭。对话框中列出某些功能可以设置的各种参数、项目名称、提示信息等，如图 2-7 所示。对话框可以分为模式对话框和非模式对话框两种。模式对话框就是不处理它就没法处理父窗口，而非模式对话框就是不用先处理此对话框也可以处理父窗口。Windows 10 对话框通常包含的控件有选项卡、文本框、列表框、下拉列表框、单选按钮、复选框、微调框、预览框和命令按钮等。

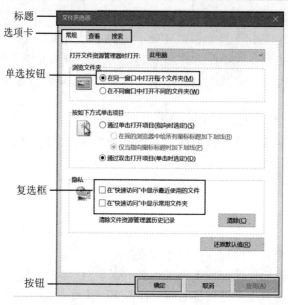

图 2-7　Windows 10 对话框

2.4.4　工具栏的操作

　　Windows 10 的工具栏是位于窗口上方的一组常用工具选项。Windows 为不同的对象提供不同的操作,因此选择不同的对象,其对应的工具栏中的选项也不尽相同。工具栏以选项卡的形式进行组织,常见的有【主页】【共享】和【查看】三组。

　　【主页】工具组中的工具包括复制、粘贴、剪切、删除、重命名、新建文件夹、属性等,如图 2-8 所示。

图 2-8　工具栏的【主页】工具组

　　【共享】工具组提供的工具主要为共享文件和文件夹。

　　【查看】工具组提供的工具较多,除了常见的查看方式和排序分组工具外,还提供了对窗格的操作,可以通过点击相应的按钮控制【预览窗格】【详细信息窗格】的显示,如图 2-9 所示。在该工具栏的最右侧提供了【选项】按钮,用于打开【文件夹选项】对话框。

图 2-9　工具栏的【查看】工具组

Windows 10 还为用户提供了磁盘管理的工具组。当用户进入某一磁盘分区后，工具栏中会增加一个【管理】工具组。该工具组提供 BitLocker 的开启和关闭，磁盘的优化、清理和格式化，光盘、移动存储的自动播放控制等功能。

BitLocker 驱动器加密

2.4.5　文字输入操作与输入法的调整

文字的输入是计算机的一项重要功能，对于中国用户，最常用的输入需求是输入中文和英文字符。Windows 默认的输入法为英文输入法，用户可以通过切换输入法进行中文的输入。

在状态栏中有一个汉字和一个小图标 英 M，用于显示当前的输入法。当显示"英"时，表示处于美式键盘，此时只能输入英文；当需要输入中文时，切换到中文输入法即可。

方法 1：使用【Ctrl + Shift】键。可以在各种输入法中按照循环的方式进行切换，切换时状态栏中的输入法图标会发生相应变化，用户可根据显示的图标确定当前使用的是何种输入法。

方法 2：使用【Ctrl + 空格】键。上面介绍的输入法方式为循环切换，如果系统中安装了多种输入法，会导致切换次数较多。如果用户要在中英文输入法之间进行切换，这时只需按【Ctrl + 空格】键即可。

方法 3：使用鼠标也可以进行输入法的切换，切换方法为在状态栏中的输入法图标处单击，在弹出的输入法选择菜单中选中使用的输入法即可，如图 2-10 所示。

图 2-10　用鼠标选择输入法

2.5　Windows 10 文件系统与文件管理

计算机的一个重要功能是存储数据，各种数据在计算机中以文件的形式进行组织和管理，负责管理文件的软件称为文件系统或文件管理系统。文件系统是操作系统需要提供的基本功能之一。

2.5.1　文件系统简介

文件系统是对文件存储器空间进行组织和分配，负责文件的存储，

文件系统

并对存入的文件进行保护和检索的系统。具体地说，它负责为用户建立文件，存入、读出、修改、转储文件，控制文件的存取，当用户不再使用时删除文件等。Windows 采用的文件系统类型有 FAT12、FAT16、FAT32、NTFS 和 HPFS 五种，其中 FAT12、FAT16 为较早版本所采用的文件系统，目前常用的 Windows 文件系统是 FAT32 和 NTFS。NTFS 文件系统是一个基于安全性的文件系统，是从 Windows NT 开始所采用的独特的文件系统结构，它是建立在保护文件和目录数据的基础上，同时节省存储资源、减少磁盘占用量的一种先进的文件系统。NTFS 可以支持的分区大小可以达到 2 TB。

2.5.2 文件、文件夹的基本操作

1. 文件和文件夹

计算机中的文件是以计算机硬盘为载体存储在计算机上具有名字的一组相关信息的集合，文件是操作系统用来存储和管理信息的基本单位。常见的文件包括文本文档、图片、音频、视频、程序等，不同的文件可以通过文件名来区分和使用。

文件夹也称为目录，是计算机组织和管理文件的一种机制，计算机中的文件都是存放在文件夹中。文件夹中可以保存文件和其他一些文件夹。文件夹的命名规则与文件的命名规则相同，没有扩展名。

随着保存文件的增多，为方便保存和查找，用户可以通过文件夹对各类文件进行归类、整理方便今后使用。

文件的名称通常由文件名和扩展名两部分组成，中间用小圆点"."隔开。文件名一般是对文件用途的说明，建议用户在进行文件命名时尽量起有意义的名字，能够做到见名知意，方便日后的管理和使用。文件的扩展名主要用来区分文件的类型，如音频文件的常见扩展名有.mp3，.wav 等，视频文件的常见扩展名有.wmv，.avi，mp4 等，图片文件的常见扩展名有.jpg，.png，.gif，.bmp 等。操作系统通过扩展名来识别文件的类型，并选择相应的程序进行打开、修改等操作。

在 Window 文件系统中，文件名称(包括扩展名)可由最多 225 个字符组成，其中不能包含下列任何字符(\ /: * <> |)。

一个文件除了文件名这一主要信息之外，还含有许多重要的信息，这些信息通常被称为文件的属性。用户可以在文件上右击，选择【属性】来查看文件的各种信息。文件的属性主要包括：

(1) 时间属性：描述文件的创建时间、修改时间和访问时间等信息。

(2) 空间属性：描述文件的位置、大小和所占磁盘空间等信息。

(3) 操作属性：描述文件的只读属性、隐藏属性、系统属性和存档属性等信息。

路径在文件系统中也是一个很重要的概念，路径是指文件在文件夹(目录)树上的位置，由用反斜杠"\"隔开的一系列文件夹名或文件名组成。路径的表示形式分为以下两种：

绝对路径：从根文件夹开始构成的路径。例如，C:\Windows\System32\test.txt。

相对路径：从当前文件夹开始构成的路径。例如，如果当前文件夹位于 C:\Windows\System32 下，那么 test.txt 表示的内容和上例是等效的。

库为用户提供了一种不同于路径方式的文件组织形式，用户可以通过将文件夹加入库

中将文件资源归类，而无须再关注文件在磁盘中的实际存储位置。

2. 文件和文件夹的基本操作

文件和文件夹的操作是日常使用最多也是最重要的操作，通常对文件和文件夹的操作都是通过【此电脑】和【Windows 资源管理器】来实现的。

1) 打开【此电脑】和【Windows 资源管理器】

打开【此电脑】和【Windows 资源管理器】可以通过以下几种方法进行。

方法 1：在桌面上双击 📁 按钮。

方法 2：左键单击左下角图标 ⊞，在【所有程序】中选择【附件】，在下拉菜单中选择【Windows 资源管理器】。

2) 打开文件与文件夹

打开文件夹也称为进入某目录，可以通过以下几种方法进行。

方法 1：在想要打开的文件夹上双击即可，此种方式也是打开文件的主要方式。

方法 2：通过导航窗格进入，位于【Windows 资源管理器】左侧的导航窗格提供了快速打开文件夹的方式。导航窗格中将"此电脑"当作 Windows 文件系统的根，默认显示为当前计算机中的各个分区。当用户直接点击分区或文件夹图标时，在主操作区会打开其含有的所有文件和文件夹。当用户将鼠标放到某个盘符或文件夹上时会在其左侧出现开口向左的尖括号 ❯，该图标表示此对象含有子文件夹或文件，单击此尖括号可以在导航窗格中按层次顺序打开其子文件夹，当该层目录在导航栏中展开后会变成向下的尖括号 ❯，此时单击该尖括号将该文件夹收缩，不再显示其中的对象。

方法 3：当用户知道某个文件夹的确切路径时，可以采用在地址栏中直接输入地址的方式。如想要打开"C:\Program Files\Windows Media Player"目录，在地址栏中输入该路径，按【Enter】键即可。此种方式适合在文件夹层次较多时快速进入，但此时用户应保证输入的路径正确。

3) 退出文件夹

退出当前文件夹，可以通过如下方法进行。

方法 1：通过地址栏左侧的 ← → ∨ ↑ 按钮完成，其中箭头向左的为【后退】按钮。当需要返回某文件夹的上一级文件夹时可以单击向上的箭头按钮。

注意：通过直接输入地址方式时，后退的位置不是当前文件夹的上一级文件夹，而是输入地址前所在的文件夹。

方法 2：通过【Backspace】退格键回退。与方法 1 中的【后退】按钮作用相同，【Backspace】退格键可以退回到当前文件夹的上一级文件夹。

方法 3：通过地址栏退出。在 Windows 10 中，地址栏的作用不仅仅是显示和输入路径的地方，而且可通过地址栏快速进入当前目录的任意一级上层目录。Windows 10 中会将从【此电脑】开始到当前的文件夹所在的位置中所有的文件夹组成一组按钮，通过点击按钮可以直接进入当前目录的任意一级上层目录。如图 2-11 所示，当文件夹的路径为"C:\Windows\Fonts"时，地址栏中会出现四个按钮【此电脑】【本地磁盘(C:)】【Windows】和【Fonts】，表示从"此电脑"到当前文件夹所历经的目录层次，当用户点击【此电脑】按钮时可以直接回到"此电脑"这一目录。

← → ⌄ ↑ 🅐 › 此电脑 › 本地磁盘 (C:) › Windows › Fonts　　　　　　　　　　　　　　　　⌄ ↻

图 2-11　路径按钮组

4) 新建文件和文件夹

新建文件和文件夹可以通过以下几种方法完成。

方法 1：通过鼠标进行操作，此方式也是最常用的创建方式。具体方法如下：

在主操作区的空白处单击右键，在弹出的快捷菜单中将鼠标移动到【新建】菜单，会出现级联菜单，如图 2-12 所示，用户可以从中选择【文件夹】【文本文档】等需要新建的类型，选中后即可在当前位置新建一个所选类型的对象。新建的文件或文件夹需要用户为其进行自定义命名，用户可以通过键盘输入文件或文件夹的名字，完成后按【Enter】键完成命名。也可使用鼠标点击屏幕其他地方完成文件名的输入。如果用户在新建文件或文件夹时不为其进行自定义命名，系统会按照默认命名规则为新建的对象进行命名，默认命名规则为"新建×××"，×××为新建对象的类型。例如：新建的文件夹就会以"新建文件夹.txt"命名，新建的文本文件就会以"新建文本文档"命名。如果当前目录下已经有该名字的对象则会以"新建×××(2)"命名，并以此类推。为了养成良好的命名习惯，建议用户对新建的文件或文件夹进行自定义命名，方便日后的查找和管理。

图 2-12　新建菜单

方法 2：通过工具栏新建文件夹。工具栏中的主页分组里有一个【新建文件夹】按钮，点击此按钮可以快速在当前位置新建一个文件夹。

5) 查看文件与文件夹

查看文件与文件夹的操作主要包括更改查看方式、查看隐藏的文件与文件夹。

(1) 更改文件和文件夹的显示方法有以下两种。

方法 1：通过右键更改。在主操作区的空白处点击鼠标右键选择【查看】，在级联菜单中有【超大图标】【大图标】【中等图标】【小图标】【列表】【详细信息】【平铺】【内容】8种方式显示当前文件夹中的对象，用户可以从中选择适合自己的查看方式。

方法 2：通过点击主操作区右下角的显示切换图标 ▤ ▥ 来进行更改，可以选择以详细信息方式 ▤ 显示和以大图标方式 ▥ 显示。

(2) 查看具有隐藏属性的文件和文件夹。

　　用户使用计算机时出于隐私需要或者为了防止重要文件被误删、误操作，经常会将一些文件隐藏起来。设置为"隐藏"属性的文件和文件夹默认情况下将不会显示在系统中。当用户需要查看具有"隐藏"属性的对象时，可以点击【工具】菜单，选择【文件夹选项】，切换到【查看】选项卡，找到【隐藏文件和文件夹】选项，选择【显示隐藏的文件、文件夹和驱动器】，单击【确定】按钮即可。需要隐藏这些文件时，按照同样的步骤，最后选择【不显示隐藏的文件、文件夹和驱动器】即可，如图 2-13 所示。

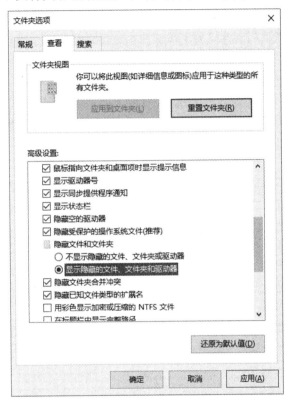

图 2-13　【文件夹选项】对话框

6) 选择文件和文件夹

文件和文件夹的选择是其他操作的基础，通常分为以下几种情况：

(1) 选定单个文件或文件夹：用鼠标单击要选定的文件或文件夹即可。

(2) 选定连续的多个文件或文件夹，有以下两种方法。

方法 1：先用鼠标单击第一个文件或文件夹，按【Shift】键的同时单击最后一个文件或文件夹。

方法 2：在任务管理器空白处按下鼠标左键，拖动出一个矩形区域，将需要选中的文件或文件夹框在矩形区域之内即可。

(3) 选定不连续的多个文件或文件夹：按【Ctrl】键的同时，使用鼠标单击要选择的多个不连续的对象。

(4) 选定窗口中的全部文件或文件夹：按【Ctrl+A】组合键，或单击【组织】选项卡中的【全选】命令。

(5) 取消选定，有以下两种方法。

方法 1：单击选定项目以外的区域即可。

方法 2：当一个对象处于选中状态时，再次点击该对象则取消选中。如果要从已选定的对象中取消一个或多个项目，按住【Ctrl】键的同时，单击要取消的项目即可。

7) 文件和文件夹的移动和复制

文件管理中经常需要将文件或文件夹进行复制、移动。复制是指原有的对象仍然在原来的位置不变，只是将其内容再复制一遍。移动是指将原有的对象从一个文件夹移动到另一个文件夹，移动后原来的文件夹将不再保留该对象。复制操作适合于用户需要将对象保存多份时使用。

文件和文件夹的复制一般通过【复制】【粘贴】实现，具体实现方法有以下几种。

方法 1：通过鼠标右键操作。首先选中要复制的对象，可以是单个对象也可是多个对象，然后在任一选中的对象上单击鼠标右键，从弹出的快捷菜单中选择【复制(C)】，进入到目标文件夹中点击鼠标右键，选择【粘贴(P)】即可。该方式也可通过菜单栏上的【复制】【粘贴】完成。

方法 2：通过快捷键实现。选中要复制的对象，按下【Ctrl + C】键就会完成对文件或文件夹的复制，进入目标文件夹后按下【Ctrl + V】键即可将其粘贴到当前位置。

方法 3：通过键盘与鼠标配合实现复制。选中要复制的对象，按下【Ctrl】键的同时，拖动该对象到目标文件夹后松开鼠标左键也可完成复制操作。

当复制的文件较大时，Windows 会出现进度条，可以查看复制进度或取消该操作。

对于复制操作，如在当前位置选择【粘贴】，则会建立选择对象的副本，常用于在修改某个重要文件前进行备份。

文件和文件夹的移动操作一般通过【剪切】【粘贴】操作，具体操作方法与复制基本相同。在方法 1 中以【剪切】替换【复制】，其他操作不变；在方法 2 中用【Ctrl + X】键代替【Ctrl + C】键，其他操作不变；在方法 3 中，在拖动时不用按【Ctrl】键，即为移动。

说明：对于多个对象或单个非程序文件，如果在同一分区下拖动，则为移动；如果在不同分区间拖动或直接拖动到桌面上，则为复制。

8) 文件和文件夹的重命名

首先选中要重命名的对象，然后可以通过以下几种方法对其进行重命名。

方法 1：通过单击鼠标右键，在弹出的快捷菜单中选择【重命名】，然后输入新名称即可。

方法 2：通过两次缓慢点击鼠标左键，此时文件名会处于全选可编辑状态，输入新名称即可。

方法 3：选择菜单栏【文件】中的【重命名】，输入新名称即可。

需要说明的是，在 Windows 10 中对文件命名，默认情况下不会显示文件的扩展名，用户也就无法更改。显示文件扩展名的方法是：打开【文件夹选项】对话框，如图 2-13 所示，切换到【查看】选项卡，将【隐藏已知文件类型的扩展名】前的勾选去掉，点击【确定】按钮。

9) 文件和文件夹的删除

选中文件或文件夹后可以通过以下方法将其删除。

方法 1：按下【Delete】键，系统会弹出【删除文件】对话框，点击【是】按钮删除对象，点击【否】按钮不进行任何操作。

方法 2：单击鼠标右键，选择【删除】，之后步骤同方式 1。

方法 3：选择菜单栏【文件】中的【删除】，之后步骤同方式 1。

通过以上几种方法删除的文件会被放到回收站中，用户可以在回收站中通过【还原】操作将其还原到原来的文件夹中。在回收站中的文件或文件夹仍然占用磁盘空间，用户可以在进行删除操作时按下【Shift】键，将对象彻底删除使其不再占用系统空间。

小知识：Windows 的文件删除操作实际上只是将该对象的相关信息与文件系统切断，并非真正将存储在磁盘中的数据删除掉，这些数据还可以被一些专业数据恢复软件恢复，建议用户要谨慎对待自己的数据。

10) 快捷方式的创建

快捷方式是 Windows 提供的一种快速启动程序、打开文件或文件夹的方法。它是应用程序的快速连接。每个快捷方式图标的左下角都有一个非常小的箭头，如图 2-14 所示的六个图标均为快捷方式。快捷方式的一般扩展名为*.lnk。快捷方式为用户提供了快速打开某个程序或某个文件夹的方法，可以让用户直接从桌面上打开某些特定的程序。

图 2-14　快捷方式

创建快捷方式的方法通常有以下几种方法。

方法 1：选中某个文件或文件夹后，进行【复制】操作，进入到要创建快捷方式的文件夹中单击右键，在弹出的快捷菜单中选择【粘贴快捷方式(S)】即可。

方法 2：选中某个文件或文件夹后，在该对象上单击右键，在弹出的快捷菜单中选择【发送到(N)】，在级联菜单中选择【桌面快捷方式】，即可直接在桌面上建立该对象的快捷方式。

方式 3：进入要创建快捷方式的位置，在主操作区的空白处单击右键，在弹出的快捷菜单中选择【新建(W)】，在级联菜单中选择【快捷方式(S)】，会打开【创建快捷方式】创建向导的第一个对话框，如图 2-15 所示，点击【浏览】，从文件系统中选择要建立快捷方式的文件或文件夹，然后单击【下一步(N)】按钮，进入【创建快捷方式】向导的第二个对话框，要求用户输入该快捷方式的名称，默认名称为创建对象的名称，最后点击【完成(F)】按钮完成快捷方式的创建。

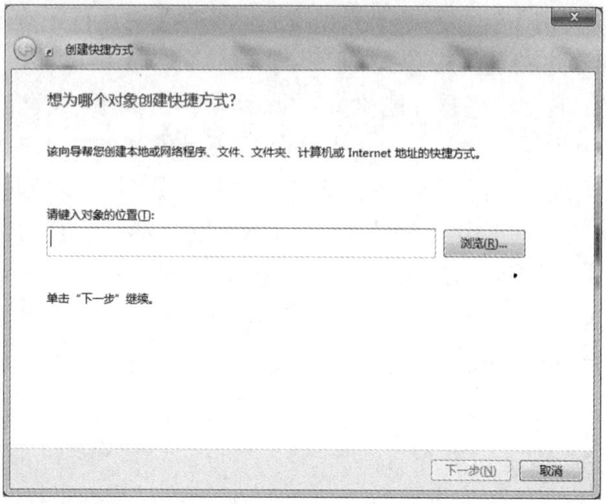

图 2-15　【创建快捷方式】对话框

2.5.3　文件的搜索

随着用户使用计算机时间的增长，计算机中存储的文件也会越来越多，用户可能记不清自己要找的文件究竟在什么位置，这时可以通过 Windows 提供的文件搜索功能快速找到自己的文件。文件的搜索可以通过以下两种方法实现。

方法 1：通过计算机中的搜索栏实现。单击搜索栏或通过【Ctrl + F】可以直接将光标切换到搜索栏，输入要查找的文字，在用户输入的同时 Windows 就开始根据当前输入的内容在当前文件夹及其子文件夹中进行查找，并将匹配的结果显示在主操作区。如未找到则显示"没有与搜索条件匹配的项。"使用此方式查找时可以配合搜索框下方提供的"修改日期"和"大小"两个搜索项缩小搜索范围。

方法 2：通过【开始】菜单中的搜索栏实现。与方式 1 不同的是，通过【开始】菜单的搜索栏搜索范围为整个计算机中所有的文件，而且通过【开始】菜单搜索不仅可以搜索文件和文件夹，还能搜索当前计算机中的可执行程序。操作方法为：在【开始】菜单的搜索栏中输入要查找的文件，Windows 会将当前匹配的结果显示在【开始】菜单的搜索栏上方。

文件的搜索操作经常和文件通配符配合使用以提高搜索的成功率。文件通配符主要包括"*"和"？"，"*"代表任意多个字符，"？"代表单个字符。例如：

搜索以"a"开头的文件，则输入"a*"；

搜索文件名中含有"a"的文件，则输入"*a*"；

搜索所有的 mp3，则输入"*.mp3"；

搜索文件中以 a 开头，文件名是 2 个字(字母/汉字)的 mp3 文件，则输入"a?.mp3"。

2.6　程序与任务管理

计算机的各项功能都是通过程序实现的，从某种意义上说，计算机安装的程序越多则功能越强大，如用户想要看电影需要播放器程序，用户完成文档的处理需要文档处理软件，用户要上网需要使用浏览器程序等。

2.6.1　运行程序

运行程序的方法有以下几种。

方法 1：双击桌面上的某程序图标(其实质为一个快捷方式)，可直接打开该程序。

方法 2：点击【开始】菜单中的【所有程序】，选择要打开的程序即可。

方法 3：进入到程序安装的文件夹，找到带有该程序图标的.exe 文件，双击即可。此种方式适合打开某些没有在桌面创建快捷方式的程序。

注意：计算机中运行的任何程序都要占用 CPU、内存等资源，当资源占用过多时会导致计算机性能严重下降，建议大家在使用计算机时只保留必要的程序，而将不需要的程序及时关闭。

2.6.2　任务管理

任务管理器是 Windows 提供查看计算机当前正在运行的程序、进程和服务的程序。联网的计算机还可以通过任务管理器查看网络的使用情况。

在 Windows 使用过程中，由于某种原因可能出现某个应用程序没有反应(即该程序不响应用户操作，也无法通过正常的【关闭】按钮关闭)的情况，此时用户可以通过任务管理器将该程序强行退出，如图 2-16 所示。Windows 10 的任务管理器有 6 个选项卡，下面介绍其作用。

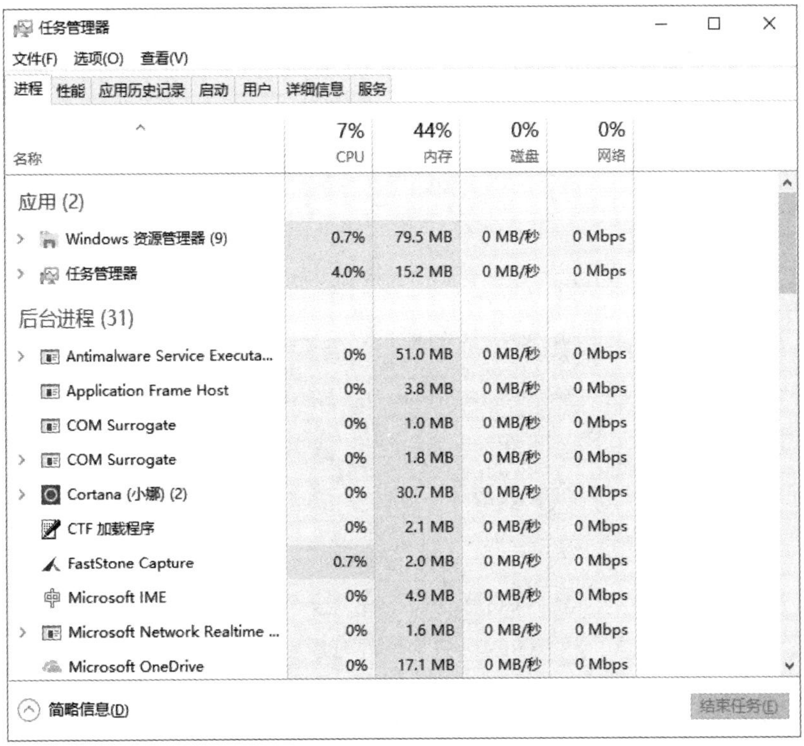

图 2-16　任务管理器

【应用程序】选项卡：显示用户当前运行的程序。用户可通过选中任务列表中的某一任务，右击选择【结束任务】强行终止该程序。

【进程】选项卡：显示当前计算机中所有正在运行的进程和 CPU 内存占用情况，包括用户进程和后台进程。

【性能】选项卡：显示当前计算机的 CPU、内存、磁盘、网络的使用率。

【应用历史记录】选项卡：显示计算机以前运行过的应用程序的信息。

【启动】选项卡：显示随机启动程序的情况。

【用户】选项卡：显示了可以访问该计算机的用户，以及会话的状态与名称。

【详细信息】选项卡：显示计算机中的所有进程的详细情况。

【服务】选项卡：显示计算机中的所有服务。

打开任务管理器有以下两种方法。

方法 1：右键单击任务栏上的空白区域，在弹出的菜单里选择【启动任务管理器】，就可以打开任务管理器。

方法 2：同时按下【Ctrl + Shift + Esc】组合键，就可以打开任务管理器。

2.6.3 程序的安装与卸载

在 Windows 中，程序需要安装后才能使用，用户可以通过运行安装向导进行安装。当用户需要查看所有计算机上已安装的程序时，可以打开【控制面板】，如图 2-17 所示，选择其中的【程序和功能】，然后打开【程序和功能】窗口，如图 2-18 所示，对已安装程序进行操作。在【程序和功能】窗口中计算机中所有已经安装的程序将会以列表形式显示出来，当选中某一程序后将会在程序列表的【组织】右侧出现【删除】按钮，点击此按钮将会对该程序进行卸载操作。

图 2-17 【控制面板】窗口

图 2-18　【程序和功能】窗口

2.7　系统管理的基本操作

Windows 10 的系统管理包括"设置中心""用户管理""磁盘管理"等方面,给用户提供系统配置、用户管理、磁盘管理等功能。

2.7.1　设置中心

近年来,随着智能终端的普及,微软也在 Windows 产品中增加了对其的支持,在 Windows 10 中,各种设置除了可以使用传统的【控制面板】方式完成外,还可以使用【设置】对计算机进行各种配置。进入方法为:单击【开始】,选择【设置】,【设置】按钮位于【开始】菜单电源键的上方。打开设置界面后,如图 2-19 所示,可以对【系统】【设备】【网络和 Internet】【账户】【隐私】等进行设置,可以很好地支持平板电脑之类的移动智能设备。

图 2-19　Windows 10 的【设置】窗口

2.7.2　用户管理

当一台计算机被多个用户使用时，可以为每位用户设置账户，每个用户通过自己的账户使用计算机，既可以保证自己的文件安全，又可以将自己的爱好习惯保留下来，账户与账户之间互不影响，Windows 10 支持多用户使用。Windows 10 支持两种账户类型：网络账户和本地账户。

网络账户是用户的微软在线账户，用户可以在微软官方网站注册获得。通过网络账户，可以实现一个账号在多台 Windows 设备上同步数据。

本地账户是微软的传统账户，提供本地用户的操作。本地账户有三种类型：管理员账户、标准用户账户和来宾账户。

(1) 管理员账户：计算机的管理员账户拥有对全系统的控制权，能改变系统设置，可以安装和删除程序，能访问计算机上所有的文件。除此之外，它还拥有控制其他用户的权限。Windows 10 中至少要有一个计算机管理员账户。在只有一个计算机管理员账户的情况下，该账户不能将自己改成受限制账户。Windows 系统一般有一个超级管理员账户 Administrator，具有最高的管理权限，为了安全，在 Windows10 中，此账户被默认为禁用状态。

(2) 标准用户账户：标准用户账户是受到一定限制的账户，在系统中可以创建多个此类账户，也可以改变其账户类型。该账户可以访问已经安装在计算机上的程序，可以设置自己账户的图片、密码等，但无权更改大多数计算机的设置。

(3) 来宾账户：来宾账户是给那些在计算机上没有用户账户的人使用的临时账户，主要用于远程登录的网上用户访问计算机系统。来宾账户仅有最低的权限，没有密码，无法对系统做任何修改，只能查看计算机中的资料。

Windows 10 中对用户的管理主要包括：创建用户、创建密码、更改账户类型和删除账户，这些功能主要通过【用户账户】界面完成，如图 2-20 所示，进入方法为单击【开始】，在【控制面板】中选择【用户账户】。

图 2-20　【用户账户】界面

新建账户。进入【用户账户】界面后，显示的信息为当前用户的信息，在此界面中可以更改、删除当前用户的密码，更改用户图片，更改账户名称和账户类型。添加用户时需要点击【管理其他账户】进入账户选择界面，如图 2-21 所示，此界面将当前计算机中的所有账户信息显示在列表中，用户可以通过单击进入响应账户的更改页面。在此界面上点击【创建一个账户】超链接，进入账户设置界面，用户需要输入新建账户的名称并选择账号类型，完成后点击【创建账户】按钮完成用户的创建。

图 2-21 【账户选择】界面

2.7.3 磁盘管理

磁盘是计算机中用户文件和程序存储的主要介质，通常 Windows 系统中的磁盘是指硬盘。硬盘会随着用户使用时间的增加而出现文件读写速度变慢的现象，甚至出现坏道从而影响用户数据的正常读取。Windows 10 提供了一组磁盘管理工具，可以帮助用户对磁盘进行检查、清理、修复损坏的磁道，从而提高磁盘的使用效率。

如何查看磁盘属性？在计算机或资源管理器中选中某个分区，在其上单击鼠标右键选择【属性】，可以查看打开的磁盘属性界面，如图 2-22 所示，此界面中包含【常规】【工具】【硬件】【共享】【安全】【以前的版本】【配额】7 个选项卡。默认打开的是【常规】选项卡，其中显示磁盘名称、文件系统类型、磁盘容量等信息。点击其中的【磁盘清理(D)】按钮可以对当前磁盘中不需要的数据进行清理，从而令系统运行更加顺畅。

图 2-22 磁盘【属性】界面

Windows 提供的大部分磁盘管理工具，都在【工具】选项卡中，包括【检查磁盘】【碎片整理】和【文件备份】功能。检查错误功能主要对磁盘中文件系统的进行检查，并提供"自动修复文件系统错误(A)"和"扫描并尝试恢复坏扇区(N)"功能，用户可以在开始检查之前对执行的操作进行勾选，然后点击【确定】按钮开始检查。

2.8　附件的实用工具

Windows 将人们日常使用的一组小工具以附件的形式预装在操作系统中，包括记事本、写字板、计算器、画图等工具。这些程序可以单击【开始】菜单，选择【所有程序】中的【附件】，点击相应的程序即可打开。

Windows 10 的
帮助和支持

2.8.1　记事本

记事本是一个简单的文本编辑程序，从 Windows 1.0 开始，所有的 Microsoft Windows 版本都内置这个程序。文本文件的扩展名为".txt"，一般文本文件只包含内容信息，采用标准编码方式，不包含格式等信息。因此.txt 文件不仅可以在 Windows 下打开和编辑，在 Linux 和 Unix 系统中也可完成同样的操作，是一种通用的、跨平台的文件。

在【开始】菜单的搜索栏中输入"notepad"，按【Enter】键即可快速打开记事本。该程序可以用于最简单的文字处理，但由于其提供的功能较少，当需要处理复杂的文字编辑时就需要使用 Word 等专用文字处理软件了。

2.8.2　写字板

写字板也是一个可用来创建和编辑文档的文本编辑程序。与记事本不同，写字板文档包括复杂的格式和图形，并且可以在写字板内链接或嵌入对象(如图片或其他文档)。写字板创建的文档的默认格式为 RTF(Rich Text Format，多文本格式)，此种类型的文件也可通过 Word 程序打开。该程序可以在用户没有安装 Word 时实现较为复杂的文字处理。

2.8.3　计算器

计算器是 Windows 10 提供的一个计算程序，用户可以使用它进行如加、减、乘、除这样简单的运算。Windows 10 中的计算器还提供了程序员计算器、科学型计算器和统计信息计算器的高级功能，并提供单位转换、日期计算等功能。

计算器在使用时可以通过单击【计算器】按钮来执行计算，也可以通过使用键盘键入进行计算。通过按键【Num Lock】，用户还可以使用数字键盘键入数字和运算符。在【开始】菜单的搜索栏中输入"calc"后按【Enter】键可快速打开计算器。

2.8.4　画图

画图是 Windows 10 提供的一个用于绘制、处理图像的程序，用户可以通过该程序绘制图像，也可使用它对已有的图像进行简单的编辑操作。画图中使用的很多工具都可以在其功能区中找到，功能区位于【画图】窗口的顶部。图 2-23 显示了画图中的功能区和其他部分区域。快速打开画图的命令是"mspaint"。该程序为用户提供了简单的图片处理功能，可用其修改或绘制简单的图片，如需要对图像整体颜色、对比度等进行调节，可下载安装功能更加强大的图像处理软件(如 Photoshop、光影魔术手、美图秀秀等)。

图 2-23　画图功能区

2.9　国产操作系统

操作系统作为软硬件的纽带，在安全领域中有着核心地位。发展本土化操作系统，是国家防范网络攻击与威胁需要直接面对的问题。中国操作系统本土化始于 20 世纪末，基本都在 Unix/Linux 基础上二次开发而成。1999 年 4 月 8 日，中国第一款基于 Linux/Fedora 的国产操作系统 Xteam Linux 1.0 发布，开启了操作系统国产化之路。

2.9.1　深度 Linux 操作系统

深度 Linux 操作系统(Deepin)是一个致力于为全球用户提供美观易用、安全稳定服务的 Linux 发行版，同时也一直是排名最高的来自中国团队研发的 Linux 发行版。本节以深度操作系统(Deepin)系统为例，从操作系统安装、系统管理、应用管理等方面，详细介绍深度操作系统(Deepin)的使用。

1. Deepin 的安装

Deepin 系统要求计算机的最低配置如下：

(1) 处理器：Intel Pentium Ⅳ 2 GHz 或更快的处理器。

(2) 内存：至少 2 GB 内存(RAM)，4 GB 以上是达到更好性能的推荐值。

深度系统安装过程

(3) 硬盘：至少 25 GB 的空闲空间。

2. Deepin 桌面环境

1) 桌面

在 Deepin 系统的桌面上可以进行新建文件夹/文档、排列文件、设置显示器、设置热区、设置壁纸等相关操作。

(1) 新建文件夹/文档。

· 在桌面上，点击鼠标右键，点击【新建文件夹】，输入新建文件夹的名称。

· 在桌面上，点击鼠标右键，点击【新建文档】，选择新建文档的类型，输入新建文档的名称。

(2) 排列文件：可以对桌面上的文件按照需要进行排序。在桌面上，点击鼠标右键，点击【排序方式】。

· 点击【名称】，将按文件的名称顺序显示。

· 点击【大小】，将按文件的大小顺序显示。

· 点击【类型】，将按文件的类型顺序显示。

· 点击【修改时间】，文件将按最近一次的修改日期顺序显示。

也可以勾选【自动排列】，桌面图标会自动排列，有图标被删除时后面的图标会自动缩进。

(3) 设置显示器：可以通过快速进入控制中心设置显示器的分辨率、亮度。

· 在桌面上，点击鼠标右键。

· 点击【显示设置】，快速进入控制中心显示设置界面。

(4) 设置热区：热区是为了简化操作，方便用户快速进入系统的主要界面。

· 在桌面上，点击鼠标右键。

· 点击【热区设置】，整个屏幕会变暗，并且在屏幕的四个角落将显示对应的热区功能。

· 将鼠标指针置于桌面的某个角落，在选项中重新选择一项。

· 在桌面的空白处点击一下鼠标，退出热区设置。

桌面的四个角落已经默认设置了热区，通过热区可以快速打开启动器和控制中心。

将鼠标指针置于桌面左上角即可打开启动器，在启动器的任意位置点击一下鼠标则从启动器界面返回到桌面。

将鼠标指针置于桌面右下角即可打开控制中心，在控制中心面板以外的区域点击一下鼠标则退出控制中心。

(5) 设置壁纸：用户可以选择一些精美、时尚的壁纸来美化桌面，让自己的电脑显示与众不同。

· 在桌面上，点击鼠标右键。

· 点击【设置壁纸】，在桌面底部预览所有壁纸。

· 选择其中的壁纸后，壁纸就会在桌面和锁屏中生效。

· 可以选择壁纸上出现的【仅设置桌面】和【仅设置锁屏】来控制壁纸生效范围。

2) 任务栏

任务栏是指位于桌面最下方的小长条，主要由启动器、应用程序图标、托盘区、关机按钮、系统时间等组成。

(1) 任务栏图标：可以在启动器中将应用图标创建快捷方式到任务栏上，同时对任务栏上的应用程序进行相关操作。

当使用台式机电脑时，仅显示为 ⏻ 图标。当使用笔记本电脑时，系统默认采用 🔋 图标，默认显示剩余电量，将鼠标置于图标上时显示剩余电量百分比，点击快速进入关机界面。

(2) 切换显示模式：任务栏提供两种显示模式：时尚模式和高效模式。

• 时尚模式：任务栏的显示风格类似于 Mac OS，以托盘的形式停靠在屏幕下方。任务栏上会显示所有固定在任务栏的应用图标。

• 高效模式：任务栏的显示风格类似于 Windows 7，以小长条的形式显示在屏幕下方。固定在任务栏上的应用图标默认为小图标显示，而且相同类型的图标会合并在一起，以腾出更多的空间给其他图标使用。

可以通过以下操作来切换显示模式：

• 在桌面上，将鼠标指针置于任务栏图标以外区域。

• 点击鼠标右键。

• 在【模式】子菜单中选择一种显示模式。

(3) 设置任务栏位置：可以将任务栏放置在桌面的任意方向。其操作如下：

• 在桌面上，将鼠标指针置于任务栏上。

• 点击鼠标右键。

• 在【位置】子菜单中选择一个方向。

(4) 调整任务栏大小：可以根据个人习惯调整任务栏的大小。其操作如下：

• 在桌面上，将鼠标指针置于任务栏上。

• 点击鼠标右键。

• 在【大小】子菜单中选择一个大小。

(5) 显示/隐藏任务栏：

• 在桌面上，将鼠标指针置于任务栏图标以外区域。

• 点击鼠标右键。

• 在【状态】子菜单中可以选择【一直显示】【一直隐藏】和【智能隐藏】三种模式。

(6) 关机：可以通过任务栏中的电源图标进入关机界面进行相关操作。

3) 启动器

启动器帮助用户管理系统中已安装的所有应用，在启动器中使用分类导航或搜索功能可以快速找到需要的应用程序。

(1) 排列应用：在启动器中，系统默认按照名称排列显示所有应用。其操作如下：

• 将鼠标悬停在应用图标上，按住鼠标左键不放，将应用图标拖曳到指定的位置自由排列。

• 点击启动器界面左上角分类图标进行排列。

(2) 查找应用：在启动器中上下滚动鼠标滚轮可以找到需要的应用，也可以通过切换分类导航来更快地找到需要的应用。如果已经知道了应用的名称，通过直接在搜索框中输入关键字快速定位到需要的应用。其操作如下：

• 在启动器中，在顶部的搜索框中输入关键字，如"deepin"。

• 系统会自动搜索包含关键字"deepin"的所有应用，并且将搜索的结果显示在启动器界面中。

(3) 卸载应用：对于不再使用的应用，可以选择将其卸载，以节省硬盘空间。其操作如下：

- 在启动器中，右键单击应用图标。
- 点击【卸载】。

4) 控制中心

深度操作系统通过控制中心来管理系统的基本设置，包括小工具介绍、常用设置以及账户管理、网络设置、日期和时间、个性化设置、屏幕显示设置、系统和应用更新升级等更多设置。进入深度桌面环境后，只需要将鼠标移至屏幕右下角即可打开控制中心面板。

控制中心首页主要是为了展示用户最常用的信息，方便用户日常查看和快速使用。控制中心构成见表2-1。

表2-1 控制中心

1	顶部信息栏	显示用户头像、当前系统时间和日期、当日天气
2	应用控件栏	显示用户常用的控件，方便用户在首页查看，例如一周天气、计算器、股票走势等
3	系统控件栏	显示音乐媒体播放、调节音量、调节亮度等控件
4	底部工具栏	初始化时显示全部设置按钮，以及蓝牙、VPN、无线网络、屏幕投射、多屏设置等首次操作后系统自动记忆显示

控制中心可以进行用户账户、显示设置、默认程序、个性化、蓝牙、网络、声音、日期时间、电源管理、鼠标和触控板、键盘和语言等方面的设置，还可以进行系统更新和查看系统信息等操作。

5) 窗口管理器

窗口管理器可以在不同的工作区内展示不同的窗口内容，通过窗口管理器，用户可以对桌面窗口进行分组管理，可以进行工作区的打开、添加、切换、命名、删除、退出等操作，还可以显示桌面窗口、切换桌面窗口和移动桌面窗口。

深度文件管理

深度磁盘管理

3. 深度商店

深度商店是一款集应用展示、下载、安装、评论、评分于一体的应用程序，精心筛选和收录了不同类别的应用，同时每款应用都经过人工安装并验证，可以进入商店搜索热门应用，一键下载并自动安装。

1) 运行深度商店

可以通过执行以下操作来运行深度商店：

(1) 点击任务栏上的 进入启动器界面。

(2) 通过浏览找到 并点击。

2) 关闭深度商店

(1) 在深度商店界面，点击"×"关闭图标，退出深度商店。

(2) 右键单击任务栏上的 ▊ 商店图标，选择【关闭所有】来退出深度商店。

(3) 在深度商店界面，点击菜单栏中的【退出】。

3) 主界面

深度商店主界面由导航栏、搜索框、首页轮播区域、首页栏目区域、首页专题区域、任务管理、菜单栏组成。主界面构成如表 2-2 所示。

表 2-2　深度商店界面

1	导航栏	主要显示深度商店的首页、排行榜和应用分类
2	搜索框	用户可以通过搜索框快速查找深度商店中的所有应用
3	首页轮播区域	主要循环播放推荐应用的图片
4	首页栏目区域	主要展示热门推荐、本周热门、本月热门、装机必备等应用
5	首页专题区域	主要展示热门专题的应用合集
6	任务管理	主要显示当前下载应用的进度、速度，以及安装应用的进度，用户还可以暂停和删除下载任务
7	菜单栏	通过菜单栏，用户可以登录深度商店、查看帮助手册、关于深度商店、退出深度商店

4. 深度看图

深度看图是深度科技精心打造的一款图片查看和管理应用的程序，其外观时尚、性能流畅，支持多种图片格式，任何图片想看就看。深度看图的照片管理功能可以将图片按日期排列在时间线上，还可以将图片添加到收藏夹或归类到不同的相册中，将图片管理得井井有条。

可以通过以下方式运行或关闭深度看图，或者创建深度看图的快捷方式。

1) 运行深度看图

(1) 点击桌面底部的启动器 ▊，或将鼠标指针移到屏幕左上角，进入启动器界面。

(2) 上下滚动鼠标滚轮浏览或通过搜索，找到应用 ▊ 点击运行。

(3) 将鼠标指针置于深度看图应用程序的图标上，右键点击 ▊。

· 若点击【发送到桌面】，则在桌面创建快捷方式。

· 若点击【发送到任务栏】，则将应用程序固定到任务栏。

· 若点击【开机自动启动】，则将应用程序添加到开机启动项，在电脑开机时自动运行该应用程序。

2) 关闭深度看图

(1) 在深度看图界面点击"×"，退出深度看图。

(2) 在任务栏右键单击 ▊，选择【关闭所有】来退出深度看图。

(3) 在深度看图界面点击 ☰，选择【退出】来退出深度看图。

3) 图片查看

使用深度看图直接打开图片文件可以进入基本的看图界面。其界面如表 2-3 所示。

表2-3　深　度　看　图

图片管理	进入图片管理界面。包括时间线、相册功能
1∶1 显示	图片按照实际尺寸显示。当图片超出界面范围时，界面上会出现导航窗口
自适应	图片适应界面尺寸显示
顺时针	图片顺时针旋转 90°
逆时针	图片逆时针旋转 90°
删除	删除当前图片
上一张	显示上一张图片
下一张	显示下一张图片

(1) 幻灯片播放图片的操作如下：

· 在深度看图界面上，单击鼠标右键。

· 选择【幻灯片放映】，图片将以幻灯片形式全屏播放。

· 按下键盘上的【Esc】键可以退出播放。

(2) 复制图片的操作如下：

· 在深度看图界面上，单击鼠标右键。

· 选择【复制】。

· 在桌面或者指定位置，单击鼠标右键。

· 选择【粘贴】，将图片文件复制到该位置。

(3) 打印图片的操作如下：

· 在深度看图界面上，单击鼠标右键。

· 选择【打印】。

· 选择一个打印机。

· 根据需要设置打印属性。

· 选择【打印】，将图片发送到打印机进行打印。

(4) 删除图片的操作如下：

· 点击深度看图界面上的 画 图标。

· 右键单击图片，选择【丢到回收站】。

· 在深度看图界面上，按下键盘上的【Delete】键。

(5) 旋转图片的操作如下：

· 在深度看图界面上，单击鼠标右键。

· 选择【顺时针旋转/逆时针旋转】。

· 图片将会顺时针转旋转 90°/逆时针旋转 90°。

(6) 设置为壁纸，其操作如下：

· 在深度看图界面上，单击鼠标右键。

· 选择【设为壁纸】即可将当前图片设置为壁纸。

(7) 查看图片信息的操作如下：

· 在深度看图界面上，单击鼠标右键。

· 选择【图片信息】可以显示图片信息。

4) 帮助

可以点击【帮助】获取深度看图的帮助手册，通过帮助进一步了解和使用深度看图。其操作如下：

(1) 在深度看图界面上点击 ≡。

(2) 点击【帮助】。

(3) 查看关于深度看图的帮助手册。

5) 关于

可以点击【关于】查看深度看图的版本介绍。其操作如下：

(1) 在深度看图界面上点击 ≡。

(2) 点击【关于】。

(3) 查看关于深度看图的版本和介绍。其操作如下：

6) 退出

可以进入菜单栏点击退出深度看图。

(1) 在深度看图界面上点击 ≡。

(2) 点击【退出】。

5. 深度 Linux 系统管理

1) 电源管理

电源管理是指如何将电源有效分配给系统的不同组件。电源管理对于依赖电池电源的移动式设备至关重要。通过降低组件闲置时的能耗，优秀的电源管理系统能够将电池寿命延长。深度 Linux 的电源管理简单地分为待机、休眠、关机、重启。

(1) 待机：正常情况下，待机将会保存运行程序的信息到内存，并关闭内存和处理器之外的设备以节省电能。按下电源键会唤醒电脑并恢复待机前的状态。

(2) 休眠：正常情况下，休眠会把内存中的所有信息保存到硬盘中的交换分区(swap)，并关闭电脑所有设备以节省电能。当按下电源键唤醒电脑时，内存直接读取保存在硬盘中的交换分区(swap)的信息，恢复到休眠前的状态。

(3) 关机：正常情况下，如果用户不手动保存当前运行程序的数据到硬盘，直接执行关机操作，将断开电脑所有设备的供电，那么将会丢失当前运行程序的数据。

(4) 重启：正常情况下，如果用户不手动保存当前运行程序的数据到硬盘，直接执行重启操作，将断开电脑主板以外设备的供电后重新恢复以启动系统，那么将会丢失当前运行程序的数据。

待机、休眠、关机、重启状态的区别

2) 节能设置

(1) 电源计划：进入控制中心——电源管理，设置合理的电源计划，规划适合自己的电源计划。

(2) 显示亮度：进入控制中心——显示，调节合适的亮度，降低机器功耗。

3) 用户管理

(1) 用户。每个 Linux 登录的使用者至少都会取得两个 ID：

使用者 ID(User ID，UID)；

群组 ID(Group ID，GID)。

用户是能够获取系统资源的权限的集合，账号包括用户名和密码，用户通过账号登录系统。但是 Linux 系统并不是通过用户名称来识别用户，而是通过 UID(User Identification)，即用户标识符。Linux 的用户分为三类：

用户操作

• 超级管理员 0：root 用户，具有操作整个系统的所用权限，默认禁止该账户直接登录。

• 系统用户 1～499：能够登录系统获得有限权限的用户，并且可以使用 sudo 获取 root 权限，默认系统用户为普通用户。

• 普通用户 500～65 535(但目前支持到 4 294 967 295，即 $2^{32} - 1$)：前两类用户建立的用户，只能执行普通操作。

(2) 群组。Linux 中为了使用户共享文件或者其他资源方便，引入了群组的功能。

Linux 中每一个用户属于一个群组(group)，而每一个群组(group)都有一个 group 标示符，即 GID。所有群组和对应的 GID 都存放在根目录的 /etc/group 中。

群组操作

Linux 系统在创建每一个用户时就为每一个用户创建了一个同名的群组，并将这个用户加入该群组中，也就是说至少每个用户都有一个同名的群组，当然也可以加入其他群组中。加入其他群组是为了获取适当的权限来访问特定的资源。

如果一个文件属于一个群组，则这个群组的所有用户都能存取这个文件。

4) 文件管理

(1) 文件及扩展名。文件是存储在某种长期存储设备或临时存储设备中的一段数据流，并且归属于计算机文件系统管理之下。文件类型可分为如下两种：

• 文本文件：由一些字符的串行组成。

• 二进制文件：一般是指除了文本文件以外的文件。

文件扩展名是操作系统用来标志文件类型的一种机制。通常来说，一个扩展名是跟在主文件名后面的，用一个分隔符分隔。

例如：在"readme.txt"文件名中，readme 是主文件名，txt 为扩展名，表示这个文件被认为是一个纯文本文件。

注意：在 Linux 中，带有扩展名的文件，只能代表程序的关联，并不能说明文件是可以执行的，从这方面来说，Linux 的扩展名没有太大的意义。只要属性中有运行权限，那么就表示这个文件具有可以执行的权限，但是最终能不能成功运行，还得看文件的内容。

(2) 文件命名规则。在命名 Linux 文件时，最好避免一些特殊字符，如 *? <>；& ! [ ] | \'"{}。

Linux 中，每一个文件或目录命名最长可以达到 255 个字符，加上完整路径，最长可达 4096 个字符，可以采用[TAB]命令、文件名补全键来减少键盘输入量及输入差错。

文件名字前面有 "." 号表示为隐藏文件。

例如，".linux.txt" 为隐藏文件。

(3) 常见软件包。DEB 是 Debian 软件包格式，文件扩展名为 ".deb"，跟 Debian 的命名一样。Debian 包是 Unixar 的标准归档，将包文件信息以及包内容经过 gzip 和 tar 打包而成。处理这些包的经典程序是 dpkg，经常是通过 apt 来运作。通过 Alien 工具，可以将 deb 包转换成其他形式的软件包。

软件安装方式

(4) 脚本。SH 是脚本或者批处理文件(scripts)的文件扩展名，相当于 Windows 下的 bat 批处理，但 Linux 下的脚本程序可比 Windows 下的 bat 批处理强大得多。

(5) 路径。用户在磁盘上寻找文件时，所历经的文件夹线路叫路径。路径有以下两种：

• 绝对路径：路径的写法一定由根目录 "/" 写起，例如 "/usr/share/doc" 这个目录。

• 相对路径：路径的写法不是由 "/" 写起，例如由 "/usr/share/doc" 到 "/usr/share/man" 底下时，可以写成 cd ../man，这就是相对路径的写法，相对路径意指相对于目前工作目录的路径。

(6) 目录。一个计算机系统中有成千上万个文件，为了便于文件的存取和管理，计算机系统建立了文件的索引，即文件名和文件物理位置之间的映射关系，这种文件的索引称为文件目录。

文件管理方式

在计算机或相关设备中，一个 "目录" 或 "文件夹" 就是一个装有数字文件系统的虚拟 "容器"。在它里面保存着一组文件和其他一些目录。一个典型的文件系统可能会包含成千上万个目录。多个文件通过存储在一个目录中，可以达到有组织的存储文件的目的。在一个目录中的另一个目录被称作它的子目录。这样，这些目录就构成了层次，或树形结构。

5) 文件系统

文件系统是指数据的组织方式，定义数据在磁盘上的保存、读取和更新方法。不同的文件系统可以根据存储设备的不同进行优化，提高效率。文件系统简单地按类型可分为本地文件系统和网络文件系统。

(1) 本地文件系统。本地文件系统细分还可以分为以下两种：

• 非日志文件系统：传统的文件系统，不带日志功能。

• 日志文件系统：在文件系统发生变化时，先把相关的信息写入一个被称为日志的区域，然后再把变化写入主文件系统的文件系统。在文件系统发生故障(如内核崩溃或突然停电)时，日志文件系统更容易保持一致性，并且可以较快恢复。

(2) 网络文件系统。Linux 还支持许多网络文件系统(客户端和服务器)，这可以在多个电脑之间透明地共享数据。有两个常见的网络文件系统 NFS(Network File System，NFS)和 SMB。

• NFS：网络文件系统，一种使用在分散式文件系统的协议，由 sun 公司开发，于 1984 年向外公布。功能是通过网络让不同的机器、不同的操作系统能够彼此分享个别的数据，让应用程序在客户端通过网络访问位于服务器磁盘中的数据，是在 Unix 系统间实现磁盘文件共享的一种方法。

• NFS 的基本原则是 "容许不同的客户端及服务端通过一组 RPC 分享相同的文件系统"，它独立于操作系统，容许不同硬件及操作系统的系统共同进行文件的分享。

• SMB：是一种用来让 Unix 系列的操作系统与微软 Windows 操作系统的 SMB/CIFS(Server Message Block/Common Internet File System)网络协议做连接的自由软件。目前的版本(v3)不仅可存取及分享 SMB 的资料夹及打印机，本身还可以整合入 Windows Server 的网域，作为网域控制站(Domain Controller)以及 Active Directory 成员。简而言之，此软件在 Windows 与 Unix 系列 OS 之间搭起一座桥梁，让两者的资源可互通有无。

6) 程序管理

(1) 软件源。软件源是 Linux 系统免费的应用程序安装仓库，很多的应用软件都会被收录到这个仓库里面，按类型分有以下两种：

• 软件仓库：各类软件的二进制包和源代码。

• ISO 仓库：发行版的 ISO 文件。

软件源可以是网络服务器，是光盘，甚至是硬盘上的一个目录。

深度操作系统继承了 debian 和 ubuntu 使用命令 apt-get 在软件仓库中搜索、安装、升级、卸载软件，基于 Ren Hat 的多数 Linux 则使用 yum 命令。也有少数 Linux 使用自己的包管理系统，如 YlmfOS 的 Ypk，SUSE 的 YaST，Gentoo 的 Portage 等。

(2) 软件包。Debian 包文件包含了二进制可执行文件、库文件、配置文件和 man/info 帮助页面等文档。通常 Debian 包文件的后缀为.deb，因此称为"Deb 软件包"。Debian 有以下两种类型的软件包：

• 二进制软件包(Binary Packages)：包含可执行文件、库文件、配置文件、man/info 页面、版权声明和其他文档。

• 源码包(Source Packages)：包含软件源代码、版本修改说明、构建指令和编译工具等。先由 tar 工具归档为.tar.gz 文件，然后再打包成.dsc 文件。

(3) 软件包管理。深度操作系统使用 dpkg 包管理。除了通过常用的深度商店、Synaptic 等图形软件管理工具外，也可以通过命令对软件包进行安装、卸载与系统升级等日常管理。下面介绍如何在深度操作系统下使用命令管理软件包。具体的命令如下(详细用法请查阅 Linux 说明文档)：

• dpkg：是最底层的包管理命令，作用等同于 RedHat 中的 rpm 命令。

• apt：是 dpkg 的智能化前端，能够自动处理依赖关系问题，主要用于自动从互联网的软件仓库中搜索、安装、升级、卸载软件或操作系统。

• dselect：是 dpkg 的图形化(ncurses)界面，dselect 也会自动处理一些简单的依赖关系，但 apt 的智能化程度更高一些。

• synaptic：类似于 dselect 的图形界面。

7) 网络管理

(1) 更改主机名称。如何在 Linux Deepin 系统下更改主机名称，通过以下操作可以将电脑名称改成想要的主机名称。

• 修改 /etc/hostname 文件。按下组合键【Ctrl + Alt + T】来打开终端，执行以下命令打开 hostname 文件：

　　　　sudogedit /etc/hostname

删除存在的内容，输入自己想要的主机名称后保存退出。

• 修改 /etc/hosts 文件。在终端下，执行以下命令打开/etc/hosts 文件：

　　sudogedit /etc/hosts

删除图 2-24 所示的"hosts 文件信息"中的 who-desktop(以 who-desktop 为例子)替换成所需要的名字，保存后退出。

至此，主机名称修改完毕。

图 2-24　"hosts 文件信息"

(2) 配置网络参数。ifconfig 用于查看和更改网络接口的地址和参数，包括 IP 地址、网络掩码、广播地址，使用权限是超级用户。

语法：ifconfig -interface [options] address

参数：

-interface：指定的网络接口名，如 eth0 和 eth1。

-up：激活指定的网络接口卡。

-down：关闭指定的网络接口。

-broadcast address：设置接口的广播地址。

-pointopoint：启用点对点方式。

-address：设置指定接口设备的 IP 地址。

-netmask address：设置接口的子网掩码。

例如：配置 eth0 的 IP，同时激活设备，命令如下：

　　ifconfig eth0 192.168.4.1 netmask 255.255.255.0 up

Linux 中的硬件设备

2.9.2　常用国产操作系统简介

除了深度 Linux 操作系统之外，现在市场上主流的国产操作系统共计 10 多个。随着技术的不断成熟，国产操作系统保持了在安全可控上的一贯优势，同时也可支持 90%以上的常用办公应用，正在从"可用"阶段向"好用"阶段良性发展。典型的国产桌面操作系统如图 2-25 所示。

中标麒麟操作系统　　　　　　　银河麒麟操作系统　　　　　　　深度 Linux 系统

新支点操作系统　　　　统信 UOS 操作系统　　　StartOS 操作系统

图 2-25　典型的国产桌面操作系统

1. 中标麒麟操作系统

中标麒麟操作系统在 Linux 内核的基础上开发了与 Windows 操作系统非常接近的图形化桌面。对于已经习惯 Windows 系统用户来讲，非常易于上手。系统响应速度较快，用户体验流畅，适用于 X86 及龙芯、申威、众志等国产 CPU 平台，可以运行在台式机、笔记本、一体机、车载机等不同产品形态之上，支撑着国防、政府、企业、电力和金融等各领域的应用。中标麒麟操作系统官网地址是 http://www.cs2c.com.cn，可以在官网上提交试用申请，下载试用。

2. 银河麒麟操作系统

银河麒麟桌面操作系统是一款简单易用、稳定高效、安全创新的新一代图形化桌面操作系统产品，现已适配国产主流软硬件产品，同源支持飞腾、鲲鹏、海思麒麟、龙芯、申威、海光、兆芯等国产 CPU 和 Intel、AMD 平台，通过功耗管理、内核锁及页拷贝、网络、VFS、NVME 等针对性的深入优化，大幅提升系统的稳定性和性能。软件商店精选了包括自研应用和第三方商业软件在内的各类应用数千款，同时提供 Android 兼容环境和 Windows 兼容环境，丰富的软硬件生态，使办公更加高效便捷。还支持多 CPU 平台的统一软件升级仓库、版本在线更新等功能，官网地址是 http://www.kylinos.cn，可以在官网上提交试用申请，下载试用。

3. 新支点操作系统

中兴新支点桌面操作系统是中央政府采购和中直机关采购入围品牌，是一款基于开源 Linux 核心进行研发的桌面操作系统，支持国产芯片(龙芯、兆芯、ARM)及软硬件，可以安装在台式机、笔记本、一体机、ATM 柜员机、取票机、医疗设备等终端，已满足日常办公使用，目前已被众多企业、政府及教育机构采用。官网地址是 http://www.gd-linux.com/desktop，可以在官网上直接下载试用。

4. 统信 UOS 操作系统

统信 UOS 操作系统是由包括中国电子集团(CEC)、武汉深之度科技有限公司、南京诚迈科技、中兴新支点在内的多家国内操作系统核心企业自愿发起"UOS(unity operating system)统一操作系统筹备组"共同打造的中文国产操作系统。目前 UOS 包含 3 个版本：专业版、个人版和社区版。

统信 UOS 桌面操作系统是统信软件基于 Linux5.3 内核打造，是一款安全稳定、美观易用的国产桌面操作系统。支持 x86 架构，兼容主流外设。UOS 个人版提供了丰富的应用生态，用户可以通过应用商店下载数百款应用，覆盖日常办公、通讯交流、影音娱乐、设计开发等各种场景需求。UOS 将用户体验与设计美学完美结合，系统和应用界面均保持了界面的直观性、操作的即时性和便利性、活力的界面风格。拥有时尚模式和高效模式两种桌面风格，提供白色和黑色主题，适应不同用户使用习惯，用户体验舒适、流畅、愉悦。官网地址是 https://www.7uos.com，可以在官网上直接下载试用。

5. StartOS 操作系统

StartOS 是由广东爱瓦力科技股份有限公司发行的开源操作系统，符合国人的使用习惯，预装常用的精品软件，操作系统具有运行速度快，安全稳定，界面美观，操作简洁明快等特点。

StartOS 使用全新的包管理，全新的操作界面，是一个易用、安全、稳定、易扩展，更加符合中国人操作习惯的桌面操作系统。官网地址是 https://www.startos.org，可以在官网上直接下载试用。

除上述国产操作系统外，还有中科方德桌面操作系统、一铭操作系统、优麒麟操作系统、麒麟信安操作系统等国产操作系统。这些系统各具特色，也都拥有自己的客户群，是我国操作系统国产化的主力军和排头兵。

习　　题

一、选择题

1. 操作系统是一种(　　)。

A. 应用软件　　　　B. 系统软件　　　　C. 通用软件　　　　D. 工具软件

2. DOS 操作系统属于(　　)。

A. 网络操作系统　　　　　　　　B. 单用户多任务系统

C. 多用户多任务系统　　　　　　D. 单用户单任务系统

3. 下列有关快捷方式的叙述，错误的是(　　)。

A. 快捷方式改变了程序或文档在磁盘上的存放位置

B. 快捷方式提供了对常用程序或文档的访问捷径

C. 快捷方式图标的左下角有一个小箭头

D. 删除快捷方式不会对源程序或文档产生影响

4. 不可能在任务栏上的内容为(　　)。

A. 对话框窗口的图标　　　　　　B. 正在执行的应用程序窗口图标

C. 已打开文档窗口的图标　　　　D. 语言栏对应图标

5. 在 Windows 中，关于文件夹的描述不正确的是(　　)。

A. 文件夹是用来组织和管理文件的

B. 文件夹中可存放文件夹

C. 文件夹中可以存放驱动程序文件

D. 文件夹中可以存放两个同名文件

6. 批处理系统的主要缺点是(　　)。

A. CPU 的利用率不高　　　　　　B. 失去了交互性

C. 不具备并行性　　　　　　D. 以上都不是

二、简答题

1. 操作系统的主要功能是什么？

2. Windows 中用于搜索的通配符 "*" 和 "?" 有什么区别？

3. 你常用的操作系统是什么？有哪些特点？

三、思考题

1. 随着科技的进步，你认为未来的操作系统还可以提供哪些功能？

2. 你认为操作系统的哪些机制可以让你提高学习效率。

第 3 章　Word 2016 文档处理

　　Word 2016 是微软公司开发的 Microsoft Office 办公组件之一，是我们日常工作生活中经常用到的一款文档处理软件。它的主要功能是文字排版、图文混排等，可以用于办公文档排版、海报简历制作，还可以用于制作书籍排版、送货单表格、销售统计表格等。掌握 Word 2016 的使用方式和技巧能够极大地提高职场办公人员的工作效率。

本章要点：

- Word 的基本概念、主要功能和运行环境。
- 文档的创建、打开、输入、保存等基本操作。
- 文字的输入、修改、复制、移动、查找与替换等基本操作。
- 文字、段落、页面文档等格式设置。
- 文本框、艺术字、图片和图形等元素的使用与编辑。
- 表格的创建、编辑与美化，表格中的数据处理。

思维导图：

关键字：

　　文字编辑：Font Editing。

段落格式：Paragraph Format。

文本框：The text box。

图片和图形：Pictures and Shapes。

图表：Chart。

表格处理：Table Processing。

3.1 认识 Word 2016 的工作界面

Word 2016 较之前版本新增了一些特色功能。除了界面扁平化、新增了触摸模式外，Word 2016 还将共享功能和 OneDrive (Microsoft OneDrive，微软推出的云存储服务)进行了整合，我们可以直接将文件保存到 OneDrive 中，邀请其他用户一起查看、编辑文档。下面介绍 Word 2016 的启动和操作界面。

Word 2016 的新功能

启动 Word 2016 的常见方法有两种，操作如下：

方法1：选择【开始】→【所有程序】→【Microsoft Office 2016】→【Microsoft Word 2016】，即可启动 Word 2016。

方法2：双击桌面的 Word 快捷方式，完成启动。

启动 Word 2016 后，可以看到的主界面如图 3-1 所示。最上方为快速访问工具栏(包括保存、撤销、恢复等按钮)、标题栏和窗口操作按钮(包括最小化、最大化、关闭等按钮)；快速访问工具栏下面是选项卡，每个选项卡下有实现不同功能的功能区；功能区下面是文档编辑区，是我们进行文档操作的主要工作区域；最下面包含状态栏、视图栏和缩放比例工具。这些功能区和相应的功能应用将在后面的章节中逐一介绍。

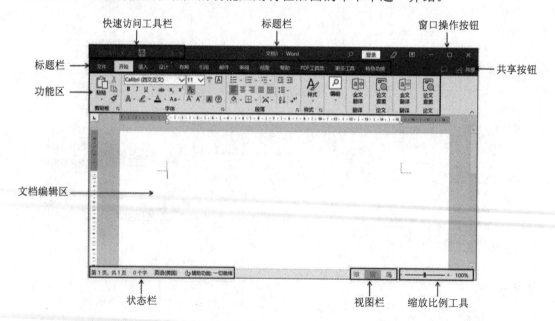

图 3-1 Word 2016 工作界面

3.2　文档的基本操作

要想使用电脑编辑一个文档，我们首先要学会创建、保存和打开文档等基本操作。下面我们将逐一具体介绍。

1. 文档的新建

我们可以通过以下三种方法来创建新的文档。

方法 1：单击桌面下方的【开始】按钮，通过【Microsoft Word 2016】命令启动 Word 程序，即可创建一个空白的文档，默认的文件名为"文档 1"。

方法 2：通过手动方法进行创建，操作步骤如下：启动 Word 2016 后，在【文件】选项卡中选择【新建】命令，打开【新建】面板，如图 3-2 所示。图中右侧提供了各种类型文件的模板供用户选择，我们可以在其中选择"空白文档"或某一种样式的模板完成创建。

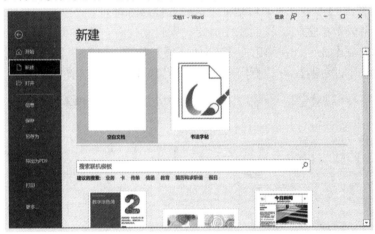

Word 2016 软件安装方法

文件加密的方法

图 3-2　【新建】面板

方法 3：右击桌面→【新建】→【Microsoft Word 文档】，桌面就会出现新建的 Word 文档，可以删除默认名称，输入新文档名，最后在空白处单击即可。双击文档图标就能启动 Word 程序，并打开新建的文档。

更改默认保存方式

2. 文档的保存

大家要养成随时保存文档的习惯，以免因为误操作或电脑死机引起数据的丢失。Word 提供了"保存"和"另存为"两种操作方式来保存文档。

(1)【保存】命令一般用于保存新建的文档。在对文档进行编辑后，就需要对文档进行保存，操作步骤如下：单击快速访问工具栏中的🔲按钮；或者在【文件】选项卡中选择【保存】命令；或者使用快捷键【Ctrl + S】。第一次保存的文件会自动跳转到【另存为】命令。在 Word 2016 中引入了"云"操作，用户可以将文档保存到 OneDrive 中；如果要将文档保存到本机，则在保存位置选项中选择【这台电脑】，选择保存的位置后，在弹出的【另存为】对话框中设置保存的位置、文件名及文件类型，如图 3-3 所示。

图 3-3　【另存为】对话框

(2)【另存为】命令一般用于为现有文档建立副本，操作步骤如下：在【文件】选项卡中选择【另存为】命令，在弹出的【另存为】对话框中选择存储路径即可。

(3) 为了防止突发情况造成数据丢失，我们往往需要设置自动保存，操作步骤如下：在【文件】选项卡中单击【选项】命令，在弹出的【Word 选项】对话框中单击【保存】按钮。勾选【保存自动恢复信息时间间隔】，并根据用户的需要设置间隔时间，如图 3-4 所示。

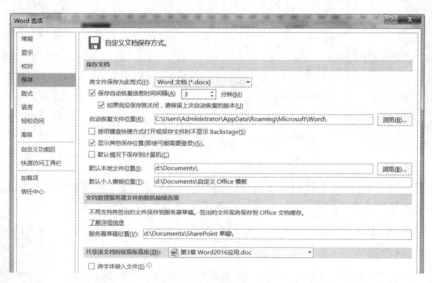

图 3-4　设置自动保存

3. 文档的打开

打开文档的方法非常简单，一般有三种，操作分别如下：

方法 1：找到文档的存储位置直接双击文档图标即可打开。

方法 2：在 Word 2016 程序中，选择【文件】选项卡下【打开】命令，单击【浏览】按钮，找到要打开的文件，单击【打开】按钮即可。

方法 3：如果用户想打开最近打开的文件，可以选择【文件】选项卡下【打开】命令，单击【最近】按钮，可以直接在右侧的最近使用的文档列表中进行选择。

3.3　常　规　排　版

常规排版是指对 Word 中的文字、符号等信息元素，在版面布局上调整其位置、大小等，使版面布局更加清晰化、条理化的过程。本节将重点介绍通过什么样的操作实现这一过程。

3.3.1　文字的基本操作

对文字的处理、编辑是排版中最基础、最常用到的。下面我们来学习具体操作。

1. 文字的输入

要进行文字编辑(Font editing)，首先需要输入文字。英文可以直接输入，中文则要将输入法通过快捷键【Shift】或者【Ctrl + 空格】进行中英文切换后再输入。另外【Ctrl + Shift】快捷键也可以用来切换输入法。

常用的符号可以通过键盘直接输入，如@￥等。对于我们现实中的键盘上没有的特殊字符，可以通过输入法的软键盘或特殊字符窗口进行输入，不同的输入法特殊字符输入方法不同。例如 Windows 系统自带的微软拼音输入法，将光标移动到需要输入特殊字符的位置，使用快捷键【Win+.】，即可直接弹出特殊字符窗口，如图 3-5 所示。如果是搜狗输入法，单击右下角的输入法状态条上的【软键盘】按钮，如图 3-6 所示。选择【软键盘】或【符号大全】选项，则可以输入特殊符号。

图 3-5　微软拼音输入法特殊字符窗口　　　　图 3-6　搜狗输入法软键盘

2. 文字的编辑

文字编辑就是对文字的处理，主要是文字的增、删、查、换等操作。一篇好的文章离不开文字编辑的点睛之笔，更离不开文字编辑工作者的耐心和细心。

1) 选择文字

选择文字通常有以下几种方法：

方法 1：鼠标选择法。用鼠标完成文字的选择是最常用的方法，操作方法非常简单。

这里以选择正文第一段文字为例，将光标定位到要选择文字的开始位置，按住鼠标左键拖动到第一段文字的最后，释放鼠标左键即可，如图 3-7 所示。

大数据时代

现在的社会是一个高速发展的社会，科技发达，信息流通，人们之间的交流越来越密切，生活也越来越方便，大数据就是这个高科技时代的产物。

图 3-7　选择文字

方法 2：鼠标、键盘结合选择法。这种方法更加适合复杂的文字选择，可以大大提高操作的速度。

选择连续文字：将光标定位到要选择文字开始的位置，按住【Shift】键不放，再单击所选文字结束的位置，即可选中一段连续的文字。

选择不连续文字：先选择一部分文字，之后按住【Ctrl】键不放，再选择其他所需要的文字区域，即可同时选择不连续的文字区域。

方法 3：组合键选择法。使用键盘选择文字时，先将插入点放到要选择文字的开始位置，然后进行组合键操作即可。各组合键及功能如表 3-1 所示。

表 3-1　选择文字组合键

组合键	功　　能
Shift + ←	选择光标左边的一个字符
Shift + →	选择光标右边的一个字符
Shift + ↑	选择光标至光标上一行同一位置之间所有的字符
Shift + ↓	选择光标至光标下一行同一位置之间所有的字符
Ctrl + A	选择全部文档

2) 修改和删除文字

如果要添加文字，则将光标定位到要添加文字的位置，输入新的文字内容即可。如果要改写一段文字，则选择错误文字后重新输入新的文字内容即可。

删除文字可以使用键盘上的【Backspace】或【Delete】键，二者的区别是按下【Backspace】键删除光标左侧的文字，而按下【Delete】键删除光标右侧的文字。

如果在输入和编辑文字时执行了误操作，可以按下快捷访问工具栏中的 按钮，或者按下快捷键【Ctrl + Z】撤销误操作，多次操作可以撤销多步。如果执行了误撤销想要恢复以前的修改，可以按下快捷访问工具栏中的 按钮恢复操作。当按下【Insert】键后输入新的文字，则会删除当前光标后的字符替换为新输入的文字。

3) 移动文字

移动文字通常有以下两种方法：

方法 1：剪切粘贴。选中需要移动的文字后执行剪切命令，可以单击鼠标右键在快捷菜单中选择【剪切】命令，也可以使用快捷键【Ctrl + X】，然后将光标定位到需要移动到的位置执行【粘贴】命令，也可以使用快捷键【Cul + V】。

方法 2：拖曳。选择要移动的文字，按住鼠标左键拖曳到要放置文字的位置，然后松开鼠标即可实现文字的移动。

4) 定位、查找和替换文字

使用 Word 的定位功能可以快速定位到文档中指定的位置，使用查找功能可以快速在文档中查找文字，使用替换功能则能快捷地将查找到的文字进行更改或批量修改。当文档较长时，Word 2016 中的定位、查找和替换功能可以减少很多烦琐的工作。

(1) 定位文字。有以下三种方法来定位文字：

方法 1：使用鼠标定位文字。使用鼠标定位文字最简单的方法是使用滚动条。单击滚动条中的 ▲ 按钮，文字将向下移动一行；使用鼠标拖动滚动条可以自由滚动到所需的位置；单击滚动条中的 ▼，文字将向上移动一行；单击【前一页】按钮 ±，文字将向下移动一页；单击【下一页】按钮 ∓，文字将向上移动一页。

方法 2：使用快捷键定位文字。使用快捷键定位文字非常方便，快捷键的使用如表 3-2 所示。

表 3-2　文字定位组合键

快捷键	功　　能	快捷键	功　　能
←	左移一个字符	Ctrl + ↑	上移一段
→	右移一个字符	Ctrl + ↓	下移一段
Ctrl + ←	左移一个单词	End	移至行尾
Ctrl + →	右移一个单词	Home	移至行首
↑	上移一行	Page Up	从现在所在的屏上移一屏
↓	下移一行	Page Down	从现在所在的屏下移一屏

方法 3：使用【转到】命令定位文字。使用【转到】命令可以直接跳转到指定的位置，其操作方法如下：在【开始】选项卡下【编辑】功能区中单击【查找】按钮右侧的三角按钮，在弹出的下拉列表中选择【转到】命令，即可弹出【查找和替换】对话框，默认【定位】选项卡如图 3-8 所示。在【定位目标】中选择需要定位的方式，并在右侧文本框中输入定位的位置，单击【定位】按钮即可。

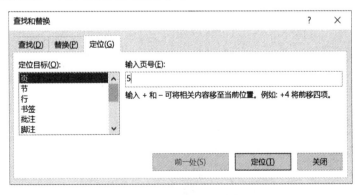

图 3-8　【定位】选项卡

(2) 查找文字。使用查找功能可以帮助用户快速地找到文档中指定的文字，如查找"大数据时代.docx"文档中的"数据",具体操作过程如下：

① 打开文档"配套资源\第 3 章\大数据时代.docx",将光标首先定位到需要查找的开始位置。

② 在【开始】选项卡下【编辑】功能区中单击【查找】按钮 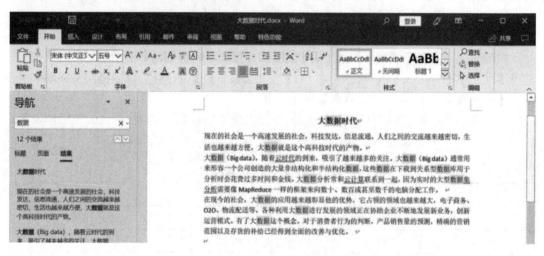，在文档的左侧会出现【导航】面板。在搜索文本框中输入要查找的文字，如"数据"，文档中所有查找到的内容会以黄底黑字的形式显示，如图 3-9 所示。

图 3-9　【查找】设置

(3) 替换文字。替换功能可以帮助用户将查找到的文字进行更改，或批量修改相同的内容，如将"大数据时代.docx"文档中的"数据"替换为"数据信息"，具体操作过程如下：

① 打开文档"配套资源\第 3 章\大数据时代.docx"，将光标首先定位到需要查找文字的开始位置。

② 在【开始】选项卡下【编辑】功能区中单击【替换】按钮 替换，弹出【查找和替换】对话框，默认【替换】选项卡，如图 3-10 所示。

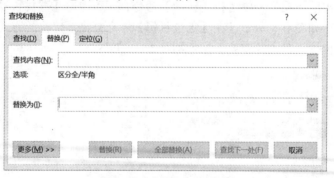

图 3-10　【替换】选项卡

③ 在【查找内容】文本框中输入要查找的文字，如"数据"，在【替换为】文本框中输入要替换的文字，如"数据信息"，然后单击【全部替换】按钮，即可完成对查找区域的全部替换。替换完成后会弹出确认对话框，如图 3-11 所示，如果要继续搜索文档的其余部分则单击【是】按钮，否则单击【否】按钮。

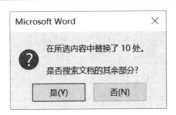

图 3-11　替换完成后的确认对话框

④ 如果要将查找或替换的文字设置为特殊的格式，或者查找或替换某些特殊的字符，在【查找和替换】对话框中单击【更多】按钮，如图 3-12 所示。单击【格式】按钮，在弹出的下拉列表中选择【字体】或【段落】命令等，可以在弹出的对话框中对文字的格式进行设置。

图 3-12　【查找和替换】对话框

3.3.2　设置文字格式

一篇好的文档不但内容要符合要求，外观设计也非常重要。字体、格式使用得当，是提升整体文档质量的关键。目前公文、毕业论文、信件等应用文对格式有着严格的规范和要求，可见 Word 文档格式规范的必要和重要性。下面我们继续对"大数据时代.docx"文档中的标题文字进行排版，如图 3-13 所示。通过设置文字的字体、字号、文字效果、字符间距等使标题更加清晰突出，设置后的效果如图 3-14 所示。

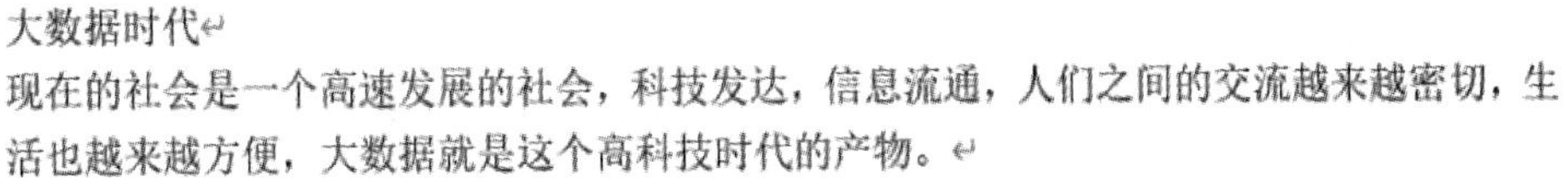

大数据时代↵
现在的社会是一个高速发展的社会，科技发达，信息流通，人们之间的交流越来越密切，生活也越来越方便，大数据就是这个高科技时代的产物。↵

图 3-13　文档标题原稿图

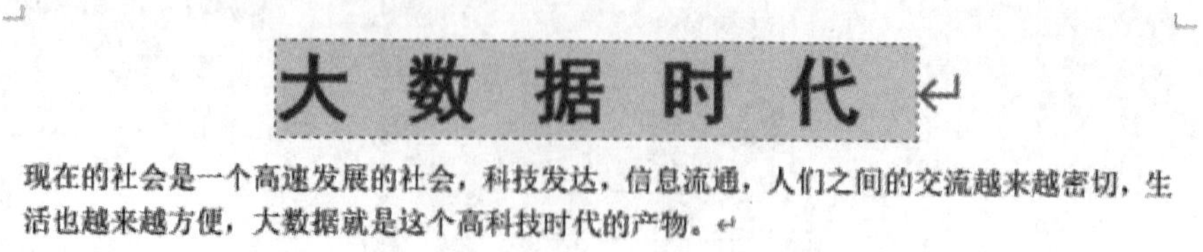

大 数 据 时 代
现在的社会是一个高速发展的社会，科技发达，信息流通，人们之间的交流越来越密切，生活也越来越方便，大数据就是这个高科技时代的产物。

图 3-14　文档标题设置后效果

1. 设置字体、字号

在【开始】选项卡【字体】功能区中对“大数据时代.docx”文档中的文字进行设置。具体操作过程如下：

(1) 打开文档“配套资源\第 3 章\大数据时代.docx”。

(2) 选择文档标题“大数据时代”，在【开始】选项卡下【字体】功能区中设置字体为“黑体”，字号为“一号”，并单击【加粗】按钮。

(3) 单击【字体颜色】按钮右侧的下拉箭头，可以在打开的颜色列表中选择蓝色，如图 3-15 所示。

文件
开始
插入
设计
布局
引用
邮件
审阅
视图
黑体
一号
粘贴
剪贴板
字体
自动(A)
主题颜色
标准色
其他颜色(M)...
渐变(G)

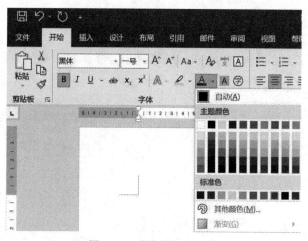

图 3-15　【字体】功能区

2. 设置文字效果

设置文字的特殊效果就是更改文字的填充方式，例如给文字加边框底纹、阴影、映像、发光等效果。通过给文字设置效果，可以使文字看起来更加突出、美观。

1) 边框和底纹

给文字添加边框和底纹的具体操作如下：

(1) 首先选中标题段文字。在【开始】选项卡【段落】功能区中单击【下框线】左侧的按钮 ⊞ ▾，在弹出的下拉列表中选择【边框和底纹】命令，如图 3-16 所示，则会弹出【边框和底纹】对话框。

(2) 为所选文字添加 1.5 磅的蓝色方框。选择【边框】选项卡，在【设置】中选择“方框”，在【样式】下拉列表中选择短画线，在【颜色】下拉列表中根据颜色提示选择蓝色，在【宽度】下拉列表中选择线宽为“0.5 磅”，并在【应用于】下拉列表中选择“文字”，如图 3-17 所示。

图 3-16 【边框和底纹】命令　　　　　　　　　图 3-17 【边框】设置

(3) 为所选文字添加黄色底纹。选择【底纹】选项卡，在【填充】下拉列表中根据颜色提示选择黄色，并在【应用于】下拉列表中选择"文字"，如图 3-18 所示。

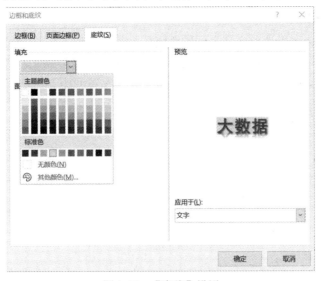

图 3-18 【底纹】设置

2) 文字艺术效果

为文字添加艺术效果的方法有以下两种：

方法 1：使用【开始】选项卡【字体】功能区中的【文本效果】按钮 进行设置，如将"大数据时代.docx"文档中的标题文字设置文字效果，具体操作过程如下：

(1) 选中需要添加艺术效果的标题段文字。

(2) 在【开始】选项卡【字体】功能区中单击【文本效果】按钮 。在弹出的下拉列表中可以选择一种艺术字效果，如"紧密映像，接触"，如图 3-19 所示。

说明：通过【文本效果】按钮 的下拉列表中的"轮廓""阴影""映像"和"发光"选项，用户可以为文字设置详细的艺术效果。例如为文字添加"偏移：右下"阴影，如图

3-20 所示。

图 3-19　文字效果设置　　　　　　　图 3-20　阴影的设置

方法 2：使用【字体】对话框中的【文字效果】命令进行设置，具体操作请读者尝试完成。

3. 设置字符间距

字符间距的操作可以调整文字之间的距离，具体操作如下：

自定义渐变

先选中文字，单击鼠标右键，在快捷菜单中选择【字体】命令，在弹出的【字体】对话框中选择【高级】选项卡。在【字符间距】选项组的【间距】下拉列表中选择字符间距的类型为"加宽"，并设置加宽的磅值为"10 磅"，如图 3-21 所示。

图 3-21　字符间距设置

说明：在【字体】对话框中，用户可以通过【缩放】下拉列表设置文字的缩放比例，通过【位置】下拉列表设置文字提升或下降的位置。

3.3.3　设置段落格式

段落是以段落标记符号 ↵ 进行区分的，每个段落可以设置各自的格式，设置段落格式(Paragraph Format)就是以段落为单位进行格式的设置。设置段落的格式时，可以选中段落，也可以将光标置于段落中的任意位置。

1. 设置段落的对齐方式

段落的对齐有以下两种设置方法：

方法 1：使用【开始】选项卡【段落】功能区中的段落对齐按钮进行设置，各个按钮的含义如图 3-22 所示。

图 3-22　段落对齐设置按钮

• 文本左对齐：指段落中的每一行都以页面的左边为参照对齐。

• 居中：指每一行距离页面左右两边的距离相同。

• 文本右对齐：指每一行都以页面的右边为参照对齐。

• 两端对齐：指每行的首位对齐，如果字数不够则保持左对齐。

• 分散对齐：和两端对齐相似，区别在于如果字数不够则通过增加字符间距的方式使所有行都保持首尾对齐。

这里我们设置"大数据时代.docx"文档中的所有正文段落的对齐方式为"两端对齐"。

方法 2：使用【段落】对话框进行设置。将光标定位到段落的任意位置，单击鼠标右键，在弹出的快捷菜单中选择【段落】命令，或在【开始】选项卡【段落】功能区中单击右下角的【段落】按钮，这两种方法都会弹出【段落】对话框。在【常规】选项组中的【对齐方式】下拉列表中选择段落对齐方式，如图 3-23 所示。

图 3-23　【段落】对话框

2. 设置段落缩进

段落缩进是指各段的左、右缩进，首行缩进和悬挂缩进，可以在【段落】对话框的【缩进】选项组中进行设置，如图 3-24 所示。

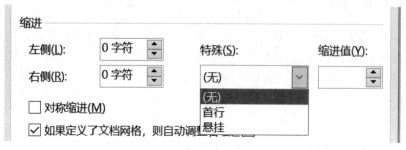

图 3-24　段落缩进

- 段落的左、右缩进：指各段的左、右边界相对于左、右页边距的距离。
- 首行缩进：指段落的第一行相对于段落的左边界的缩进距离。
- 悬挂缩进：指段落的首行文本不加改变，而除首行以外的文本缩进一定的距离。悬挂缩进常用于项目符号和编号列表。悬挂缩进是相对于首行缩进而言的。

这里我们将"大数据时代.docx"文档中的所有正文段落设置为"首行缩进"，缩进值为"2 字符"。

3. 设置段落间距和行距

段落间距是指两个段落之间的距离，行距是指段落中行与行之间的距离。段落间距和行距可以在【段落】对话框的【间距】选项组中进行设置，如图 3-25 所示。

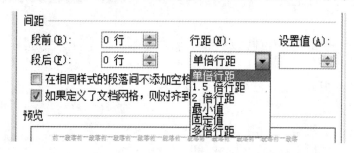

图 3-25　段落间距和行距的设置

段落间距的设置，可以单击【段前】和【段后】两个微调框右侧的上下选择按钮，也可以在文本框中直接输入相应的值。【行距】中的"单倍行距""1.5 倍行距"和"2 倍行距"可以直接选中，单击【确定】按钮即可；如果要设置其他倍数的行距(如 1.25 倍)，则可以选择多倍行距，在【设置值】文本框中直接输入"1.25"，如图 3-26 所示。"最小值"和"固定值"的设置方法和多倍行距的设置方法类似。

图 3-26　多倍行距的设置

这里我们将"大数据时代.docx"文档中的正文段落设置为"1.5 倍行距"，将标题"大数据时代"设置段落间距为"段后 0.5 行",最终效果如图 3-27 所示。

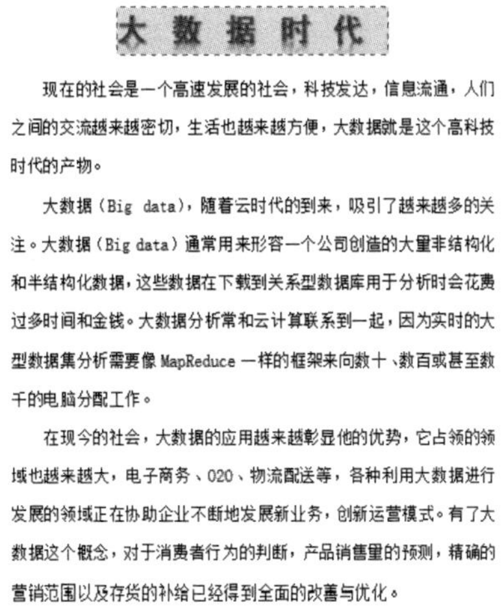

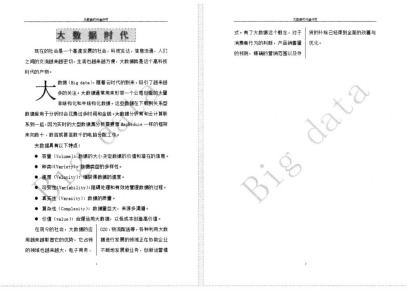

图 3-27　段落设置后的效果

3.3.4　其他格式设置

我们还可以对文档进行其他格式的设置,以增加可读性和美观度。下面先看一下设置其他格式后的最终效果,如图 3-28 所示,主要通过设置项目符号和编号、首字下沉、分栏、设置页眉和页脚、使用分隔符隔开内容等操作来实现。

图 3-28　文档最终效果

1. 设置项目符号和编号

文档中的项目符号和编号是必不可少的。项目符号是一种平行排列标志,编号则能表示先后顺序。下面介绍项目符号和编号的设置方法。

1）添加编号

打开文档"配套资源\第 3 章\大数据文档.docx"。先选中需要设置编号的文本。在【开始】选项卡【段落】功能区中单击【编号】按钮，在弹出的下拉列表中可以选择编号的样式，如图 3-29 所示。如果要对文章的编号进行设置，则单击【编号库】下拉列表中的【定义新编号格式】命令 定义新编号格式(D)... 。在弹出的对话框中可以对编号的字体、对齐方式等进行设置。

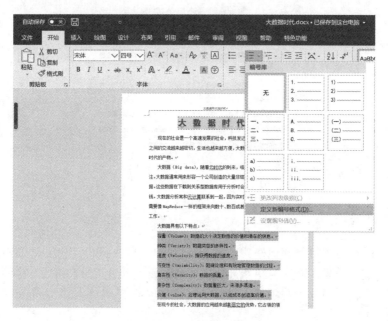

图 3-29　设置编号

2）添加项目符号

选中需要设置项目符号的文本，在【开始】选项卡【段落】功能区中单击【项目符号】按钮，在弹出的下拉列表中可以选择项目符号的样式，如图 3-30 所示。这里我们为"大数据时代.docx"文档中有规律的文字段落添加项目符号，如图 3-31 所示。

自定义项目符号

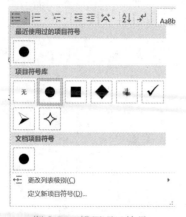

大数据具有以下特点：↵

● 容量（Volume）：数据的大小决定数据的价值和潜在的信息。↵

● 种类（Variety）：数据类型的多样性。↵

● 速度（Velocity）：指获得数据的速度。↵

● 可变性（Variability)：阻碍处理和有效地管理数据的过程。↵

● 真实性（Veracity）：数据的质量。↵

● 复杂性（Complexity）：数据量巨大，来源多渠道。↵

● 价值（value）：合理运用大数据，以低成本创造高价值。↵

在现今的社会，大数据的应用越来越彰显它的优势，它占领的领域也越来越大，电子商务、O2O、物流配送等，各种利用大数据进行

图 3-30　设置项目符号　　　　　　　　图 3-31　设置项目符号后的效果

2. 首字下沉

首字下沉就是指段落开始的第一个字或几个字放大显示，并且可以选择下沉或悬挂的显示方式。首字下沉通常用于文档的开始处，在报纸和杂志等出版物中经常使用。把段落的第一个字进行首字下沉的设置，可以起到醒目和凸显作用。

例如设置"大数据时代.docx"文档中的文字首字下沉，具体操作过程如下：

(1) 打开文档"配套资源\第 3 章\大数据时代.docx"，将光标定位到要设置首字下沉的段落的任意位置。

(2) 在【插入】选项卡【文本】功能区中单击【首字下沉】按钮，在弹出的下拉列表中选择一种首字下沉的方式，或单击【首字下沉选项】，如图 3-32 所示。

图 3-32　【首字下沉】命令

(3) 单击【首字下沉选项】，则会弹出【首字下沉】对话框，用户可以对首字下沉的位置进行详细的设置。例如，在【位置】中选择"下沉"，在【字体】下拉列表中选择下沉文字的字体为"宋体"，在【下沉行数】微调框中设置下沉的行数为"3"，在【距正文】微调框中可以设置下沉文字距正文的距离，单击【确定】按钮，如图 3-33 所示。

图 3-33　【首字下沉】对话框

3. 分栏

利用分栏功能可以将文章的版面分成多栏显示，这样更便于阅读，在报纸和杂志的排版中经常使用。例如，将"大数据时代.docx"文档中最后一段文字设置为如图 3-34 所示的效果，具体操作过程如下：

在现今的社会，大数据的应用越来越彰显它的优势，它占领的领域也越来越大，电子商务、020、物流配送等，各种利用大数据进行发展的领域正在协助企业不断地发展新业务，创新运营模式。有了大数据这个概念，对于消费者行为的判断，产品销售量的预测，精确的营销范围以及存货的补给已经得到全面的改善与优化。

图 3-34   分栏设置效果

(1) 打开文档"配套资源\第 3 章\大数据时代.docx"，选中需要设置分栏效果的段落。

(2) 在【布局】选项卡【页面设置】功能区中单击【栏】按钮，在弹出的下拉列表中选择一种分栏的方式，如"一栏""两栏""三栏""偏左""偏右"，或选择【更多栏】命令，如图 3-35 所示。

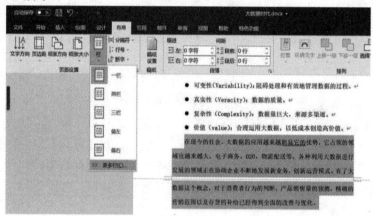

图 3-35   【栏】命令

(3) 单击"更多栏"命令则会弹出【栏】对话框，用户可以对分栏效果进行详细的设置。例如在【预设】选项组中选择"两栏"，勾选【分隔线】复选框使两栏间添加分隔线，如图 3-36 所示。

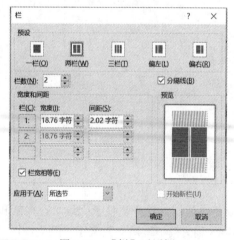

图 3-36   【栏】对话框

平均分配左右栏的内容

4. 设置页眉和页脚

通过页眉和页脚可以添加一些文档的提示信息。页眉一般位于文档的顶部,通常可以添加文档的注释信息,如公司名称、文档标题、文件名或作者名等信息;页脚一般用于文档的底部,通常可以添加日期、页码等信息。

1) 插入页眉和页脚

页眉和页脚的插入方法类似,下面介绍插入页眉的方法。

在【插入】选项卡【页眉和页脚】功能区中单击【页眉】按钮,在弹出的下拉列表中选择所需要的页眉类型,如图 3-37 所示。

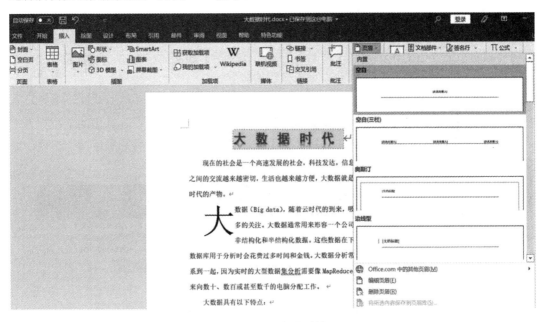

图 3-37　【页眉】按钮

插入页眉后,页面将显示虚线的页眉编辑区,可以在其中输入文字、图片或符号等,如图 3-38 所示。单击关闭功能区的【关闭页眉和页脚】按钮,或直接双击文档内容,即可关闭正在编辑状态中的页眉和页脚。

图 3-38　页眉编辑区

2) 设置页眉和页脚

用户可以对已插入的页眉和页脚进行编辑,首先双击页眉或页脚,进入页眉或页脚的编辑状态,在【页眉和页脚工具设计】功能标签中进行设置,如图 3-39 所示。

图 3-39　设置页眉和页脚格式

3) 删除页眉和页脚

进入页眉页脚的编辑状态后,选中页眉或页脚的文本,按删除键即可完成对页眉文字的删除。在【开始】选项卡【段落】功能区中设置边框和底纹为"无框线"即可完成页眉横线的删除。

优秀设置欣赏

4) 插入页码

在【插入】选项卡【页眉和页脚】功能区中单击【页码】按钮,在弹出的下拉列表中可以选择页码的位置及样式。例如选择【页面底端】选项组下的"普通数字 2"选项,如图 3-40 所示,就可以在页面底端的居中位置插入页码。

图 3-40　插入页码

5) 设置页码格式

如果要修改页码的格式,则在【页眉和页脚工具设计】选项卡【页码】下拉菜单中单击【设置页码格式】按钮,如图 3-41 所示。在弹出的【页码格式】对话框中设置页码的格式,如图 3-42 所示。在【编号格式】下拉列表中可以选择编号的格式,在【页码编号】选

项组中可以选择"续前节"或"起始页码"。例如设置页码格式为罗马数字,起始页码为
"Ⅲ"。

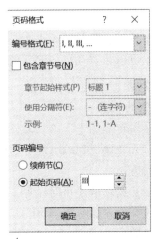

图 3-41　设置页码格式　　　　　　　　　图 3-42　【页码格式】对话框

5. 使用分隔符隔开内容

Word 2016 中的分隔符有分页符和分节符两大类。分页符主要
用于分页,前后还是同一节;分节符主要用于章节的分割,可以同
一页中不同节,也可以分节的同时下一页。分隔符的插入方法如下:
在【布局】选项卡【页面设置】功能区中单击【分隔符】按钮,单
击需要的分隔符类型即可,如图 3-43 所示。

分页符与分节符的设置

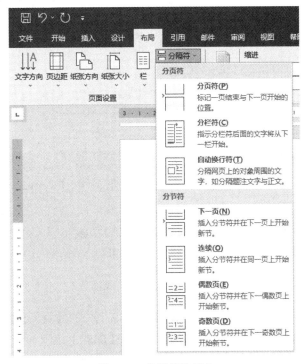

图 3-43　分隔符的插入

3.3.5　文档设置和打印

文档在打印之前必须要对其页面进行设置，可以使用默认的格式，也可以根据需要进行设置，页面设置主要包括纸张大小、页边距等。我们还可以通过添加水印来突出文档的原创性，水印可以设置在页面的任何位置。

1. 页面设置

1) 页边距的设置

页边距是指页面的上、下、左、右的边距，以及页眉和页脚距离页边界的距离，页边距如果设置得太宽则会影响美观并且浪费纸张，如果设置太窄则会影响装订。设置页边距的操作步骤如下：

在【布局】选项卡【页面设置】功能区中单击【页边距】按钮，在弹出的下拉列表中选择页边距的样式，如图 3-44 所示。单击【自定义边距】命令则会弹出【页面设置】对话框，如图 3-45 所示。用户可以根据需要设置页边距。

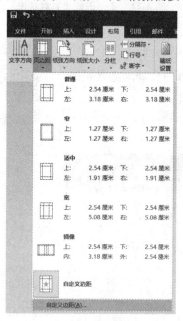

图 3-44　【页边距】命令

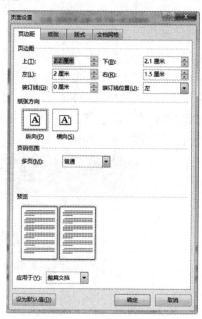

图 3-45　【页面设置】对话框

2) 纸张的设置

在【布局】选项卡【页面设置】功能区中单击【纸张大小】按钮，在弹出的下拉列表中选择纸张的样式，如图 3-46 所示。如果用户要自定义纸张大小则单击【其他纸张大小】命令，在弹出的【页面设置】对话框中进行设置。

3) 版式的设置

在【布局】选项卡【页面设置】功能区中单击右下角的【页面设置】按钮 ，在弹出的【页面设置】对话框中选择【版式】选项卡，可以对页眉和页脚距边界的距离与页面的垂直对齐方式进行修改，如图 3-47 所示。

版式详细设置

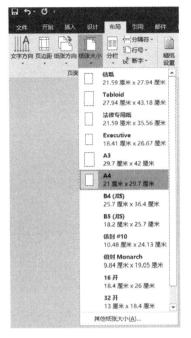
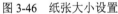

图 3-46　纸张大小设置　　　　　　　　图 3-47　页面设置

2. 水印设置

为页面添加水印效果的操作步骤如下：在【设计】选项卡【页面背景】功能区中单击【水印】按钮，在弹出的下拉列表中选择水印的样式。

用户如果单击【自定义水印】按钮，则会弹出【水印】对话框。选择【图片水印】选项可以添加图片水印，选择【文字水印】选项可以添加文字水印，可以选择样本文字，也可以自己输入文字，并设置字体样式，如图 3-48 所示。

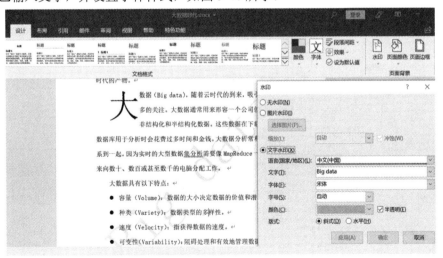

图 3-48　水印设置

3. 打印文档

文档在打印之前需要对其进行打印设置，如页面设置、份数设置、页面范围及纸张大小等。执行【文件】菜单下的【打印】命令，可以打开【打印】面板，如图 3-49 所示。左边为打印设置，右边为打印预览效果。

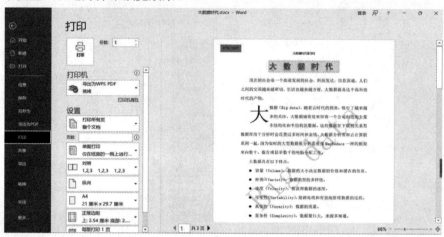

图 3-49　打印设置

在【份数】文本框中输入要打印的份数，在【页数】文本框中输入要打印的文档的页码范围，如果要打印指定的页码，中间可以用逗号分隔。

3.4　图 文 混 排

Word 2016 除了有强大的文字处理功能外，还具有强大的图像处理能力，我们可以对图片和图形(Pictures and Shapes)进行插入、缩放、修改的操作，也可以实现图像和文本的图文混排。给文档添加图像后可以使文档更加生动美观，实现图文并茂的效果。图 3-50 为"大数据时代.docx"文档图文混排后的效果，主要有插入文本框(The text box)、艺术字、图片图形等操作。

案例扩展

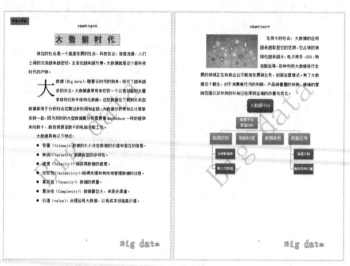

图 3-50　图文混排最终效果

3.4.1　插入文本框

文本框是一种图形对象，一般用于放置文本，文本框可以放置在页面中的任意位置，可以根据用户的需要调整文本框的大小和样式。

1. 插入文本框

插入文本框的操作步骤如下：在【插入】选项卡【文本】功能区中单击【文本框】按钮，在弹出的下拉列表中选择【绘制横排文本框】命令，如图 3-51 所示。此时鼠标变为十字光标形状，通过拖动鼠标完成文本框的绘制。

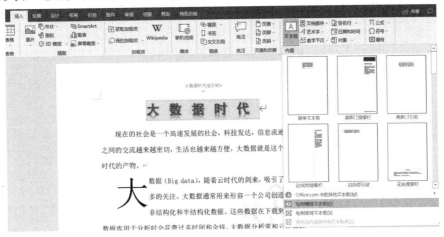

图 3-51　插入文本框

2. 编辑文本框

首先将鼠标移动到文本框的边缘，当鼠标变为 ✥ 形状时即可选中文本框。

文本框填充设置操作步骤如下：在【绘图工具形状格式】选项卡【形状样式】功能区中单击【形状填充】和【形状轮廓】按钮，在弹出的下拉列表中选择文本框内部和边框的填充颜色，这里我们全部选择浅蓝色，如图 3-52 所示。

文本框文本对齐设置操作步骤如下：在【绘图工具形状格式】选项卡【文本】功能区中单击【对齐文本】按钮，在弹出的下拉列表中可以设置文本框内文本的垂直对齐方式，如图 3-53 所示。水平对齐方式可以在【开始】选项卡【段落】功能区中进行设置。

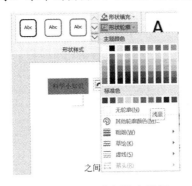

图 3-52　文本框填充设置

图 3-53　文本框文本对齐设置

3.4.2　插入艺术字

艺术字在 Word 中的应用极为广泛，它是一种具有特殊效果的文字，比一般的文字更加鲜明和独特，因此，在编辑排版文章的时候，往往需要使用艺术字来实现某种特殊效果。

1. 插入艺术字

在文档中插入艺术字的操作步骤如下：在【插入】选项卡【文本】功能区中单击【艺术字】按钮，在弹出的下拉列表中选择一种艺术字样式，如图 3-54 所示。

图 3-54　艺术字的插入

此时在文档中会出现"请在此放置您的文字"字样的对话框，在该文本框中输入内容即可。例如输入"Big data"，效果如图 3-55 所示。

2. 编辑艺术字

对于已经插入的艺术字，用户可以根据需要修改艺术字的样式，编辑艺术字的操作步骤如下：

图 3-55　艺术字效果

首先选中需要编辑的艺术字，在【绘图工具形状格式】选项卡【艺术字样式】功能区中单击【文字效果】按钮，在弹出的下拉列表中选择需要修改的选项，例如选择【转换】选项中的"停止"效果，如图 3-56 所示。

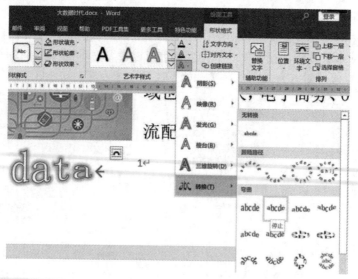

图 3-56　艺术字编辑

3.4.3　插入图片和图形

Word 2016 中可以插入各种图片，如 Office 自带的剪贴画、计算机中保存的图片，以及各种形状的绘制工具等。

1. 插入与编辑图片

插入图片的操作步骤如下：打开文档"配套资源\第 3 章\大数据时代.docx"，将光标定位到正文第二段的开始处，在【插入】选项卡【插图】功能区中单击【图片】按钮，在弹出的【插入图片】对话框中找到"配套资源\第 3 章\大数据.jpg"，单击【插入】按钮，如图 3-57 所示。

图 3-57　图片的插入

图片的编辑包括以下几个方面：

(1) 调整图片环绕方式。操作步骤如下：首先选中需要设置环绕方式的图片，在【图片工具图片格式】选项卡【排列】功能区中单击【环绕文字】按钮，在弹出的下拉列表中选择一种文本的环绕方式，例如选择"四周型"选项，如图 3-58 所示。此时图片的四周将被文字环绕，可以使用鼠标拖曳或者方向键调整图片的位置。

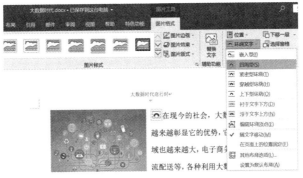

图 3-58　图片环绕方式的设置

(2) 调整图片环绕大小。首先选中需要调整大小的图片，这时图片的周围会出现 8 个控制点，将鼠标移动到控制点上，当鼠标变为双箭头时，按下鼠标左键拖动即可完成图片大小的调整。

调整图片效果

(3) 裁切图片。首先选中需要进行裁切的图片，在【图片工具图片格式】选项卡【大小】功能区中单击【裁剪】按钮，此时图片的周围将会出现裁切定界框，然后将鼠标移动到选中图片的控制点上，单击鼠标左键并拖动即可完成图片的裁切，如图 3-59 所示。

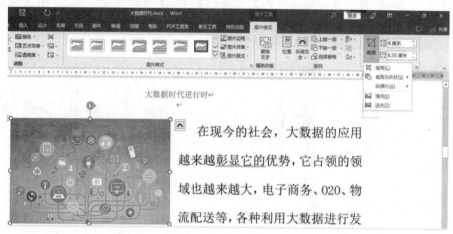

图 3-59　图片的裁剪

2. 插入联机图片

Word 2016 中可以插入网络中的图片，即联机图片，使用插入联机图片功能，可以直接插入互联网上的图片，不用先下载到本地，然后再插入到 Word 文档中，极大地方便了我们的工作。

插入联机图片操作步骤如下：在【插入】选项卡【插图】功能区中单击【联机图片】按钮，则会弹出【插入图片】对话框。可以搜索网络中的图片，然后插入到 Word 文档中，输入要搜索的内容，然后单击【搜索】按钮，如图 3-60 所示。

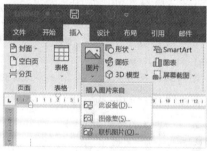

图 3-60　插入联机图片

3. 插入与编辑形状

插入形状的操作步骤如下：

(1) 在【插入】选项卡【插图】功能区中单击【形状】按钮，在弹出的下拉列表中选择一种形状，拖动鼠标即可绘制出形状，如图 3-61 所示。

(2) 对形状的编辑有调整形状的填充和轮廓。操作步骤如下：首先选中需要调整填充和轮廓的形状，在【绘图工具形状格式】选项卡【形状样式】功能区中单击【形状填充】按钮，在弹出的下拉列表中选择相应的颜色进行填充；单击【形状轮廓】按钮，可以设置形状外边框的类型、粗细、颜色和图案，如图 3-62 所示。

图 3-61　形状的插入

图 3-62　形状填充和轮廓的设置

(3) 调整形状的叠放次序。首先选中需要调整叠放次序的形状，在【绘图工具形状格式】选项卡【排列】功能区中单击【上移一层】或【下移一层】按钮调整形状的位置，如果要使所选形状位于最下方，则可以单击【下移一层】按钮右侧的下拉箭头，在弹出的下拉列表中选择"置于底层"命令，如图 3-63 所示。

图 3-63　形状叠放次序的设置

3.4.4　插入 SmartArt 图形

SmartArt 是一项图形功能，具有功能强大、类型丰富、效果生动的优点。在进行文档编辑需要使用插图和图形图像来表达内容时，如组织结构图、业务流程图等，就可以使用 SmartArt 图形进行绘制。

编辑海报案例

下面以制作大数据平台架构图来说明 SmartArt 图形的用法。要求效果如图 3-64 所示。

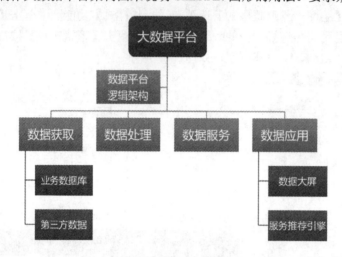

图 3-64　大数据平台架构

(1) 在【插入】选项卡【插图】功能区中单击【插入 SmartArt 图形】按钮。

(2) 单击选项组中的【层次结构】按钮,并选择【组织结构图】,如图 3-65 所示,单击【确定】按钮。

组织结构图
详细操作步骤

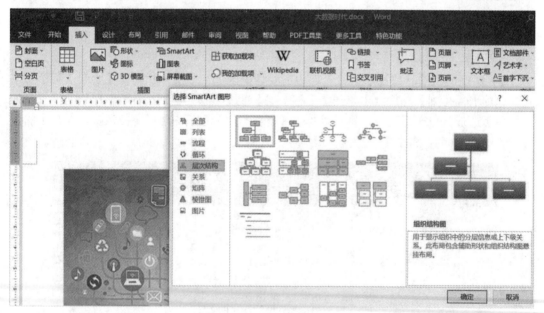

图 3-65　插入 SmartArt 图形

(3) 输入相应的文字,如果默认给出的文本框不够,选中文本框,单击鼠标右键,在弹出的快捷菜单中选择【添加形状】命令,选择在后面或前面添加形状即可添加同一级别的文本框,选择在上方或下方添加形状则是添加下一级别的结构文本框,通过【更改形状】按钮,还可以更改文本框的形状,如图 3-66 所示。这里我们选择【在后面添加形状】添加文本框,并输入文字"数据应用"。

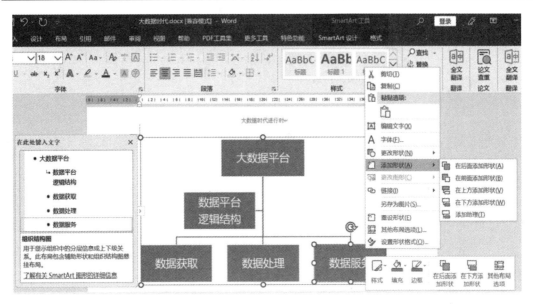

图 3-66　添加形状和更改形状

(4) 通过"开始"选项卡下的【字体】和【段落】功能区能够对 SmartArt 图形中的文本框进行字体和段落格式设置。【SmartArt 设计】和【格式】选项卡可以分别对 SmartArt 图形进行版式修改、颜色和样式调整、文本框形状样式、艺术字样式调整等，如图 3-67 和 3-68 所示。

图 3-67　【SmartArt 设计】选项卡

图 3-68　【格式】选项卡

3.4.5　插入图表

图表(Chart)可以清晰地表达数据信息，可视化数据，能够更加全面、直观地反映出数据之间的关系、趋势、数据分析结果等。

下面以某公司产品的月销售情况来说明图表的用法。

(1) 在【插入】选项卡【插图】功能区中单击【图表】按钮。

(2) 选择合适的图表类型，这里我们选择"柱形图"，单击选项组中的【柱形图】按钮，选择"簇状柱形图"，单击【确定】按钮，如图 3-69 所示，即可在 Word 中插入一张图表和一个 Excel 表格，如图 3-70 所示。

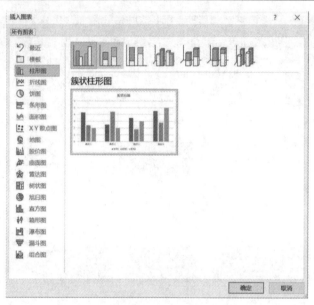

图 3-69　插入图表

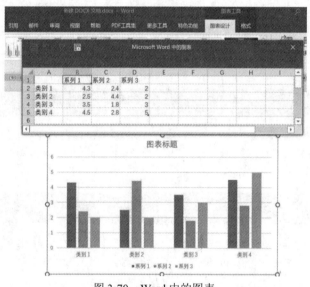

图 3-70　Word 中的图表

(3) 在 Excel 表格中输入相应的数据，或者直接粘贴已有数据，都会自动生成对应的图表。

(4) 插入图表后，菜单栏会自动出现【图表工具图表设计】和【图表工具格式】选项卡，可以对图表进行更加细致化的调整和设计，如图 3-71 所示。

图 3-71　图表工具

3.5　表　格　处　理

在 Word 中通常需要输入许多数据，可以通过表格处理(Table Processing)来清晰地表现数据，并且可以对数据进行排序、计算等。同时 Word 2016 提供了大量精美的表格样式，使制作表格操作更简单专业。

3.5.1　表格的创建

1. 插入表格

在一个文档中插入表格，有以下两种方法：

方法 1：采用选择行数和列数的方法。

在【插入】选项卡【表格】功能区中单击【表格】按钮，在弹出的【插入表格】菜单中直接选择行数和列数，如图 3-72 所示。

方法 2：采用对话框进行设置的方法。

在【插入】选项卡【表格】功能区中单击【表格】按钮，在弹出的【插入表格】菜单中执行【插入表格】命令，在弹出的【插入表格】对话框中对行数和列数进行设置，如图 3-73 所示。

　　　　图 3-72　插入表格　　　　　　　　　　　　图 3-73　【插入表格】对话框

2. 绘制表格

对于复杂的表格可以通过绘制表格的方法来实现。具体操作步骤如下：在【插入】选项卡【表格】功能区中单击【表格】按钮，在弹出的【插入表格】菜单中执行【绘制表格】命令，此时鼠标将会变为铅笔形状，然后按住鼠标左键不松在文档中进行拖动，即可绘制表格的外围边框。在需要绘制行或列的位置绘制行或列，按住鼠标左键拖动即可。

3. 文本与表格的相互转换

在 Word 中可以实现文本与表格的相互转换。

文本转换为表格的操作步骤如下：打开素材文件"配套资源\第 3 章\课程表.docx"。首先选中需要转换为表格的文本，然后在【插入】选项卡【表格】功能区中单击【表格】

按钮，在弹出的【插入表格】菜单中执行【文本转换为表格】命令，则会弹出【将文本转换成表格】选项，如图 3-74 所示。单击【确定】按钮，即可将所选文字转换为表格。

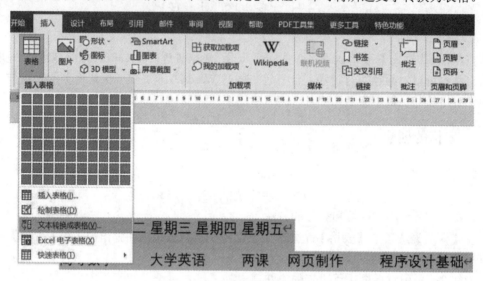

图 3-74 　【文本转换成表格】选项

表格转换为文本的操作步骤如下：首先选中需要转换为文本的表格，然后在【表格工具布局】选项卡【数据】功能区中单击【转换为文本】按钮，则会弹出【表格转换成文本】对话框。可以根据需要选择任意一种文字分隔符。

3.5.2　表格的编辑与美化

在对 Word 中的表格进行操作的过程中，有时会根据使用情况增加或减少行数或列数，这就需要用到表的编辑。此外，为了使最终呈现的表格清晰、美观，我们还会用到表格的对齐和样式美化等操作，下面我们逐一进行学习。

1. 插入/删除行与列

在使用表格时经常遇到行数或列数不够用或者多余的情况，这就需要用到插入/删除行与列。首先我们来学习 Word 2016 中提供的插入行的多种方法。

方法 1：在选项卡中设置。首先将光标定位到要插入行的任意一个单元格，在【表格工具布局】选项卡【行和列】功能区中单击【在下方插入行】按钮，即可在当前光标下插入一行。

添加斜线表头

表格跨页

方法 2：采用快捷菜单设置。首先将光标定位到要插入行的任意一个单元格，单击鼠标右键，在弹出的快捷菜单中选择【插入】命令，在子菜单中选择【在下方插入行】命令，即可在当前光标下插入一行。

删除行与列的方法与插入行与列类似，首先将光标定位到要删除行的任意一个单元格，在【表格工具布局】选项卡【行和列】功能区中单击【删除】按钮，在弹出的菜单中选择【删除行】命令，如图 3-75 所示。或单击鼠标右键，在快捷菜单中选择【删除单元格】命令，在弹出的【删除单元格】对话框中选择【删除整行】命令，如图 3-76 所示。

图 3-75　【删除行】命令　　　　　　图 3-76　【删除单元格】对话框

2. 合并和拆分单元格

有时需要将表格中的一行或者几个单元格合并为一个单元格，也可能将一个单元格拆分为多个等宽的单元格，下面介绍如何合并和拆分单元格。

1) 合并单元格

在选项卡中设置。操作步骤如下：首先选中需要合并的单元格，在【表格工具布局】选项卡【合并】功能区中单击【合并单元格】按钮，即可将所选的单元格合并为一个单元格，如图 3-77 所示。

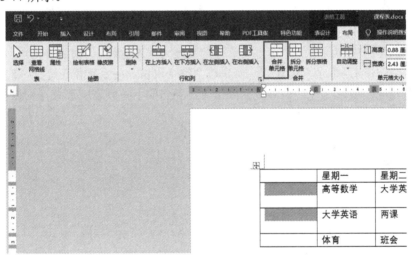

图 3-77　【合并单元格】按钮

2) 拆分单元格

采用选项卡设置。操作步骤如下：首先选中需要拆分的单元格，在【表格工具布局】选项卡【合并】功能区中单击【拆分单元格】按钮，在弹出的【拆分单元格】对话框中设置需要拆分的行数和列数，如图 3-78 所示。

图 3-78　【拆分单元格】对话框

3. 设置行高与列宽

用户可以对表格的行高与列宽进行调整，Word 2016 提供了以下四种方法：

方法 1：采用鼠标手动操作。将鼠标移动到需要调整列宽的边框上，按住鼠标左键拖曳，此时会显示一条虚线指定新的列宽位置。

方法 2：在选项卡中设置。首先选中需要修改列宽的列，在【表格工具布局】选项卡【单元格大小】功能区中设置新的列宽值，这里调节列的宽度为"2.51 厘米"，如图 3-79 所示。

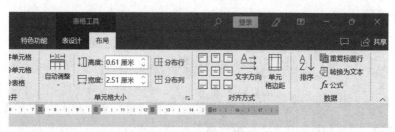

图 3-79　功能标签中设置列宽

方法 3：采用【表格属性】对话框设置。首先选中需要修改列宽的列，单击鼠标右键，在弹出的快捷菜单中选择【表格属性】命令，在弹出的【表格属性】对话框中选择【行】选项卡，在微调框中输入数值，这里调节行的高度为"2 厘米"，如图 3-80 所示。

方法 4：采用自动调节功能设置。首先选中整个表格，在【表格工具布局】选项卡【单元格大小】功能区中单击【自动调整】按钮，在弹出的下拉列表中选择【根据内容自动调整表格】命令，如图 3-81 所示。

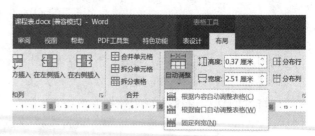

图 3-80　【表格属性】对话框　　　　图 3-81　【根据内容自动调整表格】命令

4. 表格与单元格的对齐方式

设置表格的对齐方式可以采用【表格属性】对话框的方法。首先选中整个表格，单击鼠标右键，在弹出的快捷菜单中选择【表格属性】命令，在【表格属性】对话框中选中【表格】选项卡，用户可以设置表格的对齐方式和文字环绕方式，如图 3-82 所示。

设置单元格的对齐方式,具体操作步骤如下:首先选中需要设置对齐方式的单元格,在【表格工具布局】选项卡【对齐方式】功能区中选择一种单元格的对齐方式,如图 3-83 所示。

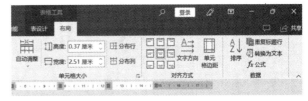

图 3-82　【表格属性】对话框　　　　　　　图 3-83　单元格对齐方式

5. 设置表格样式

表格的样式设置包括边框的样式、底纹的样式等。表格样式的设置直接影响着表格的美观程度。

1) 边框和底纹的设置

选中表格后,单击鼠标右键,在弹出的快捷菜单中选择【表格属性】命令,在弹出的【表格属性】对话框中单击【边框和底纹】按钮,在弹出的【边框和底纹】对话框中选择【方框】选项可以设置表格外边框的样式,在【样式】列表框中选择"单实线"线型,在【颜色】列表框中选择"蓝色",在【宽度】列表框中选择"3.0 磅",如图 3-84 所示。

再选择【自定义】选项,在【样式】列表框中选择"单实线"线型,在【颜色】列表框中选择"蓝色",在【宽度】列表框中选择"1.0 磅",在【预览】框中的内部单击,即可继续为表格设置内边框,单击【确定】按钮,如图 3-85 所示。

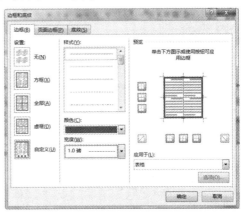

图 3-84　设置表格外边框　　　　　　　图 3-85　设置表格内边框

如果要设置某一部分单元格的边框，则要选中部分单元格。例如，要将课程表第一行的下框线设置为"3 磅蓝色单实线"，则需选中表格第一行，在【边框和底纹】对话框中，选择【边框】选项卡，再选择【自定义】选项，设置【宽度】为"3.0 磅"，在【预览】框中的底部单击即可。再选择【底纹】选项卡，设置底纹颜色为"白色，背景 1，深色 5%"，如图 3-86 所示。

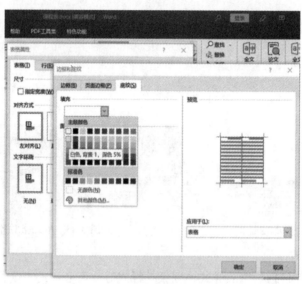

图 3-86　设置底纹颜色

2) 表格自动套用格式

Word 2016 提供了多种预置的表格样式，可以快速地设置表格样式。具体操作步骤是：选中表格后，在【表格工具表设计】选项卡【表格样式】功能区中选择一种样式，例如"网格表 4-着色 1"，如图 3-87 所示。

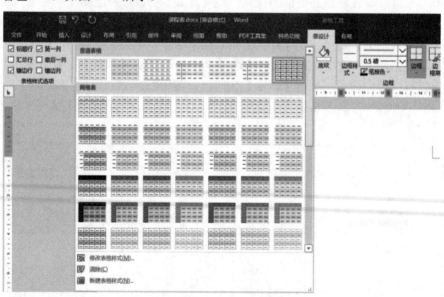

图 3-87　表格自动套用格式

3.5.3　表格的数据处理

对文档中的数据进行处理也是非常普遍的，下面简单介绍两种常用的数据计算操作。

1. 数据计算

表格中可以对数据进行计算。例如对成绩表中的"总分"列及"平均分"列进行计算的具体操作步骤如下：

打开文档"配套资源\第 3 章\成绩表.docx"。将光标定位到平均分列的单元格内，在【表格工具布局】选项卡【数据】功能区中单击【公式】按钮 *fx*，在弹出的【公式】对话框中将原有的函数删除后，在【粘贴函数】下拉列表中选择"AVERAGE"函数，如图 3-88 所示。并在函数参数中输入"left"，如图 3-89 所示。

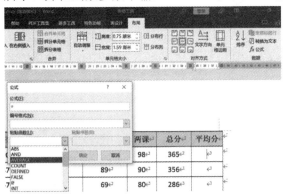

图 3-88　粘贴函数　　　　　　　　　　　　　　图 3-89　数据计算

将光标定位到总分列的单元格内，在【表格工具布局】选项卡【数据】功能区中单击【公式】按钮 *fx*，弹出【公式】对话框，默认的函数为 SUM(LEFT)，表示该单元格的值等于左边单元格内数值的总和，如图 3-90 所示。

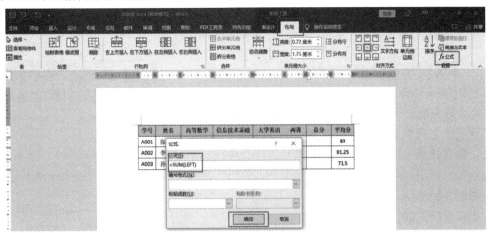

图 3-90　求和公式

2. 数据排序

表格中的数据排序是根据单元格中的数据进行的。例如对成绩表中的"平均分"列进行降序排序的具体操作步骤如下：

首先选中标题行以外的数据行，在【表格工具布局】选项卡【数据】功能区中单击【排序】按钮，在弹出的【排序】对话框中的【主要关键字】下拉列表中选择"平均分"，选择排序方式为"降序"，如图 3-91 所示。

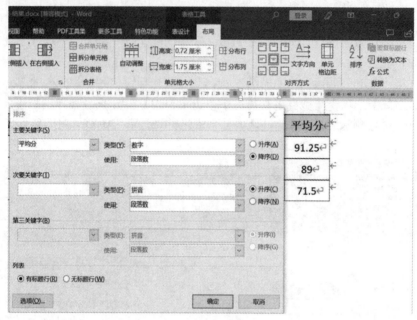

图 3-91　数据排序

3.6　综合应用案例

前面我们已经学习了 Word 的基本编辑与排版、图形与表格的制作等，下面通过制作两个综合案例，进一步掌握文字、图形与表格混排制作技术。

3.6.1　个人简历的制作

个人简历是求职者给招聘单位发的一份简要介绍，应届毕业生的个人简历一般包括以下几个方面：个人基本情况、教育背景、所获荣誉、技能证书、社会实践、本人特长等。利用 Word 可以方便地制作个人简历，最终效果如图 3-92 所示。

个人简历的制作方法与步骤如下：

1. 设置背景

在【设计】选项卡【页面背景】功能区中单击【页面边框】按钮，在弹出的【边框和底纹】对话框中单击【页面边框】选项卡，选择【方框】命令，设置【样式】

图 3-92　个人简历

为"单实线",【颜色】为"蓝色",【宽度】为"1.0 磅",在右侧预览区域单击上、左、右边框,将【宽度】修改为"6.0 磅",在右侧预览区域单击下边框,最后在【应用于】选择"整篇文档",单击【确定】按钮,如图 3-93 所示。

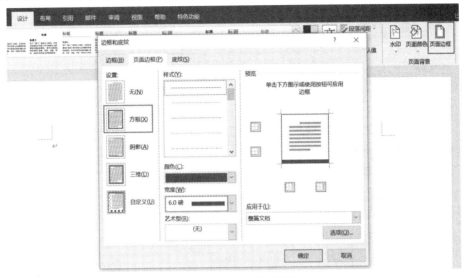

图 3-93　设置页面边框

2. 添加图形图片

插入形状:在【插入】选项卡【插图】功能区中单击【形状】按钮,选择"矩形",按住鼠标左键,在文档中绘制出合适大小的矩形形状。在【绘图工具形状格式】选项卡下,在【形状样式】功能区中单击【形状填充】按钮,在弹出的下拉列表中选择"蓝色",单击【形状轮廓】按钮,在弹出的下拉列表中选择【无轮廓】命令,如图 3-94 所示。

图 3-94　设置形状轮廓

插入图片:在【插入】选项卡【插图】功能区中单击【图片】按钮,选择"此设备",找到证件照图片插入到文档中。

设置图片环绕方式:在【图片工具图片格式】选项卡【排列】功能区中单击【环绕文字】按钮,在弹出的下拉列表中选择"浮于文字上方"。

添加阴影：在【图片工具图片格式】选项卡【图片样式】功能区中单击【图片效果】按钮，选择【阴影】下拉菜单中的【外部】下的"偏移:右下"，如图 3-95 所示。最后适当调整图片的大小及位置即可。

图 3-95　设置图片阴影

3. 添加文字

添加基本内容：由于文档上方添加了图形图片会遮住下方文字，需要多次按下【Enter】键换行，然后根据需要输入相应的文字内容。

插入艺术字：在【插入】选项卡【文本】功能区中单击【艺术字】按钮，在弹出的下拉列表中选择一种艺术字样式，在文档中出现的"请在此放置您的文字"字样的对话框中输入"个人简历"即可。选中艺术字，在【开始】选项卡【字体】功能区中设置字体为"微软雅黑"，字号为"小一"。

插入文本框：在【插入】选项卡【文本】功能区中单击【文本框】按钮，在弹出的下拉列表中选择【简单文本框】命令。在【绘图工具形状格式】选项卡【形状样式】功能区中单击【形状填充】按钮，在弹出的下拉列表中选择【无颜色填充】命令，单击【形状轮廓】按钮，在弹出的下拉列表中选择【无轮廓】命令，这样可使文本框的填充和轮廓颜色均为无。

选中文本框，在【开始】选项卡【字体】功能区中设置字体为"微软雅黑"，字号为"五号"，字体颜色为"白色"，最后给部分文本设置"加粗"显示。通过添加空格，调整文字位置对齐，最终效果如图 3-96 所示。

图 3-96　在个人简历上添加文字

4. 字体设计

文本设置：选中个人简历中的基本文字内容，在【开始】选项卡【字体】功能区中设置字体为"微软雅黑"，按照大标题、小标题、正文分别设置字号为"小三""小四"和"五号"。为了使级别更加清晰，将"教育背景""技能证书"等大标题文本设置"加粗"显示，将正文内容字体设置为"宋体"。

段落设置：在【开始】选项卡【段落】功能区中，单击【行和段落间距】命令，选择"1.5"倍行间距，效果如图 3-97 所示。

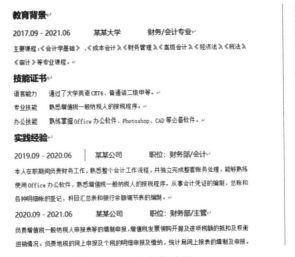

图 3-97　文本段落设置

5. 其他辅助设计

为了更好地区分各个部分之间的内容，可以为标题添加项目符号和辅助线。

添加项目符号：选中需要设置项目符号的文本，在【开始】选项卡【段落】功能区中单击【项目符号】按钮，在弹出的下拉列表中选择项目符号的样式，如图 3-98 所示。

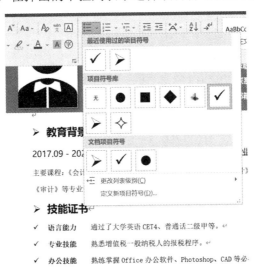

图 3-98　添加项目符号

添加辅助线：在【插入】选项卡【插图】功能区中单击【形状】按钮，选择"直线"，按住鼠标左键，在文档中绘制出合适长度的形状辅助线，绘制时按住【Shift】键可以绘制出水平直线。在自动出现的【绘图工具形状格式】选项卡下，单击【形状样式】功能区中【形状轮廓】按钮，在弹出的下拉列表中选择【主题颜色】为"蓝色"，【虚线】选择"短划线"，在需要的位置重复添加即可，如图 3-99 所示。

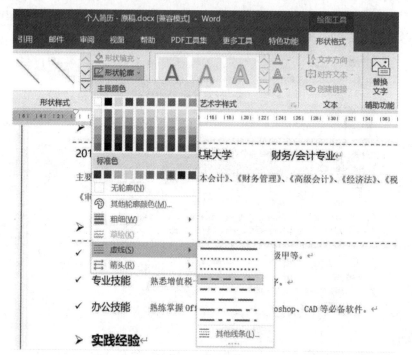

项目扩展

图 3-99　添加辅助线

3.6.2　毕业论文格式排版

毕业论文主要由封面、摘要、目录和论文内容等组成。封面是论文的首页，通常包含毕业论文的名称、学校名称和图片、学生毕业信息、日期等内容，封面不设置页码。摘要是对论文的简短陈述，页码格式为罗马字符。目录是根据论文标题内容自动生成的。

操作重点：在毕业论文排版中，首页、目录和摘要部分的页码与正文部分的页码不同，那么将首页、目录、摘要作为单独的节。论文内容中所有的标题要设置大纲级别。

1. 设置论文首页

打开文档"配套资源\第 3 章\毕业论文.docx"，将光标定位到"摘要"文本前，在【布局】选项卡【页面设置】功能区中单击【分隔符】按钮，在弹出的下拉列表的【分节符】选项组中选择【下一页】，即可插入一张空白页，如图 3-100 所示。

为了便于对同一文档的不同部分进行格式化的操作，可以将文档分为多个节，节是文档格式化的最大单位。只有在不同的节中才可以设置与前面文本不同的页面、页脚等格式。由于论文首页的页码与后面不同，因此在此处我们使用分节符。

选择新创建的空白页，在其中输入论文题目和作者的信息文字，并分别设置其字体和字号。选择需要加下划线的文字，在【开始】选项卡【字体】功能区中单击【下划线】按钮 ，即可为所选的文本添加下划线，首页效果如图 3-101 所示。

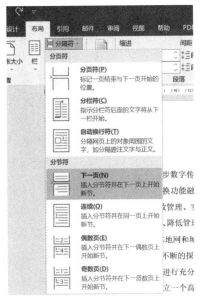

图 3-100　插入空白页

图 3-101　首页效果

2. 对毕业论文进行排版

(1) 设置字体、段落格式。

(2) 插入分页符与分节符。

3. 插入页码

插入页码可以使我们在毕业论文中快速定位到需要查看的页面，同时也是生成目录的必要条件。插入页码的操作步骤如下：

操作步骤

在【插入】选项卡【页面和页脚】功能区中单击【页码】按钮，在【页面底端】中选择【普通数字 2】选项，即可在页面底端的居中位置插入页码，如图 3-102 所示。

图 3-102　插入页码

4. 自动生成目录

1) 自动生成毕业论文目录

插入目录前要先确定插入目录的位置，这里我们在"摘要"前插入。由于目录部分的页码与正文不同，因此要先插入分节符。首先将光标定位到"摘要"前插入分节符，并将"摘要"页码的【链接到前一条页眉】按钮取消。

插入目录的操作步骤如下：在【引用】选项卡【目录】功能区中单击【目录】按钮，在弹出的下拉列表中选择【自动目录 1】选项，则可以直接使用预定义的格式自动生成目录，如图 3-103 所示。

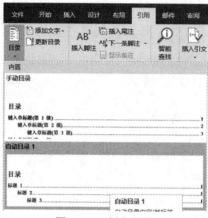

图 3-103　插入目录

2) 设置目录字体格式

选中目录中的所有文字，在【字体】对话框中设置文本的字体和字号。设置好的目录效果如图 3-104 所示。

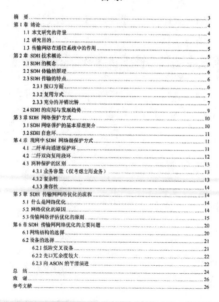

更新目录

图 3-104　目录最终效果

5. 定位文档位置

对于较长的文档，要查看某一级标题下的文本，如果用鼠标滚轮来定位文档的位置会比较麻烦，可以使用导航窗格来对文档位置进行快速定位。

定位文档的操作步骤如下：在【视图】选项卡【显示】功能区中勾选【导航窗格】复选框 ☐ 导航窗格，即可打开【导航】窗格，单击【标题】选项，可以显示文档中所有的设置为大纲级别的标题，如图 3-105 所示。在【导航】窗格中单击需要查看的段落即可快速定位到该标题的位置，例如单击"第 3 章　SDH 网络保护方式"，可快速地定位到文档的第 3 章。

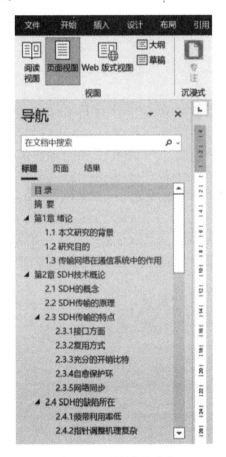

制作 PDF 格式电子书

图 3-105　【导航】窗格

6. 字数统计

Word 2016 中提供了对文档中的字数进行统计的方法，可以使用户方便查看文档中文字的数量。

字数统计的操作步骤如下：如果要统计整篇文档的字数，则首先取消任何文本的选择。在【审阅】选项卡【校对】功能区中单击【字数统计】按钮，在打开的【字数统计】对话框中显示了整篇文档的字数，如图 3-106 所示。如果要统计部分文本的字数，则将文本选中即可。

苹果系统文字处理

图 3-106　【字数统计】对话框

知识拓展：通过本章的学习，我们已经了解了 Word 2016 强大的文字处理和排版功能，下面为大家介绍另外几种办公和排版软件。

(1) WPS。WPS 是金山公司出品的办公处理软件，WPS 和 Word 的操作几乎一样，但 WPS 更加符合中国人的使用习惯。本书在后面的章节中有相关介绍，这里就不再赘述。

(2) 方正飞腾。方正飞腾是一款集图像、文字和表格于一体的综合性排版软件，它具有强大的中文处理能力和表格处理能力，能出色地表现版面设计思想，适于报纸、杂志、图书等各类出版物，是国内主流的排版软件。方正飞腾软件界面如图 3-107 所示。

图 3-107　方正飞腾软件界面

(3) Indesign。Indesign 是目前国际上常用的最专业的排版软件之一，色彩应用功能强大，除了能够胜任常见的海报、名片、平面设计排版外，在处理大量文本排版时，如书籍、手册、杂志等有很大的优势。Indesign 软件界面如图 3-108 所示。

图 3-108　Indesign 软件界面

习　　题

一、操作题

1. 打开文档"配套资源\第 3 章\习题 1.docx"，按要求完成下列操作并以"习题 1.docx"保存文档。

(1) 将文中所有错词"中朝"替换为"中超"；自定义页面纸张大小为"19.5 厘米(宽) × 27 厘米(高度)"；设置页面左、右边距均为 3 厘米；为页面添加 1 磅、深红色(标准色)、"方框"型边框；插入页眉，并在其居中位置输入页眉内容"体育新闻"。

(2) 将标题段文字("中超第 27 轮前瞻")设置为小二号、蓝色(标准色)、黑体、加粗、居中对齐，并添加浅绿色(标准色)底纹；设置标题段的段前、段后间距均为 0.5 行。

(3) 设置正文各段落("北京时间……目标。")左、右各缩进 1 字符、段前间距 0.5 行；设置正文第一段("北京时间……产生。")首字下沉 2 行(距正文 0.2 厘米)，正文其余段落("6 日下午……目标。")首行缩进 2 字符；将正文第三段("5 日下午……目标。")分为等宽 2 栏，并添加栏间分隔线。

(4) 将文中最后 8 行文字转换成一个 8 行 6 列的表格，设置表格第一、第三至第六列列宽为 1.5 厘米，第二列列宽为 3 厘米，所有行高为 0.7 厘米；设置表格居中、表格中所有文字水平居中。

(5) 设置表格外框线为 0.75 磅红色(标准色)双窄线，内框线为 0.5 磅红色(标准色)单实线；为表格第一行添加"白色，背景 1，深色 25%"底纹；在表格第四、五行之间插入一行，并输入各列内容分别为"4""贵州人和""10""11""5""41"。按"平"列依据"数字"类型降序排列表格内容。

2. 完成北京冬奥运志愿者招募海报的制作。要求：题目内容自拟，利用艺术字，并设计文字效果。利用文本框及图片完成海报的设计与排版。

3. 邀请信是邀请亲朋好友或知名人士、专家等参加某项活动时所发的邀约性书信。其主要结构包括标题、称谓、正文、落款。同学们利用 Word 2016 设计与制作一张邀请函。要求：结构完整，图文并茂。

二、思考题

文字处理软件在学习生活中给我们带来如何不一样的感受，传统文字书写还需要吗？

第4章　Excel 2016 的应用

Excel 2016 电子表格处理软件是 Microsoft Office 2016 中最基本的三大组件之一，它有良好的操作界面，能轻松地完成表格操作。它具有强大的数据处理功能，可以利用各种图形形象地表示数据，还可以对表格中的数据按照一定的规则进行排序、运算等，可以有效地提高数据处理的准确性。

本章要点：

- 掌握工作表的基本操作，包括数据输入和编辑、单元格的格式设置。
- 掌握工作表的格式化，包括设置列宽和行高、设置条件格式、使用样式等操作。
- 掌握工作表中公式的输入和复制、常用函数的使用。
- 掌握图表的建立、编辑、修改和修饰。
- 掌握数据清单内容的排序、筛选、分类汇总和数据合并，以及数据透视表的建立。
- 掌握工作表的页面设置，保护与隐藏工作簿和工作表等。

思维导图：

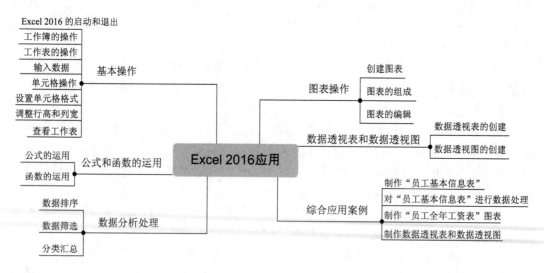

关键字：

工作簿：Workbook。
工作表：Worksheet。

公式：Formula。

函数：Function。

排序：Sort。

样式：Style。

4.1 Excel 2016 概述

要学习 Excel 2016，首先要了解它的工作界面。Excel 2016 界面窗口包括快速启动工具栏、选项卡、功能区、名称框、编辑框、状态栏、行标、列标、滚动条等部分，如图 4-1 所示。

Excel 2016 的六大新功能

图 4-1 Excel 2016 界面窗口

4.2 基 本 操 作

本节的学习目的是使用户了解 Excel 2016 表格的工作界面，掌握工作簿、工作表、单元格和数据录入的基本操作。

4.2.1 Excel 2016 的启动和退出

现在 Excel 2016 软件的应用范围十分广泛，下面介绍 Excel 2016 启动和退出的方法。

1. 启动 Excel 2016

启动 Excel 2016 的方法很多，现介绍常用的三种启动方法。

方法 1：使用 Windows 操作系统中的【开始】菜单启动，即选择 Windows 操作系统中的【开始】→【所有程序】→【Microsoft Office 2016】→【Microsoft Excel 2016】命令

启动。

方法 2：快捷键启动，即在桌面空白处单击鼠标右键，选择【新建】→【快捷方式】为 Microsoft Excel 2016 在桌面上建立快捷方式后，双击桌面上的 Excel 图标来启动。若桌面上有 Microsoft Excel 2016 的快捷方式，直接双击图标启动即可。

方法 3：文件打开，即操作系统中找到 Microsoft Excel 2016 的路径，直接双击文件夹中的 Excel 文件自动启动。

2. 退出 Excel 2016

退出 Excel 2016 和退出其他应用程序一样，通常有以下三种方法。

方法 1：单击 Excel 2016 窗口右上角的【退出】按钮。

方法 2：在 Excel 2016 左上角的【文件】选项卡中选择【退出】命令。

方法 3：单击 Excel 2016 窗口，按【ALT+F4】组合键退出。

4.2.2　工作簿的操作

工作簿(Workbook)是 Excel 2016 环境中用来存储并处理工作数据的文件。也就是说，文档就是工作簿。它是工作区中一个或多个工作表的集合，其扩展名为 xlsx。在 Excel 2016 中，用来存储并处理工作数据的文件叫作工作簿。每一本工作簿可以拥有许多不同的工作表。

1. 新建工作簿

在启动 Excel 时系统将自动创建一个名为"工作簿 1"的空白工作簿，用户也可以手动创建工作簿，操作步骤为：启动 Excel 2016 后打开【文件】选项卡中的【新建】命令，将会出现模板，选【空白工作簿】，单击【创建】，如图 4-2 所示。系统自动为新建工作簿命名为"工作簿 2"，用户可以在保存工作簿时为其重命名。同时，为了满足不同群体的需要，系统还提供了一些可以直接使用的模板，其类型有会议议程、预算、日历、图表、费用报表、发票、备忘录、信件和信函、日常安排等，为提高办公效率提供了便利。

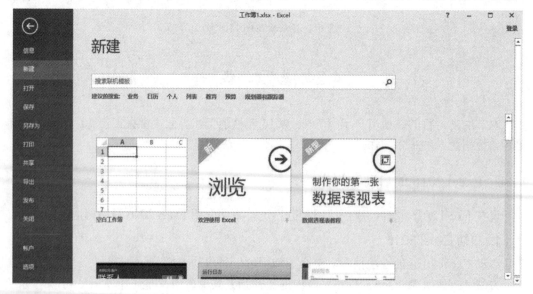

图 4-2　新建空白工作簿

2. 保存工作簿

对于工作簿，用户对表中的数据进行操作后，需要对工作簿进行保存。Excel 2016 提供了"保存"和"另存为"两种保存方法。

方法 1：单击快速访问工具栏中的【保存】命令，或者使用【文件】选项卡中的【保存】命令，或者使用快捷键【Ctrl＋S】。这种方法常用于保存新建的工作簿。

文件加密的方法

方法 2：使用【文件】选项卡中的【另存为】命令。这种方法常用于创建工作簿的副本。

3. 打开工作簿

方法 1：在操作系统中找到 Excel 2016 存在的路径，双击要打开的 Excel 2016 文件即可打开。

更改默认保存方式

方法 2：用前面介绍过的打开 Excel 2016 的三种方法之一打开 Excel 2016，通过【文件】选项卡中的【打开】命令，在对话框中选择要打开的文件，单击【打开】按钮即可。

4.2.3　工作表的操作

工作表又称为电子表格，是 Excel 窗口的主体部分。Excel 2016 是以工作表为单位进行存储和管理数据的，每个工作表中包含多个单元格。下面介绍工作表的相关操作。

1. 新建工作表

创建工作簿时系统默认创建一个工作表，工作表标签为"Sheet1"，用户可以使用默认工作表，也可以根据自己的需要创建更多的工作表。Excel 提供了三种创建工作表的方法。

方法 1：打开【开始】选项卡，在【单元格】功能区中单击【插入】按钮下拉列表中的【插入工作表】命令，即可插入一张新工作表，如图 4-3 所示。

方法 2：单击工作表标签位置的插入工作表按钮，插入一张新工作表。

方法 3：右击任意工作表标签，在弹出的快捷菜单中选择【插入】命令也可插入一张新工作表，如图 4-4 所示。

图 4-3　【插入工作表】命令

图 4-4　快捷菜单中的【插入】命令

2. 重命名工作表

为了便于区分和管理每张工作表，可以根据工作表中的内容为其重新命名，让使用者根据工作表名称快速地了解工作表的内容。Excel 2016 提供了两种重命名工作表的方法。

方法 1：右键单击需要修改的工作表标签，在弹出的快捷菜单中选择【重命名】命令，此时工作表标签进入编辑模式，直接输入新名称，然后按【Enter】键即可。

方法 2：双击需要修改的工作表标签，此时进入编辑模式，输入新名称后按【Enter】键即可。

3. 移动、复制工作表

在工作中常常需要创建工作表的副本，或者将当前工作簿中的工作表移动到另一个工作簿中，此时可以通过移动或复制操作来实现。

1) 同一工作表内的移动和复制操作

(1) 移动操作：鼠标左键单击要移动的工作表标签，不要释放鼠标，当被选中工作表的左上角出现▼时拖动工作表到指定位置，然后释放鼠标即可。操作结果如图 4-5 所示，将工作表标签 Sheet1 移动到工作表标签 Sheet3 之后。

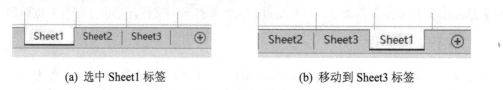

(a) 选中 Sheet1 标签　　　　　　　(b) 移动到 Sheet3 标签

图 4-5　移动工作表

(2) 复制操作：创建方法同移动操作，只需要在移动工作表的同时按住【Ctrl】键，移动到指定位置后，先释放鼠标，再松开【Ctrl】键。如图 4-6 所示，创建的 Sheet1 副本置于 Sheet3 之后，系统自动为创建的副本命名为 Sheet1(2)，可以对其重命名。

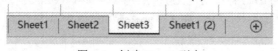

图 4-6　创建 Sheet1 副本

2) 不同工作簿间的移动和复制操作

在不同工作簿之间移动或复制工作表，至少要打开两个工作簿，我们把要移动或复制的工作表所在的工作簿称为"原工作簿"，把移动或复制后工作表所在的工作簿称为"目标工作簿"。操作过程如下：

(1) 在原工作簿中右键单击被移动的工作表，在弹出的快捷菜单中选择【移动或复制】命令，弹出如图 4-7 所示的【移动或复制工作表】对话框。

(2) 在对话框的【工作簿】下拉列表框中选择目标工作簿，然后在【下列选定工作表之前】列表框中选择放置的位置，移动或复制后的工作表被置于当前选择工作表之后。

(3) 如果是移动操作，单击【确定】按钮即可完成操作。如果是复制操作，需要勾选对话框中的【建立副本】复选框，然后单击【确定】按钮即可。

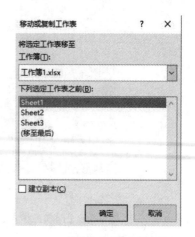

图 4-7　【移动或复制工作表】对话框

4. 删除工作表

Excel 2016 提供了两种删除工作表的方法，这两种方法都可以同时删除多张工作表。

方法 1：首先选中要删除的工作表，然后打开【开始】选项卡，在【单元格】功能区中单击【删除】按钮下拉列表中的【删除工作表】命令即可。

方法 2：右键单击要删除的工作表标签，在弹出的快捷菜单中选择【删除】命令也可删除选中的工作表。

4.2.4　输入数据

数据是工作表操作的基本对象，在工作表中可以输入数值、文本、时间和日期等多种数据。针对不同的数据，要掌握其基本输入方法。

1. 输入文本型数据

Excel 2016 中的文本型数据包括英文字母、汉字、数值和其他特殊字符等，文本型数据在单元格中默认左对齐。输入文本型数据时注意，先输入一个单引号再输入数字，回车后单元格左上角出现绿色小三角，输入方法如图 4-8 所示。

(a) 输入文本型数值　　　　　　　　(b) 输入后的结果

图 4-8　输入文本型数值

2. 输入数值型数据

数值型数据是指参与数学运算的数据，如"0.001""5.34""101"等数据。对于数值型数据直接在单元格中输入即可。数值型数据在单元格中默认右对齐。当输入的数值型数据过长，超出单元格可以表示的范围时，Excel 自动使用科学计数法表示。输入数值型数据如图 4-9 所示。

0.001	5.34	101	100100100100100

0.001	5.34	101	1E+14

(a) 输入数值型数据　　　　　　　　(b) 科学计数法表示数值型数据

图 4-9　输入数值型数值

3. 输入日期时间型数据

输入日期型数据需要使用"-"或者"/"连字符将年、月、日连接起来。输入时间型数据需要使用":"分隔符将时、分、秒分隔开。输入方法如图 4-10 所示。

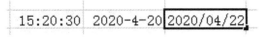

图 4-10　输入日期时间型数据

4.2.5　单元格操作

自动填充

单元格是构成工作表的基本单元，也是表格中行与列的交叉部分，是组成表格的最小单位，对数据的所有操作都是在单元格中完成的，每个单元格由行号和列号来定位。下面介绍有关单元格的插入、删除、复制、粘贴等操作。

1. 插入、删除单元格

在操作工作表时，常常需要插入或删除某个单元格，操作方法如下：

1) 插入单元格

方法 1：使用快捷菜单实现。首先选中要插入的单元格位置，单击鼠标右键，弹出快捷菜单，选择【插入】命令，弹出如图 4-11 所示的对话框。在图 4-11 中可以选择单元格插入的位置。"活动单元格右移"指在选中单元格的左边插入新单元格，"活动单元格下移"指在选中单元格的上边插入新单元格，还可以插入整行或整列。

方法 2：使用【插入单元格】命令。在【开始】选项卡的【单元格】功能区中单击【插入】按钮下拉列表中的【插入单元格】命令，打开如图 4-11 所示的【插入】对话框，设置方法同上。

图 4-11　【插入】对话框

2) 删除单元格

方法 1：使用快捷菜单，首先选中要删除的单元格，鼠标右键单击单元格，在弹出的快捷菜单中选择【删除】命令，弹出如图 4-12 所示的【删除】对话框。"右侧单元格左移"指选中单元格被删除后其右侧单元格移动到当前位置；"下方单元格上移"指选中单元格被删除后其下方单元格移动到当前位置，还可以选择删除"整行"或"整列"。

方法 2：使用【删除单元格】命令。在【开始】选项卡的【单元格】功能区中单击【删除】按钮下拉列表中的【删除单元格】命令，打开如图 4-12 所示的【删除】对话框，设置方法同上。

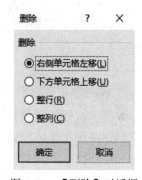

图 4-12　【删除】对话框

2. 复制、粘贴单元格

在操作工作表时，对于工作表中出现的重复性内容，可以通过复制、粘贴简化输入操作。现介绍常用的两种方法。

方法 1：使用剪贴板实现复制、粘贴。

(1) 选中需要复制的单元格。如果是连续的多个单元格，则可以使用鼠标拖动选中，或者使用【Shift】键选中某个区域，若是不连续的多个单元格，则使用【Ctrl】键选中。

(2) 单击右键选中单元格，在弹出的快捷菜单中选择【复制】命令，或者使用快捷键【Ctrl + C】，将复制内容放到剪切板。

(3) 将光标定位在要粘贴位置的第一个单元格中，右键单击单元格，在弹出的快捷菜单中选择【粘贴】命令，或者使用快捷键【Ctrl + V】实现粘贴操作。

方法 2：使用鼠标拖动实现复制、粘贴。首先选中要复制的单元格，按住【Ctrl】键，同时用鼠标左键单击单元格的黑色边框，当鼠标指针变成+时，拖动鼠标到目标位置，松开鼠标左键，再松开【Ctrl】键即可。

3. 合并单元格

Excel 2016 提供了多种合并单元格的操作方法，现介绍常用的两种方法。

方法 1：使用【合并单元格】按钮。选中要合并的多个单元格，在【开始】选项卡的【对齐方式】功能区中单击【合并后居中】下拉列表中的【合并单元格】命令，操作方法如图 4-13 所示。

图 4-13　【合并单元格】命令

方法 2：使用【设置单元格格式】对话框。选中要合并的多个单元格，右键单击单元格，在弹出的快捷菜单中选择【设置单元格格式】命令，弹出如图 4-14 所示的【设置单元格格式】对话框，选择【对齐】选项卡，勾选【合并单元格】复选框，单击【确定】即可。

图 4-14　【对齐】选项卡

4.2.6　设置单元格格式

在工作表中单元格默认格式比较简单，常常需要美化单元格，可以通过单元格边框、单元格底纹或者应用样式(style)来设置单元格格式。

1. 设置单元格边框

单元格边框用于设置单元格内、外边框线的样式和颜色。设置过程如下：

(1) 选中要设置边框的单元格区域。

(2) 鼠标右键单击单元格，在弹出的快捷菜单中选择【设置单元格格式】命令；或者在【开始】选项卡的【单元格】功能区中单击【格式】按钮下拉列表中的【设置单元格格式】命令。

(3) 在【设置单元格格式】对话框中打开【边框】选项卡，如图 4-15 所示，在【样式】列表框中选择边框的内、外边框线条样式，在【颜色】下拉列表框中选择线条颜色，在【边框】中可以单独对边框的上下左右边框线进行单独的格式设置。

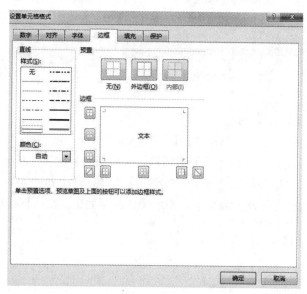

图 4-15　【边框】选项卡

2. 设置单元格底纹

单元格底纹用于设置单元格的背景颜色。Excel 2016 提供多种方法设置底纹。

方法 1：使用【填充颜色】按钮。首先选中要设置背景的单元格，然后在【开始】选项卡的【字体】功能区中单击【填充颜色】按钮，如图 4-16 所示，在弹出的窗口中选择需要的颜色即可。

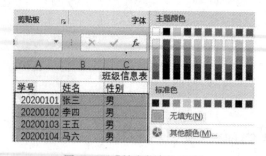

图 4-16　【填充颜色】按钮

　　方法 2：使用【设置单元格格式】对话框的【填充】选项卡。首先选中要设置背景的单元格，打开【设置单元格格式】对话框中的【填充】选项卡，选择需要的颜色即可。

3. 应用样式

　　Excel 2016 内嵌很多样式供用户使用，只需要简单套用即可，操作方法如下。

　　(1) 选择要设置样式的单元格区域。

单元格的条件格式

　　(2) 在【开始】选项卡的【样式】功能区中单击【单元格样式】按钮右侧的下拉列表，弹出如图 4-17 所示的窗口，单击需要的样式即可套用，设置结果如图 4-18 所示。

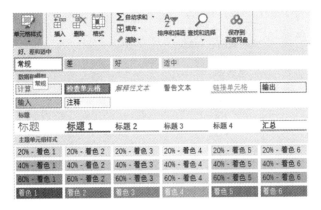

图 4-17   【单元格样式】按钮

图 4-18   单元格样式设置结果

4.2.7   调整行高和列宽

　　如果单元格中的数据过长或者需要显示多行数据时，单元格默认的宽度和高度不能满足需求，这时就要修改单元格的宽度和高度。

1. 调整行高

1) 鼠标左键拖动设置

　　将鼠标指针移动到两行行号的上下边界处，当鼠标指针变成形状时，向下拖动鼠标，这时在上边小窗口中会显示高度信息，如图 4-19 所示。

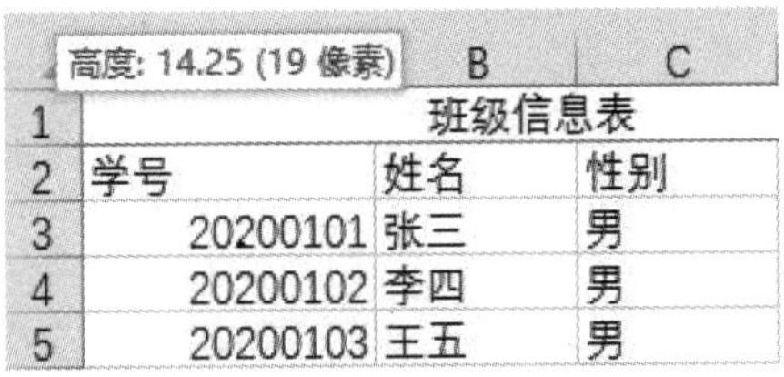

图 4-19   鼠标拖动设置行高

2) 使用【行高】对话框设置

　　首先选中单元格，在【开始】选项卡的【单元格】功能区中单击【格式】按钮下拉列表中的【行高】命令，弹出如图 4-20 所示【行高】对话框，在【行高】输入框中输入数值即可。

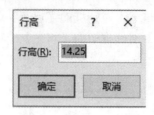

图 4-20　【行高】对话框

2. 调整列宽

1) 鼠标左键拖动设置

将鼠标指针移动到两列列号的左右边界处，当鼠标指针变成 ✛ 形状时，向右拖动鼠标，这时在右边小窗口中会显示调整高度，如图 4-21 所示。

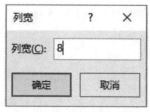

图 4-21　鼠标拖动设置列宽

2) 使用【列宽】对话框设置

首先选中单元格，在【开始】选项卡的【单元格】功能区中单击【格式】按钮下拉列表中的【列宽】命令，弹出如图 4-22 所示【列宽】对话框，在【列宽】输入框中输入数值即可。

图 4-22　【列宽】对话框

4.2.8　查看工作表

本小节介绍 Excel 2016 如何拆分窗口和隐藏、显示窗口。

1. 拆分窗口

当用户在工作表中输入数据量较大时，工作表的标题行会消失，很容易记错各列标题的相对位置，通过拆分窗口可将标题部分保留在屏幕上，只滚动数据部分。拆分窗口还可以在不隐藏行或列的情况下将相隔较远的行或列移动到相近的地方，以便更准确地输入数据，同时可以方便查看数据或进行数据比较。具体操作如下：

(1) 光标定位在需要拆分的位置，在【视图】选项卡的【窗口】功能区中单击【拆分】

按钮。此时工作表被拆分成 4 个小窗口，在光标所在位置的上边和左边出现两条分割线，同时水平和垂直滚动条也都被分成两个，如图 4-23 所示。

图 4-23　拆分窗口

(2) 拖动水平或垂直分割线可以改变小窗口的大小，方法是将鼠标指针放到分割线上，当鼠标指针变成╪时拖动分割线修改上下窗口的大小，当鼠标指针变成╫时拖动分割线修改左右窗口的大小。

(3) 查看完成后可以取消拆分窗口，方法同拆分窗口。

2. 隐藏和显示窗口

为了防止其他人查看工作表中的数据，可以隐藏数据，需要时再将其显示出来。

1) 隐藏窗口

在【视图】选项卡的【窗口】功能区中单击【隐藏】按钮，即可隐藏窗口，隐藏后的窗口界面如图 4-24 所示。

图 4-24　隐藏窗口结果

2) 显示窗口

在【视图】选项卡的【窗口】功能区中单击【取消隐藏】按钮，此时弹出如图 4-25 所示的【取消隐藏】对话框，选择需要显示的工作簿，单击【确定】按钮即可。

图 4-25　【取消隐藏】对话框

4.3　公式和函数的运用

Excel 2016 软件强大的功能之一就是可以对工作表中的数据进行各种复杂的运算，复杂运算的实现就要借助于公式(formula)和函数(function)。Excel 2016 软件内部集成了多种不同类型的函数，能够正确地使用公式和函数对用户操作数据尤为重要。

4.3.1　公式的运用

Excel 2016 中提供了数学运算、关系运算和逻辑运算等操作的相关运算符，将运算符与数据进行正确组合就可以求得需要的结果。一个公式由"="、单元格引用、运算符和常量等元素组成。

1. 输入公式

输入方法：首先将光标定位在相应单元格，输入"="，在"="后面输入运算公式即可。如图 4-26 所示，求数据区域"D3:H3"的和，在 I3 单元格中输入"=D3+E3+F3+G3+H3"按【Enter】键(或单击编辑栏 ✓ 按钮)即可自动得到运算结果。

SUM		▼	:	×	✓	fx	=D3+E3+F3+G3+H3		
◢	A	B	C	D	E	F	G	H	I	J
1						学生期末考试成绩表				
2	学号	姓名	性别	高等数学	大学英语	计算机基础	体育	程序设计基础	总分	平均分
3	2020001	张海	男	80	78	85	70	75	=D3+E3+F3+G3+H3	
4	2020002	李丽	女	82	76	79	72	76		
5	2020003	刘思源	男	75	68	78	80	65		
6	2020004	李嘉诚	男	64	60	70	75	70		
7	2020005	张安	男	70	75	79	80	71		
8	2020006	刘晓庆	女	78	80	82	83	78		
9	2020007	马斯	男	60	50	70	80	64		
10	2020008	赵宇	男	90	85	93	81	82		
11	2020009	李煜	女	93	90	91	76	80		

图 4-26　用公式求和

2. 填充公式

Excel 2016 中同一列或同一行使用相同的运算公式时，我们可以使用公式填充功能，上例中图 4-26 已经计算出张海同学的总成绩，要求计算其他同学的总成绩。操作方法：首先选中 I3 单元格，将鼠标移动到单

引用单元格

元格右下角的小方格上，按住鼠标左键不放，向下拖动到指定单元格，松开鼠标可自动填充其他同学的总成绩。计算结果如图 4-27 所示。

	A	B	C	D	E	F	G	H	I
1					学生期末考试成绩表				
2	学号	姓名	性别	高等数学	大学英语	计算机基础	体育	程序设计基础	总分
3	2020001	张海	男	80	78	85	70	75	388
4	2020002	李丽	女	82	76	79	72	76	385
5	2020003	刘思源	男	75	68	78	80	65	366
6	2020004	李嘉诚	男	64	60	70	75	70	339
7	2020005	张安	男	70	75	79	80	71	375
8	2020006	刘晓庆	女	78	80	82	83	78	401
9	2020007	马斯	男	60	50	70	80	64	324
10	2020008	赵宇	男	90	85	93	81	82	431
11	2020009	李煜	女	93	90	91	76	80	430

图 4-27　用填充公式求和

4.3.2　函数的运用

案例：制作学生
期末考试成绩表

函数是 Excel 2016 预先定义好具有特定功能的公式组合。Excel 2016 提供了 200 多个内部函数，包括数学和三角函数、统计函数、逻辑函数、查询和引用函数、工程函数、日期和时间函数，及用户自定义函数等。函数作为 Excel 处理数据的一个最重要手段，功能是十分强大的，甚至可以用 Excel 来设计复杂的统计管理表格或者小型的数据库系统。尤其对于会计学、统计学等学科有较强的实用意义。一个函数由函数名和参数组成。引用函数时须在函数前加等号"="。下面介绍 Excel 2016 所提供几个常用的函数。

1. 求和函数 SUM( )

SUM( )是 Excel 函数中最为常用的函数之一，用于求一组数值的和。常用的函数使用方法有三种。下面通过求在"学生期末考试成绩表"中的数据区域"I3:I11"中计算学生的总分来说明如何使用求和函数。操作方法：首先单击 I3 单元格，然后单击【公式】选项卡的【函数库】功能区中的【自动求和】按钮，在弹出的子菜单中选择【求和】命令，再选择"D3:H3"区域，按【Enter】键即可求出总分。再依次填充其他学生的总分。计算结果如图 4-28 所示。

SUM	▼	⋮	×	✓	fx	=SUM(D3:H3)			

	A	B	C	D	E	F	G	H	I
1					学生期末考试成绩表				
2	学号	姓名	性别	高等数学	大学英语	计算机基础	体育	程序设计基础	总分
3	2020001	张海	男	80	78	85	70	75	=SUM(D3:H3)
4	2020002	李丽	女	82	76	79	72	76	385
5	2020003	刘思源	男	75	68	78	80	65	366
6	2020004	李嘉诚	男	64	60	70	75	70	339
7	2020005	张安	男	70	75	79	80	71	375
8	2020006	刘晓庆	女	78	80	82	83	78	401
9	2020007	马斯	男	60	50	70	80	64	324
10	2020008	赵宇	男	90	85	93	81	82	431
11	2020009	李煜	女	93	90	91	76	80	430

图 4-28　利用求和公式计算学生总分

2. 求平均值函数 AVERAGE( )

AVERAGE( )函数用于求一组数值的算术平均值。公式使用的方法和上述介绍的SUM( )

公式的使用方法一致。例如，在"学生期末考试成绩表"中数据区域"J3:J11"列中计算每位学生的平均分。首先单击 J3 单元格，然后单击【公式】选项卡的【函数库】功能区中的【自动求和】按钮，在弹出的子菜单中选择【平均值】命令，再选择"D3:H3"区域，按【Enter】键即可求出平均值。再将其他学生的平均分依次填充。计算结果如图 4-29 所示。

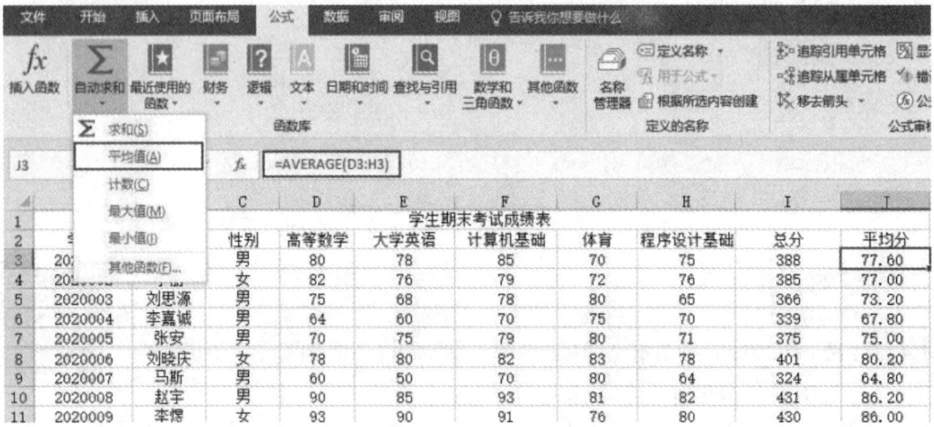

图 4-29　学生的平均分计算结果

3. 计数函数 COUNT( )

COUNT( )函数用于计算区域中包含数字的单元格的个数。文本型数据和字符型数据均不能参与公式的计算。公式使用的方法和上述介绍的 SUM 公式的使用方法一致。例如，在"学生期末考试成绩表"的 F12 单元格中计算学生的总人数。首先单击 F12 单元格，然后单击【公式】选项卡的【函数库】功能区中的【自动求和】按钮，在弹出的子菜单中选择【计数】命令，再选择"I3:I11"区域，按【Enter】键即可求出学生人数，如图 4-30 所示。

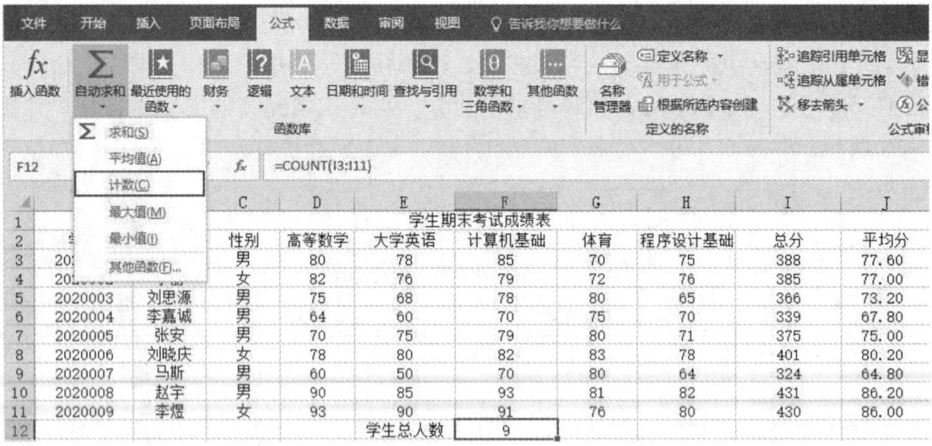

图 4-30　学生总人数计算结果

4. 求最大值 MAX( )和最小值 MIN( )函数

MAX( )函数和 MIN( )函数分别用于返回一组数值中的最大值和最小值。公式使用的方法和上述介绍的 SUM( )公式的使用方法一致。例如，在"学生期末考试成绩表"的 H12 和 J12 中分别计算出总分最高的同学和总分最低的同学。首先单击 H12 单元格，然后单击

【公式】选项卡的【函数库】功能区中的【自动求和】按钮，在弹出的子菜单中选择【最大值】命令，再选择数据区域"I3:I1"，按【Enter】键即可求出最大值，如图 4-31 所示。同样的方法计算出最小值，如图 4-32 所示。

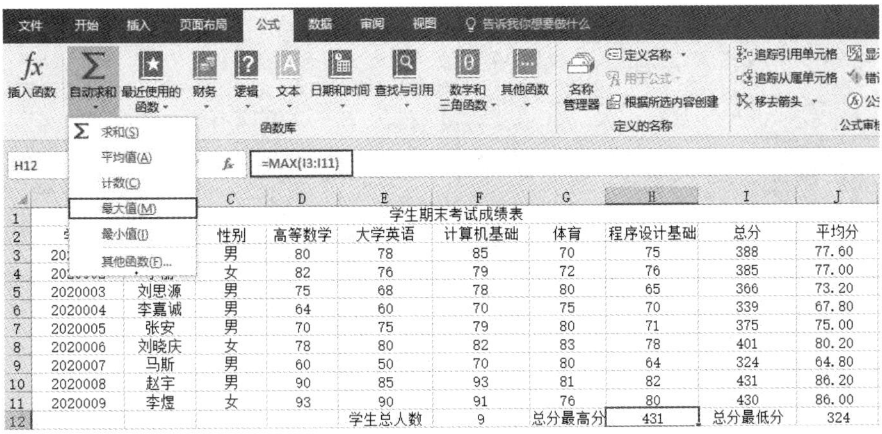

图 4-31　计算总分最高分结果

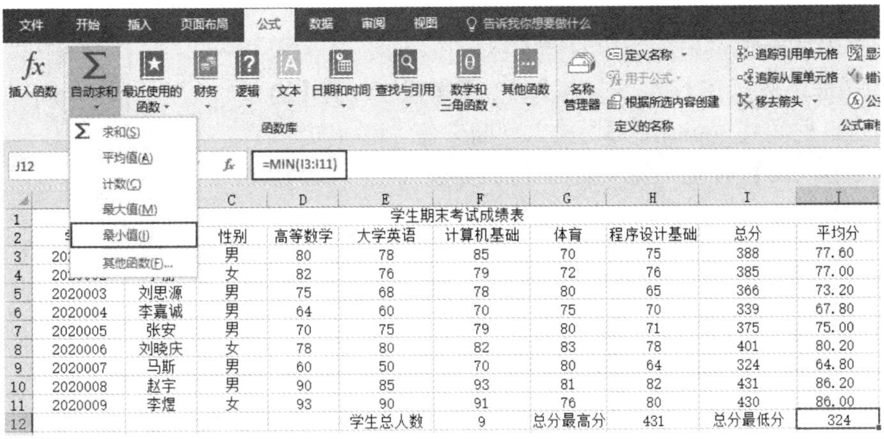

图 4-32　计算总分最低分结果

5. 条件函数 IF( )

根据条件填充数据，如果符合指定条件计算结果为 TRUE(即为真值)，如果不符合指定条件计算结果为 FALSE(即为假值)。例如，在数据区域"K3:K11"这一列单元格中将"学生期末考试成绩表"中学生总成绩进行等级划分。如果学生总成绩大于 400 分，等级为优秀，否则学生总成绩等级为及格，操作过程如下：

(1) 打开"学生期末考试成绩表"，单击 K3 单元格。

(2) 单击 Excel 编辑框旁边的 ƒ 图标，在弹出的【插入函数】对话框中选择 IF 函数后单击【确定】按钮，弹出【函数参数】对话框，在【Logic_test】中输入判断条件"I3>400"，在【Value_if_true】中输入条件为真时的结果"优秀"，在【Value_if_false】中输入条件为假时的结果"及格"，单击【确定】按钮即可。再将其他学生的成绩等级依次填充。函数运行结果如图 4-33 所示。

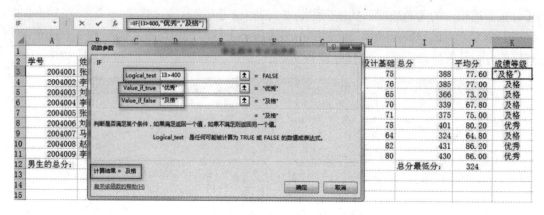

图 4-33　IF 函数计算成绩等级结果

在实际应用当中，我们遇到问题的条件不止一个，这时就需要使用多层 IF 嵌套语句。例如，在数据区域"K3:K11"这一列单元格中将"学生期末考试成绩表"中学生总成绩进行等级划分。如果学生总成绩大于 400 分，等级为优秀；总成绩在 380～400 分之间，等级为良好，总成绩小于 380 分，等级为及格，操作过程如下：

(1) 打开"学生期末考试成绩表"，单击 K3 单元格。

(2) 单击 Excel 编辑框旁边的 f_x 图标，在弹出的【插入函数】对话框中选择 IF 函数后单击【确定】按钮进入到【函数参数】对话框，在【Logic_test】中输入判断条件"I3>400"，在【Value_if_true】中输入条件为真时的结果"优秀"，在

按条件求和函数 SUMIF( )

【Value_if_false】中输入条件为假时的结果"IF(AND(I3>380, I3<=400), "良好", "及格")"，单击【确定】按钮即可。其中 AND( )函数是一个逻辑函数，它返回的是 TRUE 或者是 FALSE。将其他学生的成绩等级向下进行填充。函数运行结果如图 4-34 所示。

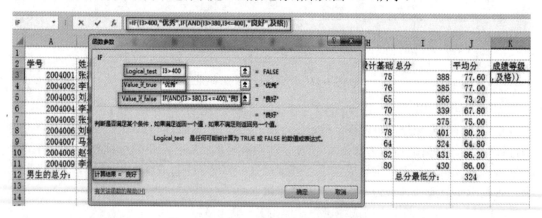

图 4-34　多层 IF 嵌套计算成绩等级结果

6. 排名函数 RANK( )

RANK( )函数是求某一个数值在某一区域内一组数值中的排名。例如，在 K3 单元格中计算"学生期末考试成绩表"中每位同学的排名，操作过程如下：

(1) 单击 K3 单元格。

(2) 单击 Excel 编辑框旁边的 ƒx 图标，在弹出的【插入函数】对话框中使用【转到】功能找到 RANK 函数后单击【确定】按钮进入到【函数参数】对话框，在【Number】中输入统计范围"I3"，即要查找排名数字所在的单元格。在【Ref】中输入"I\$3:I\$11"，表示引用的数据列，在这里，由于 Excel 的填充序列功能，使用混合引用使数据列不随着行的变化而变化。在【Order】中输入"0"或者不输入。单击【确定】按钮。其中【Order】输入框有"1"和"0"两种："0"表示降序排列，即从大到小排名，"1"表示升序排列，即从小到大排名。"0"默认不用输入，得到的就是从大到小的排名。将其他学生的排名向下进行填充，计算结果如图 4-35 所示。

图 4-35　RANK 函数计算学生排名结果

4.4　数据分析处理

Excel 2016 具有强大的数据分析处理功能。数据处理包括对工作表的数据进行排序(sort)、筛选(screen)和分类汇总等。Excel 2016 还可以根据用户提供的数据建立图表、数据透视表，使数据分类一目了然，具有实用性强、方便灵活等特点。

4.4.1　数据排序

将一组数据按照一定规律进行排列称为数据排序。数据排序有助于阅读者快速查看和理解数据信息，它的作用是根据用户的需要使用户更加清晰地看到数据。数据排序也是数据分析处理的基础，分类汇

多条件排序

总前必须对数据进行数据排序处理。Excel 2016 中提供了单条件排序和多条件排序两种方法。这里只介绍单条件排序，多条件排序见二维码，供有兴趣的学生学习参考。

只按照一个关键字进行排序称为单条件排序，排序的方式可以是升序(从小到大)或降序(从大到小)。具体操作方法有如下两种：

方法 1：单击数据区域中任意单元格，在【开始】选项卡的【编辑】功能区中单击【排序和筛选】按钮，如图 4-36 所示，如果想升序排序，则选择【升序】，否则选择【降序】，

即可完成单条件排序。

图 4-36　【开始】选项卡中的【排序和筛选】

　　方法 2：选中数据区域中任意单元格，单击【数据】选项卡的【排序和筛选】功能区中的【排序】按钮，在【排序】对话框中选择【主要关键字】和【升序】或【降序】次序即可完成筛选，如图 4-37 所示。

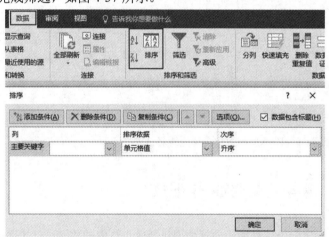

图 4-37　【数据】选项卡中的【排序和筛选】

条件数据选色

4.4.2　数据筛选

高级筛选

　　Excel 2016 所提供的数据筛选功能，可以让用户根据指定条件，从大量数据中选出符合条件的数据。工作表中显示经过筛选出来满足条件的数据，隐藏不满足条件的数据进行，用户可以对这些数据进行格式的重新设置、图表的建立和打印筛选结果等操作。Excel 2016 提供了自动筛选和高级筛选两种方法，以下就自动筛选进行具体介绍。高级筛选见二维码，供有兴趣的学生学习参考。

　　自动筛选是指将数据清单中按照一个或多个条件筛选出满足条件的某数据列的值。自动筛选分为单条件筛选和多条件筛选两种。

1. 单条件筛选

　　单条件筛选是指将符合单一条件的数据筛选出来，此功能允许在筛选条件中出现不等值的情况。例如，对工作表“选修课成绩单”内的数据清单的内容进行自动筛选，条件为选择系别“计算机”。原表如图 4-38 所示。

	A	B	C	D	E
1	选修课成绩单				
2	系别	学号	姓名	课程名称	成绩
3	信息	991021	李新	多媒体技术	74
4	计算机	992032	王文辉	人工智能	87
5	自动控制	993023	张磊	计算机图形学	65
6	经济	995034	郝心怡	多媒体技术	86
7	信息	991076	王力	计算机图形学	91
8	数学	994056	孙英	多媒体技术	77
9	自动控制	993021	张在旭	计算机图形学	60
10	计算机	992089	金翔	多媒体技术	73
11	计算机	992005	扬海东	人工智能	90
12	自动控制	993082	黄立	计算机图形学	85
13	信息	991062	王春晓	多媒体技术	78
14	经济	995022	陈松	人工智能	69
15	数学	994034	姚林	多媒体技术	89
16	信息	991025	张雨涵	计算机图形学	62
17	自动控制	993026	钱民	多媒体技术	66
18	数学	994086	高晓东	人工智能	78
19	经济	995014	张平	多媒体技术	80
20	自动控制	993053	李英	计算机图形学	93

图 4-38 “选修课成绩单”原表

具体操作过程如下：

(1) 打开文档“选修课成绩单”。

(2) 选中数据区域中任意单元格，在【数据】选项卡【排序和筛选】功能区中单击【筛选】按钮，在每个字段名后会出现一个下拉箭头，如图 4-39 所示。

	A	B	C	D	E
1	选修课成绩单				
2	系别	学号	姓名	课程名称	成绩
3	自动控制	993023	张磊	计算机图形学	65
4	自动控制	993021	张在旭	计算机图形学	60
5	自动控制	993082	黄立	计算机图形学	85
6	自动控制	993053	李英	计算机图形学	93
7	自动控制	993026	钱民	多媒体技术	66
8	信息	991021	李新	人工智能	87
9	信息	991076	王力	计算机图形学	91
10	信息	991025	张雨涵	计算机图形学	62
11	信息	991021	李新	多媒体技术	74
12	信息	991062	王春晓	多媒体技术	78
13	数学	994086	高晓东	人工智能	78
14	数学	994027	黄红	人工智能	68
15	数学	994056	孙英	多媒体技术	77
16	数学	994034	姚林	多媒体技术	89
17	经济	995022	陈松	人工智能	69
18	经济	995034	郝心怡	多媒体技术	86
19	经济	995014	张平	多媒体技术	80
20	计算机	992032	王文辉	人工智能	87
21	计算机	992005	扬海东	人工智能	90

图 4-39 选择自动筛选后的选修课成绩单

(3) 单击“系别”下拉箭头▾，在弹出的子菜单中只勾选“计算机”，如图 4-40 所示。单击【确定】按钮即可。

筛选结果如图 4-41 所示。

图 4-40　勾选"计算机"　　　　　　图 4-41　单条件筛选结果

2. 多条件筛选

多条件筛选是指将多个符合特定条件的数据筛选出来，其方法就是先进行单条件筛选，再在筛选结果的基础上依次进行其他条件的筛选，筛选结果的数据会根据条件的增多越来越少。例如，对工作表"选修课成绩单"内的数据清单的内容进行自动筛选，条件为① 选择课程名称"计算机图形学"；② 选择成绩大于或等于 60 并且小于或等于 80。原表如图 4-38 所示。

具体操作过程如下：

(1) 打开"选修课成绩单"。

(2) 选中数据区域中任意单元格，在【数据】选项卡【排序和筛选】功能区中单击【筛选】按钮，在每个字段名后会出现一个下拉箭头。如图 4-39 所示。

(3) 单击"课程名称"下拉箭头，在弹出的子菜单中只勾选"计算机图形学"，如图 4-42 所示。单击【确定】按钮即可。

图 4-42　勾选"计算机图形学"

(4) 在筛选后的数据清单中，单击"成绩"下拉箭头 ⏷，在弹出的子菜单中选择【数字筛选】命令项，弹出如图 4-43 所示的【自定义自动筛选方式】对话框。设置条件为【成绩】【大于或等于】"60"【与】【小于或等于】"80"，单击【确定】按钮即可完成筛选。筛选结果如图 4-44 所示。

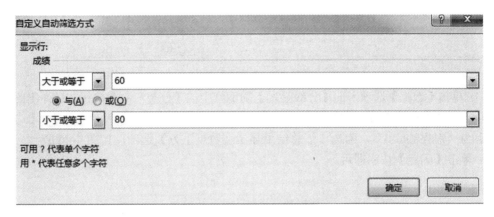

图 4-43　【自定义自动筛选方式】对话框条件设置

	A	B	C	D	E
1	选修课成绩单				
2	系别	学号	姓名	课程名称	成绩
5	自动控制	993023	张磊	计算机图形学	65
9	自动控制	993021	张在旭	计算机图形学	60
16	信息	991025	张雨涵	计算机图形学	62

图 4-44　多条件筛选结果

4.4.3　分类汇总

分类汇总是根据用户的需求，对工作表中的数据中的某个字段进行分类，统计出同一类的相关信息，分类汇总的结果插入到相应类别数据行的最上端和最下端。Excel 2016 提供了求和、平均值、最大值、最小值等汇总函数。值得注意的是，在分类汇总之前，要根据一个以上的字段进行排序。

例如，对工作表"某图书销售公司销售情况表"内的数据清单的内容进行分类汇总。分类汇总前先按主要关键字"经销部门"进行升序排序、次要关键字"图书类别"进行升序排序。分类字段为"经销部门"，汇总方式为"求和"，汇总项为"销售额"，汇总结果显示在数据下方，将执行分类汇总后的工作表保存在原工作表。具体操作过程如下：

(1) 打开"某图书销售公司销售情况表"。

(2) 选中数据区域中任意一个单元格，单击【数据】选项卡的【排序和筛选】功能区中的【排序】按钮，选择【添加条件】，在【主要关键字】下拉列表中选择"经销部门"，【次序】选择"升序"，【次要关键字】下拉列表中选择"图书类别"，【次序】选择"升序"，如图 4-45 所示。点击【确定】按钮即可完成分类汇总之前的排序。

图 4-45　【排序】条件

(3) 单击【数据】选项卡的【分级显示】功能区中的【分类汇总】按钮，在弹出的【分类汇总】对话框中设置【分类字段】为"经销部门"，【汇总方式】为"求和"，【选定汇总项】为"销售额(元)"，勾选【汇总结果显示在数据下方】选项，如图 4-46 所示。设置完成后单击【确定】按钮即可。

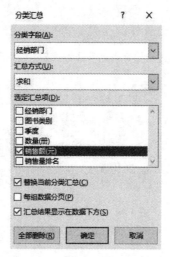

图 4-46　【分类汇总】对话框

(4) 分类汇总后的效果图如图 4-47 所示。

	A	B	C	D	E	F
1		某图书销售公司销售情况表				
2	经销部门	图书类别	季度	数量(册)	销售额(元)	销售量排名
4	第1分部	计算机类	3	323	22610	5
5	第1分部	少儿类	4	342	10260	3
6	第1分部	社科类	2	435	21750	1
7	第1分部	社科类	3	324	16200	4
8	第1分部 汇总				70820	
11	第2分部	计算机类	2	256	17920	8
13	第2分部	计算机类	3	234	16380	10
14	第2分部	社科类	1	167	8350	19
16	第2分部	社科类	4	219	10950	12
17	第2分部	社科类	2	211	10550	14
19	第2分部 汇总				64150	
20	第3分部	少儿类	2	321	9630	6
21	第3分部	少儿类	4	432	12960	2
22	第3分部	社科类	4	213	10650	13
23	第3分部	社科类	3	189	9450	17
24	第3分部	社科类	2	242	7260	9
25	第3分部	社科类	3	287	14350	7
26	第3分部 汇总				64300	
27	总计				199270	

图 4-47　分类汇总结果

案例：制作教师工资管理表

4.5　图　表　操　作

图表是将工作表中的数据以图的形式表现出来，使数据更加直观、易懂。图形化能准确直观地反映出数据之间的关系，可以直接观察数据的分布和变化趋势，从而可以快速准确地得出结论。当工作表中的数据发生变化时，图表中的对应项的数据也会自动更新。除此之外，Excel 2016 还能将数据创建成数据图，可以插入、制作各种图形，使工作表中的数据、文字、图文并茂地显示。

4.5.1　创建图表

在实际工作中，使用 Excel 时，都是以表格的形式去分析处理数据的，但对于表格数据，我们很难分清或者找出数字之间的相互关系，而创建图表可以完美解决这个问题。

创建图表

1. Excel 2016 中的图表

Excel 2016 为用户提供了 15 种内部的图表类型，每一种类型又有多种子类型，还提供了自定义图表，用户可以根据实际需求，选择系统提供的图表或者自定义图表。在这些图表中包括二维表和三维表两种。用户可以通过【插入】选项卡中【图表】功能区进行选择。

2. 图表类型

Excel 2016 为用户提供了包括柱形图、折线图、饼图、条形图、面积图、XY 散点图，以及其他图表类型，如图 4-48 所示。常用的图表具体功能介绍如下所述。

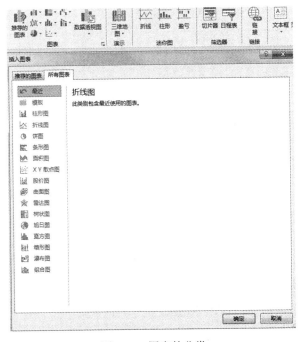

图 4-48　图表的分类

(1) 柱形图：用于显示一段时间内的数据变化或显示各项之间的比较情况。

(2) 折线图：可显示随时间而变化的连续数据，非常适用于显示在相等时间间隔下数据的趋势。

(3) 饼图：圆饼形状显示一个数据系列中各项的大小与各项总和的比例。饼图中的数据点显示为整个饼图的百分比。

(4) 条形图：显示各个项目之间的比较情况。

(5) 面积图：强调数量随时间而变化的程度，也可用于引起人们对总值趋势的注意。

(6) XY 散点图：显示若干数据系列中各数值之间的关系，或者将两组数绘制为 XY 坐标的一个系列。

(7) 其他图表：其他图表包括股价图、曲面图、雷达图、旭日图、直方图、箱形图、瀑布图、树状图和组合等图表的类型。

4.5.2　图表的组成

图表主要由图表区、绘图区、图表标题、坐标轴、数据系列和图例等元素组成，如图 4-49 所示。其中图表标题、坐标轴标题、图例都在【图表工具】选项卡的【标签】功能区中。坐标轴和网格线在【坐标轴】功能区中。在饼图或其他图表中时常用到显示数据的具体百分比，可在【标签】功能区中的【数据标签】按钮中设置。

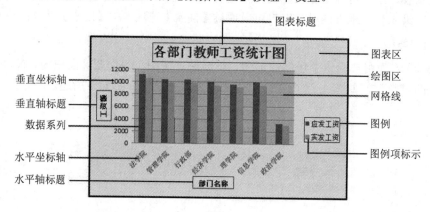

图 4-49　图表组成元素

4.5.3　图表的编辑

生成的图表有时不一定令人满意，因此根据实际情况，修改图表的各组成元素的格式得到表现力更强的图表。对图表的编辑通常包括更改图表数据区域、图表类型、图表布局、图表样式、图表位置和图表格式等。

案例：制作食堂
3 月份销售情况图

1. 更改图表数据区域

在此编辑项中我们可以重新选择数据源、切换图表行和列、编辑图例项和编辑水平轴标签。例如，如图 4-50 所示，要求去掉"各部门教师工资统计图"图表中"应发工资"项有以下两种实现方法。

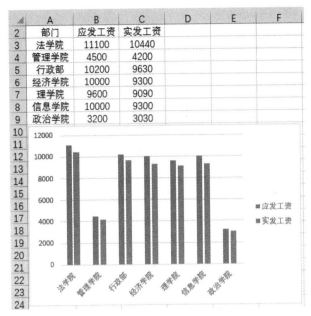

更改图表格式

更改图表位置

图 4-50　各部门教师工资统计图

　　方法 1：在"各部门教师工资统计表"的数据区域中删除"应发工资"列，即可完成操作。

　　方法 2：右键单击"各部门教师工资统计图"，在弹出的子菜单中选择【选择数据】命令，弹出如图 4-51 所示的【选择数据源】对话框。在对话框的"图例项(系列)"选中"应发工资"，然后单击【删除】按钮，即可去掉"应发工资"项，得到如图 4-52 所示图表。

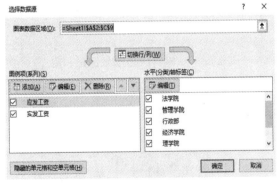

图 4-51　【选择数据源】对话框

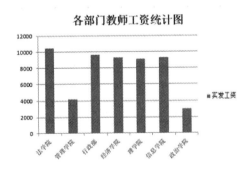

图 4-52　去掉"应发工资"的图

2. 更改图表类型

　　在实际应用过程中，为了更加清晰地表示数据的趋势，用户可以根据需求更改图表的类型。例如，将图 4-50 由簇状柱形图改为簇状水平圆柱图。

　　具体操作步骤：右键单击"各部门教师工资统计图"，在弹出的子菜单中选择【更改图表类型】命令，弹出如图 4-53 所示的【更改图表类型】对话框，在对话框中选择"三维饼图"，即可得到如图 4-54 所示的三维饼图。

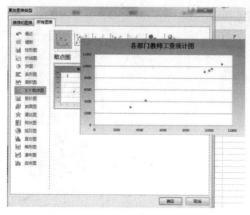
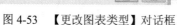

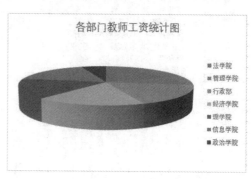

图 4-53　【更改图表类型】对话框　　　图 4-54　"各部门教师工资统计图"三维饼图

3. 更改图表布局和图表样式

系统为用户提供了 15 种图表的布局方式和 59 种样式，用户可以根据自己的实际需要进行选择和变化。例如，将图 4-54 的图表布局由"布局 7"改为"布局 5"。图表样式由"样式 1"改为"样式 35"。

具体操作步骤：首先选中图表，出现【图表工具】选项卡，如图 4-55 所示，单击【设计】选项卡的【图表布局】功能区中的【布局 5】，得到如图 4-56 所示图表。在【设计】选项卡的【图表样式】功能区中选择【样式 35】，得到如图 4-57 所示图表。

图 4-55　【图表工具】选项卡

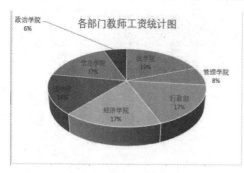

图 4-56　【布局 5】的"各部门教师工资统计图"　图 4-57　【样式 35】的"各部门教师工资统计图"

4.6　数据透视表和数据透视图

数据透视表和数据透视图是一种对大量数据快速汇总与建立交叉列表和图表的交互式动态表格和图表，用户可以在其中进行求和、计数等计算。可以帮助用户分析、组织已有数据，是 Excel 2016 中数据分析的重要组成部分。

4.6.1　数据透视表的创建

数据透视表是一种交互式的表，可以进行某些计算。数据透视表可以动态地改变版面布置，也可以重新安排行号、列标和页字段。

1. 创建数据透视表

下面通过具体案例来说明创建数据透视表的过程。例如，对工作表"图书订购单"内数据清单的内容建立数据透视表,按行标签为"使用学期"和"出版社",数据为"定价"和"数量"求和布局，并置于现工作表的"A14:C31"单元格区域，并保存于原工作表。工作表如图 4-58 所示。

序号	书名	作者	出版社	ISBN	出版日期	定价	数量	使用学期
				图书订购单				
1	计算机导论	陈明	清华大学出版社	9787302182	2009/3/1	28	50	第1学期
2	Java 语言程序设计	郎波	清华大学出版社	9787302102	2005/6/1	38	30	第2学期
3	嵌入式系统基础教程(第2版)	俞建新	机械工业出版社	9787111472	2015/1/1	49	30	第3学期
4	大学计算机基础教程	赵莉	机械工业出版社	9787111472	2014/9/1	37	45	第1学期
5	大学计算机基础实验教程	方昊	机械工业出版社	9787111472	2014/9/1	26	45	第1学期
6	PHP实用教程（第2版）	郑阿奇	机械工业出版社	9787121242	2014/9/1	45	52	第3学期
7	笔记本电脑维修高级教程（芯片级）	唐学斌	电子工业出版社	9787121112	2010/8/1	32	35	第2学期
8	电脑组装.维修.反病毒（第4版）	胡存生	电子工业出版社	9787121092	2009/2/1	32	38	第2学期
9	SQL Server实用教程（第4版）	刘启芬	机械工业出版社	9787121232	2014/8/1	39	60	第2学期
10	软件工程概论 第2版	郑人杰	机械工业出版社	9787111472	2014/11/1	45	30	第3学期

图 4-58　图书订购单

选择创建数据透视表的数据区域后，具体操作步骤如下所示。

(1) 选择【插入】选项卡的【表格】功能区中的【数据透视表】按钮，选中【数据透视表】命令，会弹出【创建数据透视表】对话框，如图 4-59 所示。

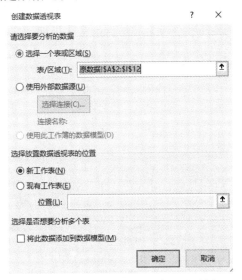

图 4-59　【创建数据透视表】对话框

(2) 选择需要分析的数据区域，即"A2:H12"，数据区域一般是工作表内部的数据，也可以使用外部链接数据源。

(3) 选择【选择放置数据透视表的位置】中【现有工作表】项，输入现有工作表的位置，即"A14:C31"，单击【确定】按钮，就完成了空的数据透视表的创建，如图 4-60 所示。

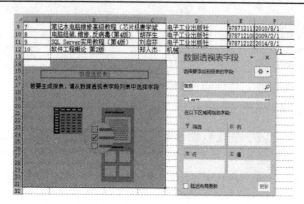

图 4-60   创建空的数据透视表

2. 为数据透视表添加数据

完成数据透视表的创建后，会在工作表的指定区域出现一个空白表格，用于为表格添加行标签、列标签、数值项等。具体如下：

行字段：在数据透视表的行方向显示出来。

列字段：在数据透视表的列方向显示出来。

值字段：在数据透视表中的上方显示出来，用于筛选不同的数据进行统计。

为数据透视表添加数据的步骤如下：

(1) 如图 4-60 所示，在工作表右侧的【数据透视表字段】中的【选择要添加到报表的字段】，按要求将字段添加到行标签、列标签和求和项中。在对话框中勾选"出版社""定价""数量"和"使用学期"字段项，将"使用学期"和"出版社"添加到【行】，将"数量"和"定价"添加到【值】，如图 4-61 所示。

(2) 完成后关闭【数据透视表字段】对话框，会出现如图 4-62 所示的数据透视表。

行标签	求和项：数量	求和项：定价
⊟第1学期	140	91
机械工业出版社	90	63
清华大学出版社	50	28
⊟第2学期	163	141
电子工业出版社	133	103
清华大学出版社	30	38
⊟第3学期	112	139
电子工业出版社	52	45
机械工业出版社	60	94
总计	415	371

图 4-61   添加数据透视表字段   图 4-62   "图书订购单"数据透视表

4.6.2　数据透视图的创建

数据透视图是将数据透视表中的数据图形化，比如条形图、曲线图、圆饼图等，能方便地查看、比较和分析数据。例如，将上述"图书订购单"创建数据透视图。

具体操作步骤如下：

(1) 选择数据区域任意单元格。

(2) 单击【插入】选项卡的【图表】功能区中的【数据透视表】按钮，选中【数据透视图】命令。会弹出一个【创建数据透视表及数据透视图】对话框，选择数据区域和数据透视图放置的区域。单击【确定】按钮后会出现和建立数据透视表类似的界面，在原有的基础上增加了一个图表区域，如图 4-63 所示。

图 4-63　生成数据透视图提示

按照生成数据透视表的方法在工作表的右侧【数据透视图字段】中的【选择要添加到报表的字段】中勾选"出版社""定价""数量"和"使用学期"字段项，将"使用学期"和"出版社"添加到【轴】中，将"数量"和"定价"添加到【值】中，如图 4-64 所示。

设置完成后关闭对话框，出现如图 4-65 所示的数据透视图。图表的布局、样式和各组成元素的格式都可以修改，用户可参考 4.5.3 节。

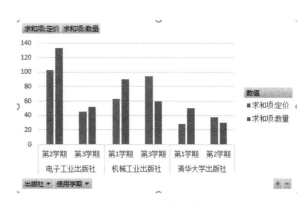

图 4-64　添加数据透视图字段　　　　　　图 4-65　"图书订购单"数据透视图

4.7　综合应用案例

前面详细介绍了 Excel 2016 的基本操作、公式和函数、数据分析、图表操作和数据透视表等操作，读者应该在熟悉内容的基础上多次实践，以达到掌握技能、熟练操作的目的。下面我们通过制作企业人力资源管理中的基本信息图表，巩固本章所学习的相关操作。

4.7.1　制作“员工基本信息表”

任务要求：

(1) 参照图 4-66，创建“员工基本信息表”，工作簿名为“企业人力资源管理”，工作表名为“员工基本信息表”。

	A	B	C	D	E	F	G	H
1	员工基本信息表							
2	工号	姓名	性别	所属部门	职务	地址	联系电话	邮箱
3	20130101	百佳	女	行政部	经理	河北邢台	13012323412	baijia@126.com
4	20130102	龚秦	男	市场部	经理	河北唐山	18009845623	gongqin@163.com
5	20130103	王皓雨	男	产品部	经理	山西太原	18612122145	whaoyu@126.com
6	20130104	白佳丽	女	后勤部	经理	湖北武汉	18823401023	baixiaojia@163.com
7	20130105	秦晓宇	男	技术一部	技术员	湖南岳阳	18003290001	qinxy@163.com
8	20130106	冯子振	男	技术二部	技术员	海南	18003390002	fengzz@163.com
9	20130107	景天	男	行政部	职员	天津	18912340091	jingtian@126.com
10	20130108	牛子佳	男	行政部	职员	北京	18923410056	niuniu@qq.com
11	20130109	欧阳雅	女	市场部	职员	浙江杭州	18312340087	ouyang@qq.com
12	20130110	吉田	男	技术一部	经理	江苏苏州	18802201234	jtian@126.com
13	20130111	伯仲	男	后勤部	职员	江苏南京	18800021001	bozhong@163.com
14	20130112	东儿	男	后勤部	职员	河北石家庄	13131102345	donger@126.com
15	20130113	居然	女	产品部	职员	河南郑州	13123451009	juran@163.com
16	20130114	那厮沓	男	产品部	职员	四川成都	13812345123	nast@qq.com
17	20130115	屈远	男	市场部	职员	河北石家庄	18902330125	quyuan@126.com

图 4-66　员工基本信息表

(2) 按照图 4-66 所示的数据内容输入数据。其中“工号”和“联系电话”列的数据类型为文本；标题“员工基本信息表”放置在“A1:H1”数据区域，合并且居中，行高为 28 磅。标题文字字体为宋体加粗、字号为 18、颜色红色，标题行背景颜色为蓝色、淡色 80%。

(3) 字段行文字字体为宋体、加粗、字号为 12，字段行背景颜色为橙色、淡色 80%。

(4) 内容区域“A3:H17”单元格的背景颜色为橄榄色、淡色 60%。数据区域“A1:H17”单元格边框颜色为绿色。

具体操作步骤如下：

(1) 打开 Excel 2016，新建工作簿，保存工作簿，工作簿名为“企业人力资源管理”。

(2) 打开 Sheet1 工作表，重命名 Sheet1 工作表标签名为“员工基本信息表”。

(3) 参照图 4-66 向工作表中添加数据信息。选中“工号”列和“联系电话”列，单击鼠标右键，打开【设置单元格格式】对话框，切换到【数字】选项卡，在分类中选择【文本】项，单击【确定】按钮即可。

(4) 选中标题行数据区域“A1:H1”，单击【开始】选项卡的【对齐方式】功能区中的【合并后居中】按钮，合并“A1:H1”单元格。单击【单元格】功能区中【格式】命令按钮，在弹出的子菜单中选择【行高】命令，设置标题行行高为 28 磅。

（5）右键单击标题行，在弹出的子菜单中选择【设置单元格格式】命令，在打开的对话框中选择【字体】选项卡，设置【字体】为"宋体"，【字形】为"加粗"，【字号】为"18"，【颜色】为红色。打开【填充】选项卡，设置【背景色】为"蓝色，淡色 80%"。

（6）选择"A2:H2"单元格，参照(5)，设置单元格中字体为宋体、加粗，字号为 12，设置单元格【背景色】为"橙色，淡色 80%"。

（7）选择"A3:H17"单元格，单击鼠标右键，在弹出的子菜单中选择【设置单元格格式】命令，在打开的对话框中选择【填充】选项卡，设置【背景色】为"橄榄色，淡色 60%"。

（8）选择"A1:H17"单元格，单击鼠标右键，在弹出的子菜单中选择【设置单元格格式】命令，在打开的对话框中选择【边框】选项卡，设置单元格边框颜色为"绿色"。

4.7.2　对"员工基本信息表"进行数据处理

任务要求：

（1）对"员工基本信息表"的数据进行排序，要求按照主要关键字"所属部门"升序排序，按照次要关键字"职务"升序排序。

（2）在 Sheet2 中对数据进行自动筛选，要求筛选出所有职务为"经理"，性别为"女"的员工信息。

（3）在 Sheet3 中对数据进行高级筛选，要求筛选出所属部门为"产品部"，并且职务为"职员"的员工信息，条件区域在"A19:B20"单元格中，在原有区域显示筛选结果。

具体操作步骤如下：

（1）打开"员工基本信息表"，选取数据区域任意单元格，单击【数据】选项卡的【排序和筛选】功能区中的【排序】按钮，点击【添加条件】按钮，设置【主要关键字】为"所属部门"，【排序依据】默认，【次序】为"升序"，【次要关键字】为"职务"，【排序依据】默认，【次序】为"升序"，如图 4-67 所示。

图 4-67　【排序】条件设置

（2）把"员工基本信息表"所有数据复制到 Sheet2 工作表，选取数据区域任意单元格，在【数据】选项卡的【排序和筛选】功能区中选择【筛选】按钮，在每个字段名后会出现一个下拉按钮，单击"职务"字段右边下拉按钮，在弹出的列表中只勾选"经理"项，单击【确定】按钮。再单击"性别"字段右边下拉按钮，在弹出的列表只勾选"女"项，单击【确定】按钮，筛选后的结果如图 4-68 所示。

1	员工基本信息表							
2	工号 ▾	姓名 ▾	性别 ▾	所属部 ▾	职务 ▾	地址 ▾	联系电话 ▾	邮箱 ▾
6	20130101	百佳	女	行政部	经理	河北邢台	13012323412	baijia@126.com
9	20130104	白佳丽	女	后勤部	经理	湖北武汉	18823401023	baixiaojia@163.com

图 4-68　自动筛选结果

(3) 把"员工基本信息表"所有数据复制到 Sheet3 工作表，在"A19:B20"单元格中设置高级筛选条件，如图 4-69 所示。选取数据区域任意单元格，单击【数据】选项卡的【排序和筛选】功能区中的【高级】按钮，在弹出的【高级筛选】对话框中选择【在原有区域显示筛选结果】、【列表区域】"A2:H17"、【条件区域】"A19:B20"，单击【确定】按钮即可，高级筛选结果如图 4-70 所示。

19	所属部门	职务
20	产品部	职员

图 4-69　高级筛选条件区域

1	员工基本信息表							
2	工号	姓名	性别	所属部门	职务	地址	联系电话	邮箱
5	20130114	那蔚沓	男	产品部	职员	四川成都	13812345123	nast@qq.com
18								
19	所属部门	职务						
20	产品部	职员						

图 4-70　高级筛选最终结果

4.7.3　制作"员工全年工资表"图表

任务要求：

(1) 按图 4-71 所示建立"员工全年工资表"，主要包括输入标题、字段名、数据，将标题行按照图中所示合并单元格。

	A	B	C	D	E	F	G	H	I	J	K	L	M	N	O	P	Q	R	S	T	U
1	员工全年工资表																				
2	工号	姓名	所属部门	职务	1月	2月	3月	4月	5月	6月	7月	8月	9月	10月	11月	12月	年终奖	总计	排名	平均工资	员工等级
3	20130101	百佳	行政部	经理	5000	5100	5000	5000	5400	5000	4900	4900	5200	5100	5300	5800	50000				
4	20130102	黄秦	市场部	经理	5000	4800	4900	5000	5000	5100	4800	4800	5200	5200	5300	5600	50000				
5	20130103	王茜雨	产品部	经理	5000	5000	5200	5100	5200	5100	4700	4600	5200	5500	5500	5400	50000				
6	20130104	白佳丽	后勤部	经理	5000	5100	5200	5200	5100	5000	4800	4800	5200	5500	5500	5700	50000				
7	20130105	秦晓丰	技术一部	技术员	3000	3000	3200	3000	3200	3200	2900	2900	3100	3500	3100	3400	30000				
8	20130106	冯子振	技术二部	技术员	3000	3100	3200	3200	3180	3000	2900	2900	3100	3800	3100	3200	30000				
9	20130107	景天	行政部	职员	2800	2900	2800	2900	3150	2900	2700	2700	2900	3000	2900	2600	26000				
10	20130108	牛子佳	行政部	职员	2800	2950	2900	2900	2900	3100	2700	2700	2900	3100	3200	3100	26000				
11	20130109	欧阳雅	市场部	职员	2800	3050	2890	2900	2900	2980	2780	2780	2900	3400	3300	3000	26000				
12	20130110	吉田	技术一部	经理	5000	5200	5200	5100	5100	5100	4800	4800	5100	6000	5900	5900	50000				
13	20130111	白山	后勤部	职员																	
14	20130112	东儿	后勤部	职员	2800	2900	2980	2900	2900	2800	2600	2550	2950	2900	3000	3000	26000				
15	20130113	国然	产品部	职员	2800	2700	2960	2800	2900	2980	2700	2700	2960	2900	3000	3000	26000				
16	20130114	那蔚沓	产品部	职员	2800	2750	2850	2850	2850	2984	2700	2650	2880	3000	3200	3300	26000				
17	20130115	屈远	市场部	职员	2800	2750	2850	2800	2684	2684	2700	2800	2880	3000	2900	3200	26000				
18		最高值																			
19		最低值																			
20		行政部		经理																	
21		市场部		技术员																	
22		产品部		职员																	
23		后勤部																			
24		技术一部																			
25		技术二部																			

图 4-71　员工全年工资表

(2) 利用函数计算工资总计、平均工资、每月员工工资的最高值、最低值。其中平均工资为数值型数据，保留小数点后 1 位有效数字。

(3) 利用 RANK 函数计算每个员工的排名，计算员工的工资等级，如果年收入超过 90 000，为优秀员工，否则是合格员工。

(4) 在"C20:C25"数据区域使用 SUMIF 函数计算行政部、市场部等部门的年收入，使用 COUNTIF 函数统计"员工全年工资表"中经理、技术员、职员的数量。

(5) 对数据进行排序，要求按主要关键字"所属部门"进行升序排序。并对数据进行分类汇总，汇总条件是：分类字段为"所属部门"，汇总方式为"求和"，汇总项为"年终奖"列和"总计"列，汇总结果显示在数据下方。

(6) 将分类汇总的结果"所属部门""年终奖""总计"所在的列创建图表，要求建立"带数据标记的堆积折线图"，其中 X 轴上的项为"所属部门"，在图表的上方添加图表标题为"各部门员工工资统计图"，图表布局是"布局 5"，没有垂直轴标题，并插入到表的"G25:P38"区域。

具体操作步骤如下：

(1) 如图 4-71，建立名为"员工全年工资表"的工作簿，并将 Sheet1 重命名为"员工全年工资表"。

(2) 按照图 4-71 的内容输入表格的标题、字段名和数据内容。其中标题按要求合并单元格后居中。

(3) 使用 SUM 函数计算"总计"列，选中 R3 单元格，单击编辑框旁边的 f_x 图表，在弹出的【插入函数】对话框中选择 SUM 函数，在【函数参数】对话框中的【Number1】中输入求和范围"E3:Q3"，单击【确定】按钮即可，拖动 R3 右下角小方块计算"R4:R17"单元格的值，如图 4-72 所示。

	A	B	C	D	E	F	G	H	I	J	K	L	M	N	O	P	Q	R
	SUM				×✓ f_x =SUM(E3:Q3)													
1										员工全年工资表								
2	工号	姓名	所属部门	职务	1月	2月	3月	4月	5月	6月	7月	8月	9月	10月	11月	12月	年终奖	总计
3	20130101	百佳	行政部	经理	5000	5100	5000	5000	5400	5000	4900	4900	5200	5100	5300	5800		=SUM(E3:Q3)
4	20130102	龚秦	市场部	经理	5000	4800	4900	5000	5000	5100	4800	4800	5200	5200	5300	5600	50000	110700
5	20130103	王皓雨	产品部	经理	5000	5100	5200	5100	5200	5100	4700	4600	5200	5300	5500	5400	50000	111300
6	20130104	白佳丽	后勤部	经理	5000	5100	5200	5100	5200	5100	4800	4800	5200	5500	5500	5700	50000	112100
7	20130105	秦晓宇	技术一部	技术员	3000	3000	3200	3000	3200	5200	2900	2900	3100	3500	3100	3400	30000	69500
8	20130106	冯子振	技术二部	技术员	3000	3000	3200	3300	3180	3000	2900	2900	3100	3800	3100	3200	30000	67680
9	20130107	景天	行政部	职员	2800	2900	2800	2900	3150	2900	2700	2700	2900	3000	2900	2900	26000	60550
10	20130108	牛子佳	行政部	职员	2800	2950	2900	2900	3000	3100	2700	2700	2900	3100	3200	3100	26000	61350
11	20130109	欧阳雅	市场部	职员	2800	3050	2890	2890	2900	2980	2780	2780	2900	3400	3300	3000	26000	61670
12	20130110	吉田	技术一部	经理	5000	5200	5200	5100	5200	5100	4800	4800	5100	6000	5900	5900	50000	113300
13	20130111	伯仲	后勤部	职员	2800	2900	2980	2980	2900	2500	2600	2600	2900	3000	3000	3000	26000	60060
14	20130112	东儿	后勤部	职员	2800	2900	2900	2900	2800	2550	2950	2900	3000	2900	3000	3000	26000	60260
15	20130113	居然	产品部	职员	2800	2700	2960	2980	2980	2700	2700	2700	2960	2900	3000	3000	26000	60300
16	20130114	那聚者	产品部	职员	2800	2750	2850	2850	2850	2984	2700	2650	2880	3200	3300	3000	26000	60814
17	20130115	屈远	市场部	职员	2800	2750	2850	2850	2684	2800	2800	2880	3000	2900	3200	26000	60264

图 4-72　使用 SUM 公式计算"总计"

(4) 同样的方法使用 AVERAGE 函数计算平均工资，拖动 T3 右下角小方块计算"T4:T17"单元格的值，选中"T3:T17"数据区域，点击鼠标右键，在弹出的【设置单元格格式】对话框中的【数字】选项卡中选择【数值】，【小数位数】选择"1"，单击【确定】按钮。使用 MAX 和 MIN 函数分别计算最高值和最低值，计算区域同样为"E3:E17"。计算结果如图 4-73 所示。

图 4-73　计算"总计""平均工资""最高值"和"最低值"后的结果

（5）计算员工的排名，单击 S3 单元格，按照找到 SUM 函数的方法进入【插入函数】对话框，使用【转到】功能找到 RANK 函数后单击【确定】按钮，进入【函数参数】对话框，在【Number】中输入"R3"，在【Ref】中输入"R$3:R$18"，在【Order】中输入"0"，单击【确定】按钮，拖动 S3 右下角小方块计算"S4:S17"单元格的值。按员工的收入总计划分员工等级，单击 U3 单元格后，按上述方法选择 IF 函数后在【Logical_test】中输入判断条件"R3>=90000"，在【Value_if_true】中输入条件为真时的结果"优秀员工"，在【Value_if_false】中输入条件为假时的结果"合格员工"，拖动 R3 右下角小方块计算"R4:R17"单元格的值。

（6）计算各部门的年收入，单击 C20 单元格，按照找到 SUM 函数的方法找到 SUMIF 函数后进入【函数参数】对话框，在【Range】中输入统计范围"C3:C17"，在【Criteria】中输入"行政部"。在【Sum_range】中输入"R3:R17"，单击【确定】按钮后，用相同的方法计算出其他部门的收入总计。计算经理、技术员、职员的数量，首先选中 E20 单元格，按照找到 RANK 函数的方法找到 COUNTIF 函数后进入【函数参数】对话框，在【Range】中输入统计范围"D3:D17"，在【Criteria】中输入"经理"，单击【确定】按钮后计算出经理、技术员、职员的数量。计算结果如图 4-74 所示。

图 4-74　数据计算最后结果

(7) 对计算好的数据进行排序和分类汇总，选中数据区域，在【数据】选项卡的【排序和筛选】功能区中选择【排序】按钮，选择【主要关键字】为"所属部门"，【次序】为"升序"排序。在【数据】选项卡的【分级显示】功能区中选择【分类汇总】按钮，设置【分类字段】为"所属部门"，【汇总方式】为"求和"，【选定汇总项】为"年终奖"列和"总计"列，勾选【汇总结果显示在数据下方】选项，单击【确定】按钮即可完成分类汇总。结果如图 4-75 所示。

	工号	姓名	所属部门	职务	1月	2月	3月	4月	5月	6月	7月	8月	9月	10月	11月	12月	年终奖	总计	排名	平均工资	员工等级
										员工全年工资表											
2	20130103	王皓雨	产品部	经理	5000	5000	5200	5100	5200	5100	4700	4600	5200	5300	5500	5400	50000	111300	9	5108.3	优秀员工
3	20130113	国岚	产品部	职员	2800	2700	2960	2800	2800	2980	2700	2700	2960	2900	3000	3000	26000	60300	18	2858.3	合格员工
4	20130114	那颜吉	产品部	职员	2800	2750	2850	2850	2850	2984	2700	2650	2880	3000	3000	3300		60814	16	2901.2	合格员工
5			产品部　汇总														102000	232414			
6	20130101	百佳	行政部	经理	5000	5100	5000	5000	5400	5000	4900	4900	5200	5100	5300	5800	50000	111700	8	5141.7	优秀员工
7	20130107	晏天	行政部	职员	2800	2900	2800	2900	3150	2900	2700	2700	2900	2900	2900	2900	26000	60550	17	2879.2	合格员工
8	20130108	牛子佳	行政部	职员	2800	2950	2900	2900	3100	3100	2700	2700	2900	3100	3200	3100	26000	61350	15	2945.8	合格员工
9			行政部　汇总														102000	233600			
10	20130104	白佳丽	后勤部	经理	5000	5100	5200	5200	5100	5000	4800	4800	5200	5500	5500	5700	50000	112100	7	5175.0	优秀员工
11	20130111	伯仲	后勤部	职员	2800	2800	2980	2980	2800	2500	2600	2600	2900	3000	3000	3000	26000	60060	21	2803.0	合格员工
12	20130112	东儿	后勤部	职员	2800	2800	2980	2980	2900	2900	2600	2550	2950	2900	3000	3000	26000	60260	20	2855.0	合格员工
13			后勤部　汇总														102000	232420			
14	20130106	冯子振	技术二部	技术员	3000	3100	3200	3200	3180	3000	2900	2900	3100	3800	3100	3200	30000	67680	12	3140.0	合格员工
15			技术二部　汇总														30000	67680			
16	20130105	秦晓宇	技术一部	技术员	3000	3000	3200	3000	3200	5200	2900	2900	3100	3500	3100	3400	30000	69500	11	3291.7	合格员工
17	20130110	吉田	技术一部	经理	5000	5200	5200	5100	5200	5100	4700	4800	5100	6000	5900	5900	50000	113300	6	5275.0	优秀员工
18			技术一部　汇总														80000	182800			
19	20130102	龚秦	市场部	经理	5000	4800	4900	5000	5100	5000	4800	4800	5200	5200	5500	5600	50000	110700	10	5058.3	优秀员工
20	20130109	欧阳雅	市场部	职员	2800	3050	2890	2890	2900	2820	2780	2780	2900	3400	3300	3000	26000	61670	14	2972.5	合格员工
21	20130115	屈远	市场部	职员	2800	2750	2850	2900	2800	2684	2800	2700	2880	2900	2900	3200	26000	60264	19	2855.3	合格员工
22			最高值		5000	5200	5200	5200	5400	5200	4900	4900	6000	5900	5900	102000	233600	1			
23			最低值		2800	2700	2800	2800	2800	2500	2600	2550	2880	2900	2900	26000					

图 4-75　分类汇总结果

(8) 对分类汇总的结果建立图表，选取"所属部门""年终奖""总计"所在的汇总列，单击【插入】选项卡的【图表】功能区中的【折线图】按钮，选择【二维折线图】命令中【带数据标记的折线图】，选择【图表工具布局】选项卡中的【图表标题】，在弹出的下拉菜单中选择【图表上方】，添加名为"各部门员工工资统计图"的标题。在【设计】选项卡中选择【图表布局】中的"布局 5"，删除垂直轴标题。将图表插入到表的"G25:P38"区域。创建的图表结果如图 4-76 所示。

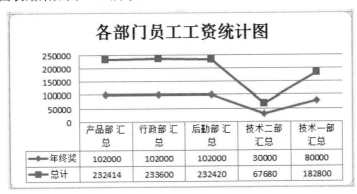

图 4-76　各部门员工工资统计图

4.7.4　制作"员工年终考核表"的数据透视表和数据透视图

任务要求：

(1) 按图 4-77 的内容建立"员工年终考核表"。

(2) 在空白数据区域中创建数据透视表，要求行标签选取"所属部门"列，数值项选取"品德"列、"业绩"列、"能力"列和"态度"列，报表筛选"职务"列。

(3) 创建数据透视图，要求图表类型"三维柱形图"，图表布局"布局 3"，图表样式"样式 26"，图表标题为"员工年度考核图"，图表位置为当前页。

图 4-77　员工年终考核表

具体操作步骤如下：

(1) 按图 4-77 的内容建立"员工年终考核表"。

(2) 按照题目要求创建数据透视表。选取工作表数据区域任意单元格，单击【插入】选项卡的【表格】功能区中的【数据透视表】按钮，选择【数据透视表】命令后，在工作表右侧的【数据透视表字段列表】对话框中设置：【行标签】选取"所属部门"列，【数值】项选取"品德"列、"业绩"列、"能力"列和"态度"列，报表筛选"职务"列。设置完成后关闭【数据透视表字段列表】对话框创建完成的数据透视表如图 4-78 所示。

职务	(全部)		

行标签	求和项:品德	求和项:业绩	求和项:能力	求和项:态度
产品部	72	63	66	66
行政部	66	71	75	74
后勤部	66	71	70	73
技术二部	21	24	24	24
技术一部	46	42	44	44
市场部	69	68	68	70
总计	340	339	347	351

行标签	求和项:品德	求和项:业绩	求和项:能力	求和项:态度
产品部	72	63	66	66
行政部	66	71	75	74
后勤部	66	71	70	73
技术二部	21	24	24	24
技术一部	46	42	44	44
市场部	69	68	68	70
总计	340	339	347	351

图 4-78　"员工年终考核表"数据透视表

(3) 按照题目要求创建数据透视图。选取工作表数据区域任意单元格，单击【插入】选项卡的【表格】功能区中的【数据透视表】按钮，选择【数据透视图】命令后，在工作表右侧的【数据透视表字段】对话框中参照(2)设置对话框的相应列表值。关闭【数据透视表字段】后在【插入】选项卡中的【图表】功能区选择【三维柱形图】命令。打开【图表工具设计】选项卡，设置【图表布局】为【布局 3】，【图表样式】为【样式 26】，修改图表标题为"员工年终考核图"。创建的图表结果如图 4-79 所示。

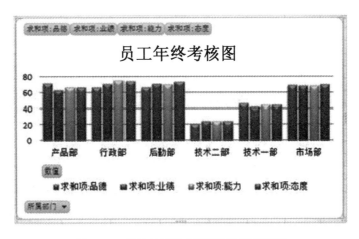

图 4-79　"员工年终考核表"数据透视图

习　　题

一、操作题

打开文档"教学资源\第 4 章\素材",按要求完成下列操作。

打开 Excel1.xlsx 文件:

1. 将 Sheet1 工作表的 A1:G1 单元格合并为一个单元格,内容水平居中;计算"平均值"列的内容(数值型,保留小数点后 1 位);计算"最高值"行的内容置 B7:G7 内(某月三地区中的最高值,利用 MAX 函数,数值型,保留小数点后 2 位);将 A2:H7 数据区域设置为自动套用格式"表样式浅色 6"。

2. 选取 A2:G5 单元格区域内容,建立"带数据标记的折线图"(系列产生在"行"),图表标题为"降雨量统计图",图例靠右;将图插入到表的 A9:F20 单元格区域内,将工作表命名为"降雨量统计表",保存 Excel1.xlsx 文件。

3. 打开工作簿文件 EXC1.xlsx,对工作表"产品销售情况表"内数据清单的内容按主要关键字"分公司"的降序次序和次要关键字"产品名称"的降序次序进行排序,完成对各分公司销售额总和的分类汇总,汇总结果显示在数据下方,工作表名不变,保存 EXC1.xlsx 工作簿。

二、简答题

1. 在打印多于一页的工作表时,希望在每页的第一行都打印出表头(指定的字段名),该如何设置?

2. 如果当前列的数据是由其左边相邻的列的数据值通过公式计算得到,现要删除其相邻列,而保留当前列的值,有可能吗?如果可以,该如何操作?

三、思考题

你认为数据处理软件的应用价值是什么?请结合当前形势,再谈谈你对数据价值的理解。

第 5 章　PowerPoint 2016 的应用

　　PowerPoint 2016 是微软公司推出的 Office 系列产品之一，用于制作集文字、图片、表格、图表、音频、视频等多媒体元素于一体的演示文稿，是创建演示文稿最常用的工具软件。利用 PowerPoint 制作的演示文稿通常简称为 PPT，它被广泛用在工作汇报、企业宣传、产品推介、教育教学等领域。本章将学习 PowerPoint 2016 的基本知识及相关应用。

本章要点：

- 演示文稿的基本操作。
- 幻灯片的基本操作。
- 演示文稿主题的应用、母版设计与背景设置。
- 幻灯片动画设计的方法。
- 幻灯片交互、超链接插入和动作交互。
- 幻灯片色彩与构图的设计。
- 放映和输出演示文稿的方法。

思维导图：

关键字：

　　设计：Design。
　　动画：Animation。
　　幻灯片：Slide。
　　放映：Show。

切换：Switch。

主题：Theme。

5.1　认识 PowerPoint 2016

本节介绍 PowerPoint 2016 的应用领域、操作界面和视图。

5.1.1　PowerPoint 2016 的应用领域

PowerPoint 2016 的应用越来越广泛，它是公司宣传、会议报告、产品推广、培训、教学课件等演示文稿制作的首选应用软件，深受大众的青睐。以下是 PowerPoint 2016 的几种主要用途。

演示文稿的"好"

新增功能

1. 工作汇报多媒体演示

有工作就需要总结，有总结就需要汇报，信息化让我们迎来工作汇报 PPT 时代。借助 PPT 进行工作汇报，可以更加直观、丰富、清晰地展示汇报人内容，让听众获得更翔实具体的信息，从而有力支撑汇报人的工作表现和业绩，如图 5-1 所示。

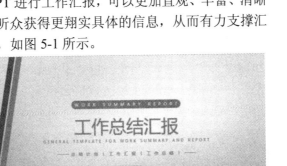

图 5-1　工作汇报多媒体演示

2. 教学多媒体演示

随着笔记本电脑、电子白板、投影仪等教学设备的广泛使用，教师逐渐将讲课内容、讲义讲稿制作成多媒体课件，通过文字、图形、声音、视频等多种表现形式呈现教学内容，有效地提升了课堂的吸引力和学生的学习热情，如图 5-2 所示。

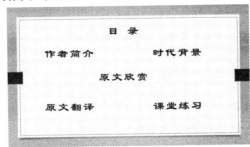

图 5-2　教学多媒体演示

3. 培训多媒体演示

PPT 的第一目标是提升信息传送效率,在各类培训活动中 PPT 展示了非凡的应用效果,在培训过程中借助 PPT 课件不但能清晰、丰富地展示课程内容,还可以高效分享内容。通过不断完善的 PPT 培训内容,快捷地完成培训内容的升级改造,如图 5-3 所示。

图 5-3　培训多媒体演示

4. 娱乐多媒体演示

由于 PowerPoint 2016 软件支持文本、图像、动画、音频和视频等多种媒体内容的集成,因此,很多用户在生活中也使用 PowerPoint 2016 软件制作娱乐性的演示文稿,比如相册、漫画集等,丰富了多方面兴趣,如图 5-4 所示。

图 5-4　娱乐多媒体演示

5.1.2　PowerPoint 2016 的窗口操作

本节介绍 PowerPoint 2016 常用窗口操作的方法。

1. PowerPoint 2016 的操作界面

启动 PowerPoint 2016 后将进入其工作界面。工作界面由标题栏、快速访问工具栏、【文件】菜单、功能选项卡(tab)、功能区、视图窗格、幻灯片(slide)编辑区、备注窗格和状态栏等区域组成，如图 5-5 所示。

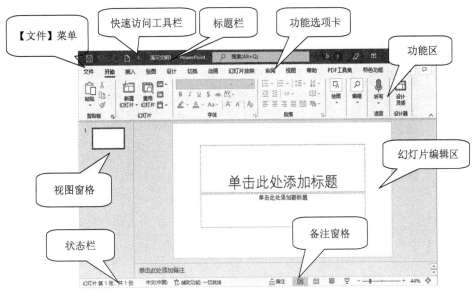

图 5-5 PowerPoint 2016 操作界面

(1) 标题栏：位于操作界面最上端，用来显示演示文稿名称或程序名称。

(2) 快速访问工具栏：提供了最常用的【保存】按钮、【撤销】按钮、【恢复】按钮和【幻灯片放映】按钮，单击对应的按钮可执行相应的操作。单击【自定义快速访问工具栏】按钮，通过其下拉菜单进行选择(select)和取消操作，进行自定义快速访问工具栏，如图 5-6 所示。

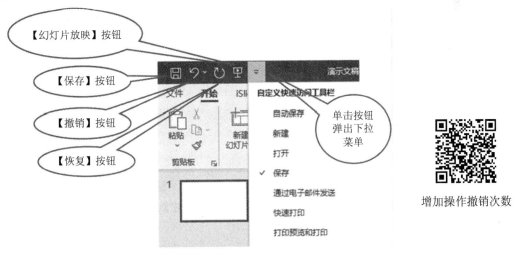

图 5-6 快速访问工具栏

(3) 【文件】菜单：用于执行 PowerPoint 2016 演示文稿的新建、打开、保存和关闭等基本操作。单击【文件】菜单后的界面如图 5-7 所示，在此工作界面能够看见最近打开过的文件。

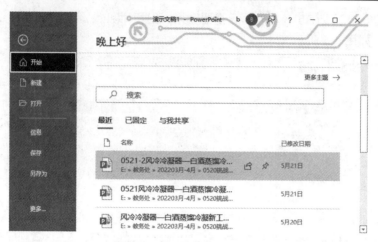

图 5-7　【文件】菜单的界面

(4) 功能选项卡：相当于菜单命令。PowerPoint 2016 把所有命令按钮集成在几个功能选项卡中，单击某个功能选项卡可切换(switch)到相应的功能区。

(5) 功能区：每个功能选项卡都有相应的功能区，在功能区中有多个自动适应窗口大小的工具栏，不同的工具栏中又放置了与此相关的命令按钮或列表框。有些工具栏中带有小箭头图标，单击小箭头图标可以打开相对应的功能对话框。

(6) 视图窗格：用于显示演示文稿的幻灯片位置和数量，通过它能够更加方便地掌握整个演示文稿的结构。视图不同，幻灯片显示的方式也不同，如图 5-8 所示。

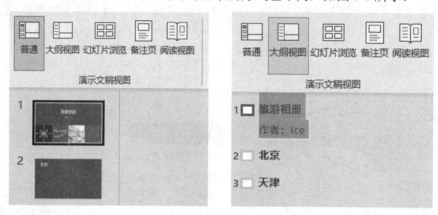

图 5-8　视图窗格

(7) 幻灯片编辑区：这是整个工作界面的核心区域，用于编辑和显示幻灯片，在其中可输入文字内容、插入(insert)图片和设置动画效果等，是使用 PowerPoint 2016 制作演示文稿的操作平台。

(8) 备注窗格：位于幻灯片编辑区下方，可供幻灯片制作者在制作演示文稿时对需要的幻灯片添加说明和注释，给使用者演讲和查阅幻灯片信息带来便利。

(9) 状态栏：位于操作界面最下方，用于显示演示文稿中所选的当前幻灯片，以及幻灯片总张数、幻灯片采用的主题(theme)名称、使用的语言、视图切换按钮和页面显示比例等，如图 5-9 所示。

图 5-9　状态栏内容

2. PowerPoint 2016 的视图

视图是为了满足用户在不同场景下编辑和查看演示文稿的需要而设置的，PowerPoint 2016 提供了多种视图模式，通过单击状态栏上的视图切换按钮即可切换不同的视图模式。下面对各视图进行介绍。

(1) 普通视图。该视图模式是 PowerPoint 2016 的默认视图模式，在该视图中可以同时显示幻灯片编辑区、视图模式显示窗格和备注窗格。普通视图主要用于调整演示文稿的结构和编辑单张幻灯片中的内容。

(2) 幻灯片浏览视图。该视图模式主要用来浏览幻灯片在演示文稿中的整体结构和效果。在该模式下能够改变幻灯片的版式(format)和结构，比如更换演示文稿的背景，移动或复制幻灯片等,但不能对单张幻灯片的具体内容进行编辑。幻灯片浏览视图如图 5-10 所示。

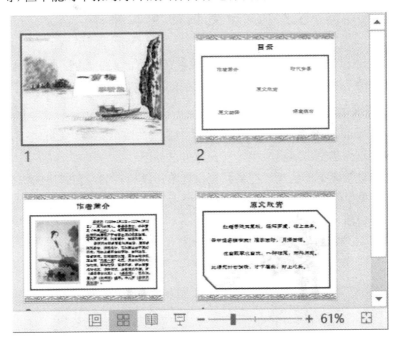

图 5-10　幻灯片浏览视图

(3) 阅读视图。该视图模式仅显示标题栏、阅读区和状态栏，主要用于浏览幻灯片的内容。在该模式下，演示文稿中的幻灯片将以窗口大小进行放映。阅读视图如图 5-11 所示。

(4) 大纲视图。大纲视图含有大纲窗格、幻灯片缩图窗格和幻灯片备注页窗格。在大纲窗格中显示演示文稿的文本内容和组织结构，不显示图形、图像、图表等对象。在该视图下编辑演示文稿，可以调整各幻灯片的前后顺序，在一张幻灯片内可以调整标题的层次级别和前后次序，可以将某幻灯片的文本复制或移动到其他幻灯片中。

(5) 备注页视图。在此视图模式下显示幻灯片和其备注信息，可以对备注信息进行编辑。备注页视图如图 5-12 所示。

图 5-11　阅读视图

图 5-12　备注页视图

5.2　演示文稿的基本操作

在 PowerPoint 2016 中，创建的幻灯片都保存在演示文稿中，因此，用户首先应该了解和熟悉演示文稿的基本操作。下面就对演示文稿的基本操作进行介绍。

1. 创建空白演示文稿

启动 PowerPoint 2016 后，系统会自动创建一个空白演示文稿。除此之外，还可通过命令按钮或快捷菜单创建空白演示文稿，其操作方法如下：

方法 1：通过快捷菜单创建。在桌面空白处单击鼠标右键，在弹出的快捷菜单中选择【新建】下拉菜单中的【Microsoft PowerPoint 演示文稿】命令，如图 5-13 所示，桌面上就可以生成一个空白演示文稿。

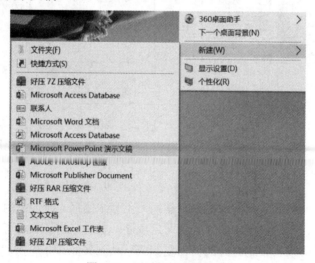

图 5-13　通过快捷菜单创建

　　方法 2：通过命令按钮创建。启动 PowerPoint 2016 后，单击【文件】菜单中的【新建】命令，在【新建】栏中单击【空白演示文稿】按钮，即可创建一个空白演示文稿，如图 5-14所示。

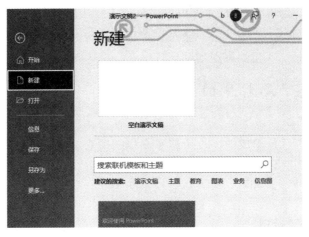

图 5-14　通过命令按钮创建

　　方法 3：通过快捷键新建空白演示文稿。启动 PowerPoint 2016 后，按【Ctrl+N】组合键可快速新建一个空白演示文稿。

2. 利用模板创建演示文稿

　　PowerPoint 2016 根据不同内容提供了一些制作好样式的演示文稿，这些演示文稿称作模板。PowerPoint 2016 提供了联机搜索模板和主题功能，可以通过互联网搜索寻找符合需求的模板。对于制作演示文稿的新手，可以从这些模板中选择自己需要的样式快速创建演示文稿，其方法与通过命令按钮创建空白演示文稿的方法类似。启动 PowerPoint 2016，单击【文件】菜单中的【新建】命令，在打开的文件界面右侧选择所需的模板，单击所选模板，打开模板浏览窗口，单击【创建】命令即可创建一个带模板的演示文稿，如图 5-15 所示。

图 5-15　利用模板创建方式

3. 打开演示文稿

　　对于已经存在并编辑好的演示文稿，用户在下一次需要查看或者编辑时，就要先打开该演示文稿。打开演示文稿的方法有以下几种：

方法 1: 启动 PowerPoint 2016 后, 单击【文件】菜单中的【打开】命令, 在文件界面右侧显示最近使用过的文件名称, 选择所需的文件即可打开该演示文稿。

方法 2: 单击【文件】菜单中的【打开】命令, 在文件界面中部单击【浏览】命令, 弹出【打开】对话框, 选择所需的演示文稿后, 单击【打开】按钮即可。

方法 3: 进入演示文稿所在的文件夹, 双击该文件即可打开演示文稿。

5.3　幻灯片的基本操作

演示文稿是由幻灯片组成的, 一个演示文稿的所有文本、动画和图片等信息都要在幻灯片中进行编辑处理。下面介绍幻灯片的基本操作。

文稿制作流程

5.3.1　新建和选择幻灯片

制作一个演示文稿, 首先要从掌握新建幻灯片和选择幻灯片的操作开始。

1. 新建幻灯片

在启动 PowerPoint 2016 应用程序后, PowerPoint 会自动建立一张新的幻灯片。随着制作过程的推进, 需要在演示文稿中添加更多幻灯片。新建幻灯片方法如下:

方法 1: 通过快捷菜单新建幻灯片。在幻灯片预览窗格的空白处单击鼠标右键, 从弹出的快捷菜单中选择【新建幻灯片】命令, 如图 5-16 所示。

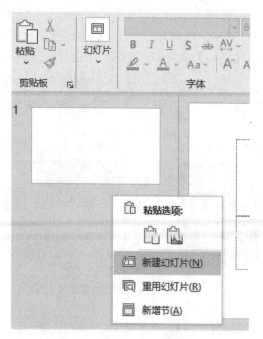

图 5-16　通过快捷方式新建幻灯片

方法 2：通过选择版式(format)新建幻灯片。在【开始】选项卡的【幻灯片】功能区中，单击【新建幻灯片】按钮右下方的下拉箭头(见图 5-17)，从弹出的下拉列表中选择新建幻灯片的版式，新建一张带有版式的幻灯片。

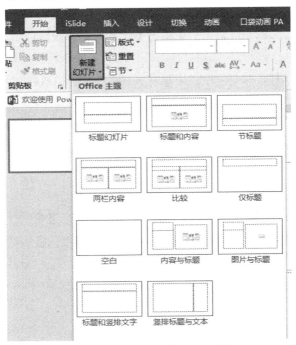

图 5-17　通过选择版式新建幻灯片

方法 3：通过快捷键新建幻灯片。在幻灯片预览窗格中，选中一张幻灯片，然后按【Enter】键，即可插入一张新幻灯片，此幻灯片与被选中幻灯片的版式相同，如图 5-18 所示。

图 5-18　通过快捷键新建幻灯片

2. 选择幻灯片

只有在选择了幻灯片后，用户才能对其进行编辑等各种操作。选择幻灯片的方法如下：

(1) 选择单张幻灯片：单击需要的幻灯片，即可选中该张幻灯片。

(2) 选择多张连续的幻灯片：首先单击选中要连续选择的第一张幻灯片，然后按住【Shift】键不放，再单击需选择的最后一张幻灯片，此时两张幻灯片之间的所有幻灯片被同时选中。

(3) 选择多张不连续的幻灯片：首先单击要选择的第一张幻灯片，然后按住【Ctrl】键不放，再依次单击需要选择的其他幻灯片，即可选择多张不连续的幻灯片。

(4) 选择全部幻灯片：按【Ctrl + A】组合键，即可选中当前演示文稿中的所有幻灯片。

5.3.2 移动和复制幻灯片

PowerPoint 2016 支持以幻灯片为对象的移动和复制操作，可以将整张幻灯片及其内容进行移动或复制。

1. 移动幻灯片

在制作演示文稿时，经常会调整幻灯片的顺序，这就要用到幻灯片的移动操作。具体操作方法为：在普通视图下，选择需要移动的幻灯片，如第三张幻灯片，按住鼠标左键将其向上拖动到第二张幻灯片顶部，到达合适的位置后，释放鼠标左键，则原位置的幻灯片将自动后移，原来的第三张幻灯片变为第二张。

2. 复制幻灯片

在制作演示文稿时，通常为保持统一版式和设计(design)风格，同时简化操作，可以利用幻灯片的复制功能，复制出一张相同的幻灯片，然后再对其进行必要的修改。

复制幻灯片的基本方法为：打开需要操作的演示文稿，选中要复制的幻灯片，在其上单击鼠标右键，在弹出的快捷菜单中选择【复制幻灯片】命令，然后在需要粘贴幻灯片的位置单击鼠标右键，从弹出的快捷菜单中选择【粘贴选项】命令中的某一子命令。【粘贴选项】命令有三个子命令，分别是【使用目标主题(theme)】【保留原格式】【图片】，这三个子命令分别代表的含义是套用当前演示文稿所使用的主题、保留复制源所使用的格式、以图片形式显示。

5.3.3 隐藏和删除幻灯片

制作好的演示文稿在播放时可以根据不同需要有选择地播放其中的内容，也可以在更新文稿时去掉某些内容，这就用到隐藏和删除两个重要操作。

1. 隐藏幻灯片

对于制作好的演示文稿，如果在特定场合不想放映某些幻灯片，则用户可以将其隐藏。具体操作步骤如下：

(1) 选中需要隐藏的幻灯片，在其上方单击鼠标右键，从弹出的快捷菜单中选择【隐藏幻灯片】命令。

此时在幻灯片的标题上会出现一条删除斜线，表示幻灯片已经被隐藏，如图 5-19 所示。

(2) 如果需要取消隐藏，只需选中相应的幻灯片，再进行一次上述操作即可。

图 5-19　隐藏幻灯片

2. 删除幻灯片

如果演示文稿中有多余的幻灯片，用户可以将其删除。有如下两种方法：

方法 1：选中需要删除的幻灯片，直接按【Delete】键，即可将该幻灯片删除。

方法 2：在要删除的幻灯片上单击鼠标右键，从弹出的快捷菜单中选择【删除幻灯片】命令，即可删除该幻灯片。

5.3.4　应用幻灯片版式

幻灯片版式是 PowerPoint 软件中一种常规排版格式，通过幻灯片版式的应用，可以对文本、表格、图表、SmartArt 图形、影片、声音、图片及剪贴画等内容有更加合理的排版。PowerPoint 2016 中内置 11 种幻灯片版式，如图 5-20 所示。我们发现，每种版式中都带有虚线框，这个虚线框也叫占位符，它是版式中的容器，用户可以往里面添加内容。

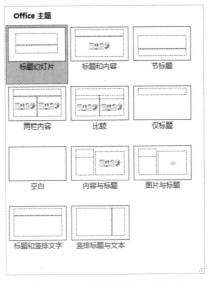

图 5-20　11 种幻灯片内置版式

新建幻灯片的过程中就可以选定幻灯片的版式，对现有幻灯片版式不满意也可以进行更改，其方法是：在【开始】选项卡【幻灯片】功能区中，单击【版式】按钮，从弹出的下拉列表中选择一种幻灯片版式，即可将其应用于当前幻灯片中。

5.3.5　输入与编辑文本

文本是幻灯片的重要组成元素之一。因此，编辑文本是制作幻灯片的重要操作。下面介绍 PowerPoint 2016 中输入和编辑文本的方法。

1. 输入文本

与在 Word 中输入文本不同，用户不能直接在幻灯片编辑区输入文本，而是要通过占位符或文本框输入。

1) 使用占位符输入文本

占位符是带有虚线边框的矩形框，预设了文字的属性和样式，供用户添加标题文字、项目文字等，如图 5-21 所示。

图 5-21　占位符示例

当单击占位符内部功能区时，初始显示的文字会消失，同时在占位符内部会显示一个闪烁的光标，此时即可直接输入文本。在幻灯片的空白处单击，就可退出文本编辑状态。

2) 插入文本框输入文字

添加文本框是输入文本的另一种方法。如果想要在占位符以外的位置输入文本，可以利用文本框来实现。

选中要添加文字的幻灯片，在【插入】选项卡的【文本】功能区中，单击【文本框】按钮下方的下拉箭头，从弹出的下拉列表中选择一种文本排列方式(横排或者竖排)，如图 5-22 所示。然后在想要添加文本的位置单击鼠标左键绘制一个文本框，光标自动位于文本框中，此时就可以在其中输入文本。同样在幻灯片的空白处单击，即可退出文本编辑状态。

图 5-22　插入文本框的方法

2. 编辑文本

与在 Word 中编辑文本相同，用户除了可以对幻灯片中的文本进行选择、修改、移动和复制等操作外，还可以设置文本的字体、字号、颜色和特殊效果等格式，使其更加美观，具体操作与在 Word 中完全相同，这里不再赘述。

文本转换为 SmartArt 图形

5.3.6　插入图片

做出图文并茂的幻灯片是比较基本的要求，这就涉及在幻灯片中插入图片的操作。具体做法如下：

(1) 单击【插入】选项卡，在【图像】功能区中单击【图片】按钮，弹出【插入图片】对话框，如图 5-23 所示。

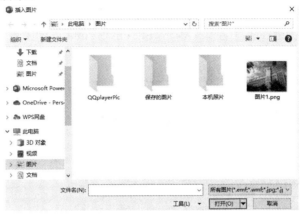

图 5-23　【插入图片】对话框

(2) 在【插入图片】对话框中找到要插入图片所在的文件夹，选中要插入的图片，单击【插入】按钮，即可将图片插入到幻灯片中。

5.3.7　插入形状

在演示文稿中使用形状，可以使演示文稿更加鲜明有个性，充分利用好形状可以大大提升整个演示文稿的品质。其具体操作如下：

(1) 单击【插入】选项卡，在【插图】功能区中单击【形状】按钮，即可打开形状库，选定一种形状如"圆角矩形"，如图 5-24 所示，将鼠标移到幻灯片上，此时光标会变成十字形状。

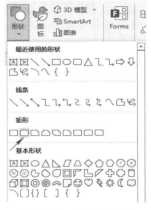

图 5-24　打开形状库

组合图形

(2) 在幻灯片需要插入形状的位置，拖动鼠标即可绘制出一个圆角矩形，释放左键完成绘制。

5.3.8　插入图表

图表对于数据统计、数据汇总、数据比较是最好的工具，使用图表比用语言描述数据更加鲜明、直观。插入图表的方法是：

(1) 单击【插入】选项卡，在【插图】功能区中单击【图表】按钮，弹出【插入图表】对话框。

(2) 在【插入图表】对话框中选中需要的图表类型，如选择"饼图"，单击【确定】按钮。

(3) 此时将插入图表并打开名为"Microsoft PowerPoint 中的图表"的 Excel 窗口，在该数据表中编辑相应的数据，如图 5-25 所示。

(4) 幻灯片中的图表将根据输入的数据进行变化，输入完成后关闭 Excel 窗口。

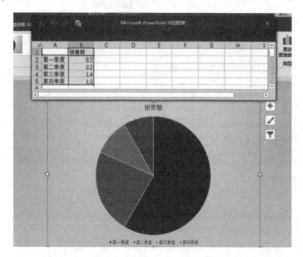

制作《古代艺术欣赏》

图 5-25　编辑图表数据

5.3.9　插入音频和视频

在 PowerPoint 2016 中插入音频和视频等多媒体对象，可以让演示文稿更具有多媒体特征，扩展演示文稿的应用范围。

1. 插入音频

插入音频的操作步骤如下：

(1) 单击【插入】选项卡，在【媒体】功能区中单击【音频】按钮，在下拉列表中选择【PC 上的音频】命令，如图 5-26 所示。

图 5-26　插入音频的方法

（2）在【插入音频】对话框中找到要插入音频所在的文件夹，选中要插入的音频，单击【插入】按钮，即可将音频插入到幻灯片中，如图 5-27 所示。演示文稿支持 mp3、wma、wav、mid 等格式的音频文件。

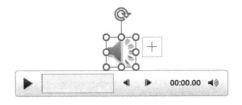

图 5-27　将音频插入到幻灯片中

（3）选中插入的音频后会出现【音频格式】和【播放】两个选项卡，其中的命令按钮可以设置音频图标的样式、裁剪音频和设置音频的播放方式等。

2. 插入视频

插入视频与插入音频的方法基本相同，演示文稿支持 avi、wmv、mpg 等格式视频文件。

录制保存屏幕视频　　　　　　调整画面效果　　　　　　控制视频播放

5.4　幻灯片设计

有时候为了统一幻灯片的风格，提高幻灯片的艺术效果，增加内容的吸引力或展示特殊性，我们通常会对幻灯片的主题、母版、背景等进行设计。

5.4.1　幻灯片主题与母版设计

"好"的演示文稿除了内容丰富翔实、主次分明、重点突出、字体规范、颜色得当以外，风格统一也很重要。使用模板或应用主题，可以为演示文稿设置统一的主题颜色、主题字体、主题效果和背景样式，实现风格统一。

1. PowerPoint 2016 模板与主题的联系和区别

模板是一张或一组设置好风格、版式的幻灯片的文件，其后缀名为.potx。模板可以包含版式、主题颜色、主题字体、主题效果和背景样式，甚至还可以包含内容。而主题是将设置好的颜色、字体和效果整合到一起，一个主题中只包含这三个部分。

模板和主题的最大区别是：模板中可包含多种元素，如图片、文字、图表、表格、动画等，而主题中则不包含这些元素。PowerPoint 2016 模板分为特别推荐和个人两种。特别推荐是 Office 自带的，个人是用户自定义模板。

2. 自定义模板与应用

为演示文稿设置好统一的风格和版式后，可将其保存为模板文件，这样方便以后制作演示文稿，节省重新设计的时间，提高制作效率。下面对自定义模板与应用的方法进行讲解。

1) 自定义模板

自定义模板就是将设置好的演示文稿另存为模板文件。其方法是：打开设置好的演示文稿，选择【文件】菜单下【另存为】命令，在文件界面中部单击【浏览】命令，打开【另存为】对话框，如图 5-28 所示，保持模板默认保存位置不变，在【保存类型】下拉列表中选择"PowerPoint 模板(*.potx)"，单击 保存(S) 按钮保存。

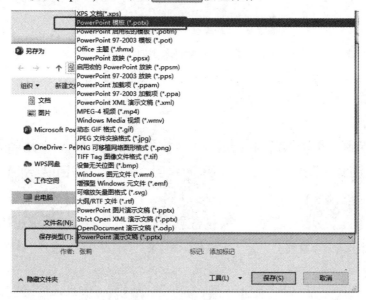

图 5-28　自定义模板

2) 应用自定义模板

单击【文件】菜单中【新建】命令，在打开的界面上单击【个人】选项卡后选择自定义好的模板，在弹出的窗口上单击【创建】按钮应用模板，如图 5-29 所示。

图 5-29　应用模板方法

3. 为演示文稿应用主题

在 PowerPoint 2016 中预设了多种主题样式，用户可根据需求选择所需的主题样式，这样可以快速为演示文稿设置统一的外观。设置的方式称为应用主题，其方法是：打开演示文稿，在【设计】选项卡【主题】功能区的主题缩略图中选择所需的主题样式即可应用主题，如图 5-30 所示。

图 5-30　预设主题

对于应用了主题的幻灯片，还可以对其颜色、字体、效果和背景样式进行设置。在【设计】选项卡【变体】功能区中，通过【颜色】【字体】【效果】【背景样式】命令即可打开相应的下拉列表。在下拉列表中用户可以选择 PowerPoint 2016 针对当前主题内置的主题颜色和主题字体，也可以通过【自定义颜色】【自定义字体】命令打开相应功能对话框自主设置主题颜色和主题字体。图 5-31 是【效果】下拉列表展示图，图 5-32 是更改主题颜色方式展示图，图 5-33 是更改主题字体方式展示图。

图 5-31　【效果】展示图　　　　　　　图 5-32　更改主题颜色方式展示图

图 5-33　更改主题字体方式

4. 幻灯片母版设计

幻灯片母版属于模板的一部分，它用来规定幻灯片中文本、背景、日期与页码的格式和显示位置，对每张幻灯片中的共有信息设定统一样式，幻灯片上所有内容都在这个统一样式的框架基础上体现出来。由于幻灯片母版可以对幻灯片中的共有信息进行统一设置，因此用户不用再花费精力和时间在不同幻灯片上制作相同的元素，尤其是幻灯片容量较大的演示文稿，使用幻灯片母版会非常便利和高效。

使用幻灯片母版可以控制整个演示文稿的外观，包括颜色、字体、背景、效果和其他所有内容。在母版上所做的设置将应用到该演示文稿的所有幻灯片上，包括以后新建到演示文稿中的幻灯片。修改母版上的文本内容，基于该母版的幻灯片上的文本内容不会改变，其外观和格式会与母版保持一致，也就是说母版上的文本只用于样式，真正展示演示文稿内容的文本是在"普通视图"模式下插入的。幻灯片母版的编辑和修改是在"幻灯片母版视图"模式下进行的，在其他视图模式下母版是不可以编辑和修改的，只能查看。

默认的幻灯片母版有 5 个占位符，即"标题占位符""文本占位符""日期占位符""页脚占位符"和"幻灯片编号占位符"，如图 5-34 所示。更改占位符格式的方法和在普通视图模式下更改的方法相同，选中占位符，在相应选项卡的相应功能区中用命令按钮修改即可。"页脚占位符""日期占位符""幻灯片编号占位符"的内容键入需要在"页眉和页脚"对话框中键入。

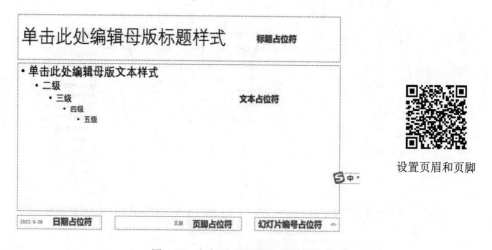

设置页眉和页脚

图 5-34　幻灯片母版默认占位符介绍

幻灯片母版编辑好后需要退出"幻灯片母版视图"模式，退出的方法是：在【幻灯片母版】选项卡【关闭】功能区中单击【关闭母版视图】按钮。

5.4.2　幻灯片背景设置

模板或者主题的应用为整个演示文稿的幻灯片设置了统一的背景，而背景设置可以满足用户想要突出表现某张幻灯片的需求。在 PowerPoint 2016 中给幻灯片添加背景的操作方法是：单击选中要为其添加背景图片的幻灯片，在【设计】选项卡【自定义】功能区，单击【设置背景格式】按钮，打开【设置背景格式】对话框，如图 5-35 所示。

制作课件"米酒酿制"

图 5-35　【设置背景格式】对话框

【设置背景格式】窗格的【填充】功能区共有五个选项，前四个选项用来设置背景填充的方式，最后一个选项用来设置是否隐藏主题或者模板设置好的背景图形。下面将详细介绍四种背景设置的方法。

(1) 纯色背景的设置：在【设置背景格式】窗格单击选中【纯色填充】单选按钮。单击【颜色】命令右侧的按钮打开颜色板，然后单击所需的颜色，如"蓝色，个性色 1"，如图 5-36 所示。如果要设置【主题颜色】中没有的颜色，可以单击【其他颜色】命令打开【颜色】对话框，在【标准】功能区上单击所需的颜色，或者在【自定义】功能区上混合出自己的颜色，也可以通过【取色器】拾取到需要的颜色。如果用户以后更改演示文稿的主题，设置好背景颜色的幻灯片其背景色不会被更改。纯色背景设置效果如图 5-37 所示。

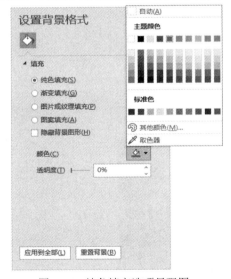

图 5-36　纯色填充选项显现图　　　　　　　　　图 5-37　纯色背景设置效果图

(2) 渐变背景的设置：渐变指的是由一种颜色逐渐过渡到另一种颜色，渐变色会给人一种炫目的视觉效果。在【设置背景格式】对话框中，选中【渐变填充】单选按钮，对话框会显现渐变填充命令的设置选项,其中包括 PowerPoint 2016 中 30 种预设渐变,如图 5-38 所示。选择"顶部聚光灯-个性色 1",渐变背景设置效果如图 5-39 所示。

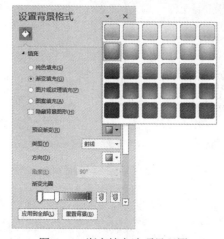

图 5-38　渐变填充选项显现图　　　　　　　图 5-39　渐变填充效果图

(3) 纹理和图片背景的设置:纹理背景的设置方法是选中【图片或纹理填充】单选按钮,在相对应设置选项中选择某个纹理即可。图片背景的设置方法是选中【图片或纹理填充】单选按钮,单击【插入】按钮,在【插入图片】对话框中找到要插入的图片,单击【插入】按钮,如图 5-40 所示。图片背景设置效果如图 5-41 所示。

图 5-40　图片填充选项显现图

图 5-41　图片填充效果图

(4) 图案填充：图案指以某种颜色为背景色，以前景色作为线条色所构成的图案背景。图案背景的设置方法是选中【图案填充】单选按钮后，单击某个图案，如图 5-42 所示，选择"点线：40%"，即可用图案填充背景。图案背景设置效果如图 5-43 所示。

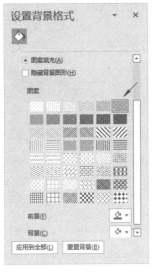

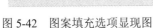

图 5-42　图案填充选项显现图　　　　　图 5-43　图案填充效果图

在【设置背景格式】对话框设置好背景后，单击对话框右上角✕按钮实现单张幻灯片背景设置，单击【应用到全部】可以使所有幻灯片应用当前背景设置。

5.4.3　幻灯片动画设计

在演示文稿中设置动画可以提高幻灯片演示的灵活性，让原本静止的演示文稿更加生动。PowerPoint 2016 提供的动画效果非常生动，操作起来也非常简单。

动画制作基本法则

1. 设置幻灯片切换动画

幻灯片切换动画是在演示文稿放映期间从上一张幻灯片转向下一张幻灯片时出现的过渡效果。我们可以控制切换的速度，添加切换时的声音。可以每张幻灯片做切换效果，也可以所有幻灯片应用一种切换效果。向幻灯片添加切换效果方法如下：

(1) 在视图窗格中选择想要设置切换效果的幻灯片缩略图。

(2) 单击【切换】选项卡，在【切换到此幻灯片】功能区中选择一种切换效果，如【形状】选项，即可将该切换动画效果应用到此幻灯片中，如图 5-44 所示。切换效果分为细微型、华丽型、动态内容。

图 5-44　插入【形状】切换动画

(3) 在【切换到此幻灯片】功能区中单击【效果选项】按钮，根据需要从弹出的菜单中选择相应的选项。图 5-45 所示是【形状】切换的效果选项。

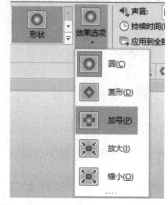

(4) 添加切换动画后，还可以对其进行设置，例如设置动画出现时的声音效果、持续时间和换片方式等，从而实现不同的切换效果。

2. 设置幻灯片对象的动画

在 PowerPoint 2016 中，除了幻灯片切换动画外，还包括为幻灯片内部各个对象设置的动画效果。用户可以对幻灯片中的文本、图形、表格等对象添加不同的动画效果，设计和制作幻灯片对象的动画的方法如下。

图 5-45　【形状】切换的效果选项

1) 选择动画种类

设置动画需要选中设置动画的对象，否则【动画】选项卡功能区中的按钮不可用。动画总共有四种设置：进入、强调、退出、动作路径。

(1)【进入】效果：对象以某种方式出现在幻灯片上。例如，可以让对象从某一方向飞入或者是旋转出现在幻灯片中。

(2)【强调】效果：对象直接显示后，再以缩小或放大、颜色更改等方式显示。

(3)【退出】效果：对象以某种方式退出幻灯片。例如，整体消失，或者从某一方向消失。

(4)【动作路径】效果：对象按照某一事先设定的轨迹运动。轨迹包括系统定义和自定义路径两种。选择【自定义路径】命令，鼠标指针变成一支铅笔，使用这支铅笔可以任意绘制想要的动画路径，双击左键结束绘制。如不满意可在路径的任意点上单击右键，在弹出的快捷菜单上选择【编辑顶点】命令，拖动线条上的点调节路径效果，如图 5-46 所示。

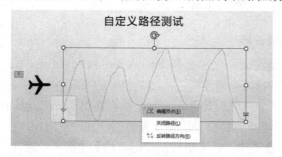

图 5-46　路径调整方式

四种动画可以组合使用，也可以单独使用，在【动画】或者【高级动画】功能区左键单击要设置的动画就可以看见动画效果。

2) 方向序列设置

在【动画】功能区单击【效果选项】按钮，可以对动画的方向、序列等进行调整，不同的动画效果也不尽相同。

3) 计时设置

计时功能区有四项功能：开始、持续时间、延迟、对动画重新排序。【计时】功能区和选项设置如图 5-47 所示。

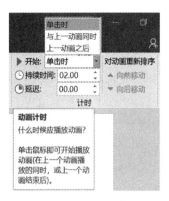

图 5-47　【计时】功能区

(1)【开始】有三个选项：单击时、与上一动画同时、上一动画之后。如图 5-47。默认是"单击时"。如果选择"单击时"，在幻灯片播放过程中单击鼠标实现动画播放；选择"与上一动画同时"，当前动画会和同一张幻灯片中的前一个动画同时显示；选择"上一动画之后"，当前动画在上一个动画结束后显示。如果动画较多，建议优先选择后两种开始方式，这样有利于幻灯片播放时间的把控。

(2)【持续时间】用来控制动画的速度，调整【持续时间】右侧的微调按钮，可以让动画以 0.25 秒的步长递增或递减。

(3)【延迟】用来调整动画显示时间，顾名思义就是让动画在"延迟时间"设置的时间后显示，这样有利于动画之间的衔接，可以让观看者清晰地看到每一个动画。

(4)【对动画重新排序】用来调整同一幻灯片中的动画顺序。直观的方法是单击【高级动画】功能区中的【动画窗格】，在演示文稿右侧显示【动画窗格】窗口，鼠标拖动调整上下位置，方便快捷地实现动画播放的前后顺序，也可以右键删除动画，如图 5-48 所示。也可以在多个动画设置对象中选定某一对象，单击【对动画进行重新排序】按钮下的【向前移动】或者【向后移动】按钮，实现对象动画播放顺序的改变。

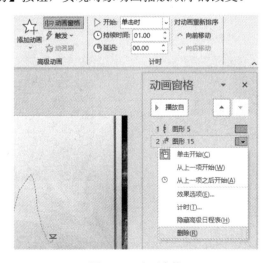

图 5-48　动画窗格

4) 设置相同动画

有时候我们希望在多个对象上设置同一动画，
PowerPoint 2016 为用户提供了"动画刷"，它可以快捷
地实现这一愿望。选择所要模仿的动画对象，单击【高
级动画】功能区的【动画刷】按钮，鼠标指针旁边会出
现一个小刷子，用这种带格式的鼠标单击其他对象就可
以实现设置同一动画的想法，如图 5-49 所示。实践中发
现，动画重复过多不但没有起到预期的效果，反而会增
强了单调感。

图 5-49　动画刷

5) 对同一对象设置多个动画

有时我们需要反复强调某一对象，这时可以给同一对象添加多个动画。设置好对象的
第一个动画后，单击【添加动画】按钮可以继续添加动画。比如一个对象可以先"进入"
再"退出"。

总之动画的使用要综合考量，不是动画越多越好，要结合受众人群、展示内容、题材
等因素进行设计。

5.4.4　幻灯片交互

使用超链接和动作设置可以实现在同一演示文稿中从一张幻灯片跳转至不同的幻灯
片，或者引入当前演示文稿外的其他文件，是幻灯片交互的重要手段。

1. 超链接交互

在演示文稿放映过程中，我们需要跳转到特定的幻灯片、文件，或者是 Internet 上某
一网址来增强演示文稿的交互性，下面就是具体完成超级链接的过程。

选定要插入超链接的对象，在【插入】选项卡【链接】功能区单击【超链接】按钮，
打开【插入超链接】对话框，如图 5-50 所示。

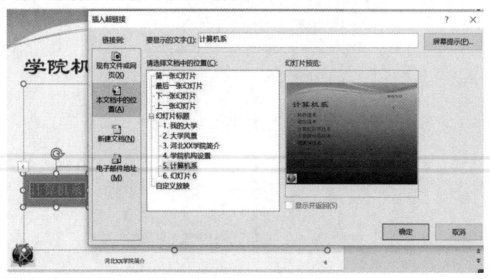

图 5-50　【插入超链接】对话框

1) 超链接到现有文件或网页

超链接到现有文件或网页可以跳转到当前演示文稿之外的其他文档或者网页。可以选定本地硬盘中路径进行超链接文档查找定位，也可以在底部文本框直接键入文档信息或者网页地址。超链接的文档类型可以是 Office 文稿、图片，也可以是声音文件。单击该超链接时，可以自动打开相匹配的应用程序。

2) 超链接到本文档中的位置

超链接到本文档中的位置可以实现当前演示文稿不同幻灯片之间的交互。在此选项对应的对话框中可以看到当前演示文稿内的全部幻灯片，选择符合需求的幻灯片，单击【确定】按钮即可。

3) 超链接到电子邮件地址

超链接到电子邮件地址可以打开 Outlook 给指定地址发送邮件。在电子邮件地址下方的文本框键入电子邮件地址即可。

4) 删除超链接

选定要删除超链接的对象，打开【编辑超链接】对话框，此时对话框多了一个【删除链接】按钮，可以将原链接清除。

2. 动作交互

除了超链接可以实现幻灯片之间的跳转以外，动作交互也可以让幻灯片完成跳转。我们通过交互按钮的创建来讲述动作交互实现的幻灯片之间的交互。下面以"设置练习题按钮"为例来讲述动作按钮的交互设计方法。

(1) 选中图 5-51 中的"练习题"椭圆形状，在【插入】选项卡【链接】功能区单击【动作】按钮，弹出【操作设置】对话框，如图 5-51 所示。

(2) 选中【操作设置】对话框中【单击鼠标】选项卡，选择【超链接到(H):】单选按钮，单击右侧下拉箭头，在下拉列表中选择【幻灯片…】，弹出【超链接到幻灯片】对话框。

(3) 在【超链接到幻灯片】对话框中选择"4.练习题"，如图 5-52 所示。依次单击两个对话框的【确定】按钮完成设置。

图 5-51　动作设置方式

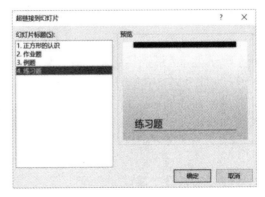

图 5-52　【超链接到幻灯片】对话框

在图 5-53【超链接到(H):】单选按钮的下拉列表中还有其他选项可以实现不同的动作设置，实现幻灯片的交互。

图 5-53　【操作设置】其他方式

5.4.5　幻灯片色彩与应用设计

色彩的选择非常重要，了解一些颜色的知识对于设计好的文稿是必要的。开始从十二色相环来认识颜色。十二色相环中包含 12 种颜色，如图 5-54 所示。这 12 种颜色被分为三个组：原色、间色和复色。

配色原则

(1) 原色指的是红、蓝、黄，这三种原色混合产生其他所有颜色。

(2) 间色指的是绿、紫、橙，这三种颜色由原色混合形成。

(3) 复色指的是橙红、紫红、蓝绿、橙黄、黄绿，这些颜色是由原色和间色混合构成。

(4) 相对位置的颜色被称为补色，如红与绿、青与橙等，补色搭配时，最好是其中一种颜色占比大，另一种颜色占比小，能形成鲜明的对比，有时会收到较好的效果。

(5) 在颜色盘上左右相邻的颜色成为近似色，如红色与橙红或紫红相配，黄色与草绿色或橙黄色相配等，使用近似色既有色彩变化又能保持和谐统一。

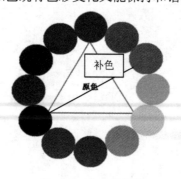

图 5-54　十二色相环

1. 色彩的 3 个属性

色彩的 3 个属性是色相、明度、纯度。色相是指色彩的相貌；明度是指色彩的明暗度；

纯度是指色彩的饱和度。

(1) 不同的色彩象征不同的感觉，红色及其近似色象征着热情、活泼和温暖，而蓝色及其近似色象征着理性、沉静和安全。这种就是色相和色调带来的色彩心理。

(2) 明度的高低也能带来不同的色彩心理，如图 5-55 所示，高明度让人感觉柔和娇嫩，中明度却让人感觉艳丽醒目，低明度让人感觉深沉浑厚。

图 5-55　明度高低对比

(3) 纯度不一样也会带来不一样的色彩心理，高纯度色彩是饱和充实，中纯度色彩是温和圆润，低纯度色彩是朴素浑浊。

2. 配色协调的技巧

(1) 同一幻灯片中展示同等重要内容采用相同明度和纯度的配色。

(2) 不同类别使用对比色突出展示。

(3) 应用环境的设计要依据色彩心理。

(4) 同一幻灯片中大块配色最好不要超过 3 种。

5.4.6　幻灯片构图设计

幻灯片中图片的使用没有统一的法则，好的演示文稿离不开图片的选择、处理和使用。

1. 图片的处理

1) 给图片设置样式

PowerPoint 2016 自带图片工具，用户可以利用图片工具提供的 28 种预设样式设置图片样式，也可以通过【图片边框】【图片效果】【图片版式】3 个命令按钮自定义图片样式。设置图片样式的方法：选中图片，在【图片工具格式】选项卡【图片样式】功能区单击某种图片样式就可以给图片设置样式，增加图片的质感和层次。图 5-56 就是其中 3 种样式的设置效果。

图 5-56　3 种图像样式设置效果

2) 大胆剪裁图片

在大部分的演示文稿中，文字的阐述是必不可少的，这样图片占用的空间就会很少，如果图片太大就会挤占了幻灯片中的文字空间，这时可以对图片进行大胆剪裁，保留图片的核心元素，剪裁成需要的横向或纵向图片，这样既保留了图片所要传达的信息，又为文字预留了更多的版面。选中图片，在【图片工具格式】选项卡的【大小】功能区单击【裁剪】按钮，在图片的四周就会出现 8 个裁剪点，拖动鼠标就可以实现裁剪，在空白处单击鼠标退出裁剪。裁剪前后的效果对比如图 5-57 所示。

图 5-57　图片剪裁前后对比

3) 删除背景

有时素材的背景色与演示文稿不搭配，这时就需要将背景色删除。虽然我们可以通过专业工具完成对图片的各种加工处理，但是 PowerPoint 2016 自带了【删除背景】功能，可以帮助用户删除背景色。需要说明的是，应用程序本身的这个功能是针对背景色比较单一的图片，操作步骤如下：

选中需要删除背景的原始图片，在【图片工具格式】选项卡【调整】功能区单击【删除背景】按钮，会出现如图 5-58 所示的【背景消除】功能区，调整如图 5-59 所示 8 个顶点实现删除背景色的效果(图中粉色是要被删除的)，最后单击【保留更改】按钮完成操作。删除背景色前后对比如图 5-60 所示。

图 5-58　【背景消除】功能区

图 5-59　8 个顶点调节删除区域

图 5-60　删除背景前后的效果

2. 数据图表的应用

好的数据图表可以清晰地展示数据构成，突出重点，方便比对，对文稿内容形成强有力的支撑作用。如何用好图表就是下面要叙述的重点。

合理应用数据图表

1) 数据归类

简单地将数据表呈现在幻灯片上对突出主题效果并不明显，好的做法应该根据主题将数据划分归类，重点突出。类似于 Excel 中的分类汇总。对于一些无法分类汇总的数据可以使用不同颜色填充的方式进行分类。

2) 数据图形化

图形在直观清晰显示逻辑关系上明显优于表格，不过不是所有的观点都适合用图形表示，因此要依据表达观点慎重选择使用各类图形。

3. 文字排版

(1) 处理大量文字需要提炼主题，改变字号突出显示。

(2) 重点内容改变字体突出显示。

(3) 项目符号的合理应用。

(4) 孤行控制。

(5) 保持文本的一致性。

(6) 最大限度地减少幻灯片数量。

(7) 幻灯片文本应保持简洁。

(8) 及时检查拼写和语法。

文字排版说明

5.5　放映和输出演示文稿

演示文稿制作完成后，往往需要根据不同场景进行放映设置。为了便于保存或传递，还可以将其打印输出或保存为视频。

5.5.1　放映演示文稿

幻灯片制作完成后就可以放映了。在放映幻灯片之前可对放映方式进行设置。PowerPoint 2016 提供了灵活的幻灯片放映控制方法，用户可选用不同的放映方式，使得在演示过程中更为得心应手。

1. 设置放映方式

PowerPoint 2016 提供了多种演示文稿的放映方式，放映方式决定了幻灯片的播放顺序，主要有幻灯片的定时放映、连续放映和循环放映等。

1) 定时放映

单击【切换】选项卡，在【计时】功能区中选中【单击鼠标时】复选框，则用户单击鼠标或按【Enter】键时，放映的演示文稿将切换到下一张幻灯片；选中【设置自动换片时间】复选框，并在其右侧的文本框中输入时间(时间为秒)后，则在演示文稿放映时，当幻灯片等待了设定的秒数之后，将自动切换到下一张幻灯片。

2) 连续放映

单击【切换】选项卡，在【计时】功能区中选中【设置自动换片时间】复选框，并为当前选定的幻灯片设置自动的切换时间，再单击【应用到全部】按钮，如图 5-61 所示，为演示文稿中的每张幻灯片设定相同的切换时间，即可实现幻灯片的连续自动放映。

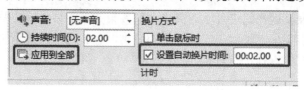

图 5-61　设置连续放映

3) 循环放映

用户将制作好的演示文稿设置为循环放映，可以应用于如展览会场等活动场合，演示文稿将自动运行并循环播放。单击【幻灯片放映】选项卡，在【设置】功能区中单击【设置幻灯片放映】按钮，打开【设置放映方式】对话框。在【放映选项】选项区域中选中【循环放映，按 Esc 键终止】复选框，如图 5-62 所示，则在播放完最后一张幻灯片后，自动跳转到第一章幻灯片重新播放，直到用户按【Esc】键退出放映状态。

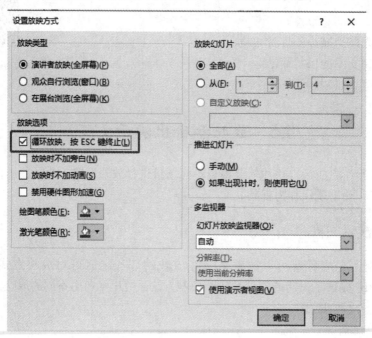

图 5-62　设置循环放映

2. 常用放映方法

对幻灯片进行放映设置后，就可以开始放映幻灯片。在 PowerPoint 2016 中常用的放映方法主要是从头开始放映和从当前幻灯片开始放映。

(1) 从头开始放映。单击【幻灯片放映】选项卡，在【开始放映幻灯片】功能区中单击【从头开始】按钮，或者按【F5】键，进入幻灯片放映视图，将从第一张幻灯片开始放映。

(2) 从当前幻灯片开始放映。单击【幻灯片放映】选项卡，在【开始放映幻灯片】功能区中单击【从当前幻灯片开始】按钮，或按【Shift+F5】组合键，或单击状态栏上的【幻灯片放映】按钮 ，即可从当前幻灯片开始放映。

3. 控制放映过程

(1) 切换幻灯片。按【PageUP】键、按【←】键或按【↑】键，可切换到上一张幻灯片；单击鼠标左键、按【空格】键、按【Enter】键、按【→】键或按【↓】键，可切换到下一张幻灯片。

(2) 结束放映。当最后一张幻灯片放映结束后，系统会自动在屏幕上方显示提示信息"放映结束，单击鼠标退出"。此时单击鼠标左键即可结束放映。如果想在放映过程中结束放映，可以按【Esc】键退出。

5.5.2　输出演示文稿

演示文稿制作完成后，除了可以直接在屏幕上放映，还可以用纸质的形式保存或传递。同时可以将 PPT 文件导出成视频，以便在没有安装 PowerPoint 软件的电脑上也能播放。

1. 打印演示文稿

把演示文稿打印到纸上能够更直观地查阅和备用。在打印演示文稿前，首先要对幻灯片的大小进行设置。

(1) 单击【设计】选项卡，在【自定义】功能区中单击【幻灯片大小】按钮，从弹出的下拉列表中选择【自定义幻灯片大小】命令，打开【幻灯片大小】对话框，如图 5-63 所示。在对话框中设置幻灯片大小、方向等选项，单击【确定】按钮完成设置。

(2) 单击【文件】选项卡，选择【打印】命令，在中间位置可以根据需要设置打印选项，然后单击【打印】按钮，即可开始打印工作，如图 5-64 所示。

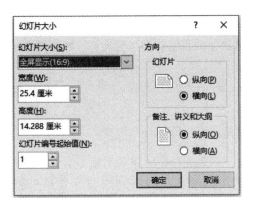

图 5-63　【幻灯片大小】对话框　　　　图 5-64　【打印】选项

2. 保存为视频

有些 PPT 应用的场合需要将 PPT 文件导出成视频，例如在没有安装 PowerPoint 软件的电脑上演示，制作一个小型公司宣传片等。PowerPoint 2016 可以将演示文稿输出为视频文件，支持 mp4 和 wmv 两种格式，具体操作步骤如下：

(1) 打开演示文稿。

(2) 单击【文件】选项卡，选择【导出】命令，在中间的列表中选择【创建视频】命令，如图 5-65 所示。

(3) 在右侧列表中单击【创建视频】按钮，从弹出的【另存为】对话框中设置保存位置并确认，即可将演示文稿导出为视频文件。

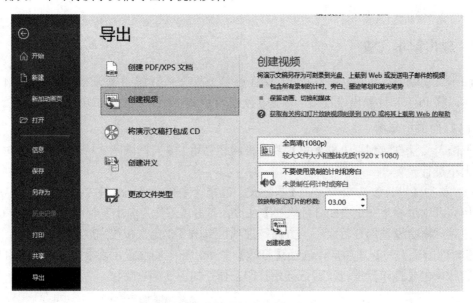

图 5-65　选择【创建视频】命令

5.6　综合应用案例

前面详细介绍了 PowerPoint 2016 的基本操作、外观设计、动画设置、幻灯片母版和超链接等操作，读者应该在熟悉内容的基础上多次实践，以达到掌握技能、熟练操作的目的。下面讲解两个综合应用案例的制作过程。

5.6.1　制作"毕业设计答辩"演示文稿

毕业答辩是学生学习成效的综合展示，制作一件优良的演示作品，可以充分展示自己的设计过程、设计方案、设计模型等，让毕业答辩更加精彩。演示文稿尽量做到结构清晰、文字精练、插图恰当、色泽适宜等。下面通过制作"毕业设计答辩"演示文稿来融汇 PPT 制作过程。例如制作最终完成效果如图 5-66 所示的演示文稿。

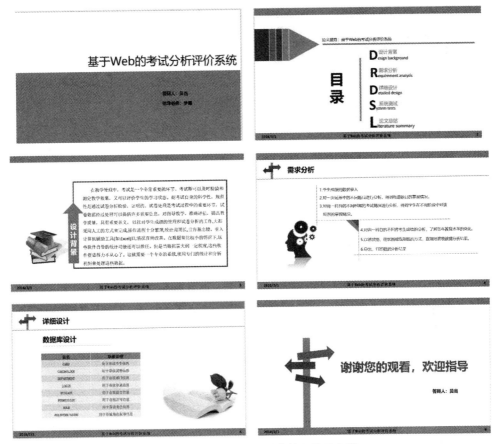

图 5-66　案例《毕业设计答辩》演示文稿

1. 利用模板新建演示文稿

(1) 打开"配套资源\第 5 章\毕业论文答辩 PPT 模板.pptx"演示文稿，选择【文件】菜单中【另存为】命令，单击界面中部【浏览】命令，打开【另存为】对话框，在【保存类型】栏中选择"PowerPoint 模板"，保持模板默认保存位置不变，单击【保存】按钮保存模板。

(2) 打开 PowerPoint 2016 应用程序，新建一个演示文稿，单击【文件】菜单中【保存】命令，单击界面中部【浏览】命令，打开【另存为】对话框，改变文件保存路径，修改文件名为"毕业论文答辩"，单击【保存】按钮保存即可。

(3) 单击【文件】菜单中【新建】命令，在打开的界面上单击【个人】选项卡后，选择"毕业论文答辩 PPT 模板.potx"，从弹出的窗口上单击【创建】按钮应用模板。

2. 依照模板完成幻灯片制作

(1) 依照图 5-66 所示，在每张幻灯片上插入图片，输入文字。

(2) 在"数据库设计"幻灯片上插入一张 2 列 9 行的表格，设置表格样式为"中度样式 2-强调 2"。设置右侧图片效果为"柔化边缘 2.5 磅"。

3. 设置母版并添加页眉和页脚

在母版视图模式下设置"页眉页脚"的字体为"宋体、16 磅、加粗、黑色"。单击【插

入】选项卡,在【文本】功能区中单击【页眉和页脚】,打开【页眉和页脚】对话框,设置
【日期和时间】为【自动更新】,【页脚】为"基于 Web 的考试分析评价系统",勾选【幻
灯片编号】【标题幻灯片中不显示】复选框,单击【应用到全部】将设置应用到全部幻灯片,
如图 5-67 所示。

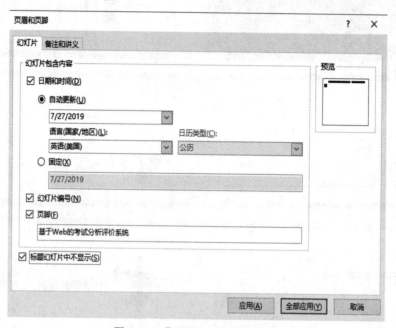

图 5-67　【页眉和页脚】对话框

4. 设置幻灯片切换效果

单击【切换】选项卡,在【切换到此幻灯片】功能区中选择【淡出】切换效果,单击
【应用到全部】,实现全部幻灯片应用同一切换方式。至此"毕业设计答辩"演示文稿制作
完成。

5.6.2　制作"年终工作总结"演示文稿

公司在年底时,通常需要让员工将一年的工作情况进行梳理和总结,并通过 PPT 的形
式展示汇报。下面使用学过的 PowerPoint 2016 来制作"年终工作总结"演示文稿。

1. 制作第一张幻灯片

(1) 启动 PowerPoint 2016 应用程序,新建一个空白演示文稿。单击【文件】选项卡中
【保存】命令打开文件界面,单击界面中部【浏览】弹出【另存为】对话框,改变文件保
存路径,修改文件名为"年终工作总结",单击【保存】按钮保存。

(2) 单击【设计】选项卡,在【主题】功能区中单击【切片】主题实现主题应用。

(3) 将鼠标定位到标题占位符上,输入"年终工作总结",在【开始】选项卡【字体】
功能区中设置字体为"微软雅黑,60 号"。将鼠标定位到副标题占位符上,输入"2018
年 12 月 25 日",在【开始】选项卡【字体】功能区中设置字体为"微软雅黑,20 号,白
色"。第一张幻灯片效果如图 5-68 所示。

图 5-68　第一张幻灯片

2. 制作第二张幻灯片

(1) 新建第二张幻灯片，版式为"仅标题"。在标题占位符上输入"目录"，字体设置为"微软雅黑，54 号"。

(2) 如图 5-69 所示，插入四个矩形形状，设置矩形大小均为高度 8.9 厘米、宽度 6.3 厘米，填充颜色"黑色"，透明度"20%"。输入图中文字，字体设置为"微软雅黑"，数字字号设置为"54 号"，文字字号设置为"32 号"。

图 5-69　第二张幻灯片

3. 制作第三张幻灯片

新建第三张幻灯片，版式为"仅标题"。在标题占位符上输入"工作概述"，字体设置为"微软雅黑，48 号"。在左侧插入图片"工作.jpg"并放到合适的位置，在右侧插入一个文本框，按照图 5-70 输入文字，字体设置为"微软雅黑，24 号"。选中后四段文本，单击【开始】选项卡，在【段落】功能区中单击【项目符号】按钮右侧倒三角，打开项目符号列表，添加项目符号 ✓。

图 5-70　第三张幻灯片

4. 制作第四、五、六张幻灯片

(1) 新建第四张幻灯片，版式为"仅标题"。在标题占位符上输入"业绩展示"，字体设置为"微软雅黑，48 号"。单击【插入】选项卡，在【插图】功能区单击【SmartArt】，弹出【选择 SmartArt 图形】对话框，选择【列表】选项中的【梯形列表】，单击【确定】按钮，插入该 SmartArt 图形，如图 5-71 所示。

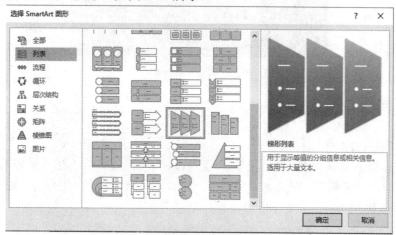

图 5-71　插入 SmartArt 图形

(2) 在 SmartArt 图形中输入图 5-72 中所示的文本，字体设置为"微软雅黑，28 号"。插入图片"配套资源\第 5 章\图标 1.png、图标 2.png 和图标 3.png"，缩放移动到合适的位置。

图 5-72　第四张幻灯片

(3) 依照上述步骤新建幻灯片，插入不同的 SmartArt 图形和图标，输入图 5-73 和图 5-74 中的文字，字体设置同第四张幻灯片，这样保持幻灯片风格一致，完成第五、六张幻灯片。

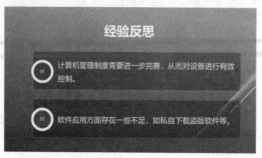

图 5-73　第五张幻灯片

图 5-74　第六张幻灯片

5. 为幻灯片设置动画增加趣味性

选中图 5-75 第六张幻灯片红线框中的内容，在【动画】选项卡【动画】功能区选择【浮入】，在【效果选项】按钮下拉列表中选择序列为【逐个】，设置好动画的动画窗格如图 5-75所示。

图 5-75　设置好动画的动画窗格

6. 设置幻灯片切换效果

在【切换】选项卡【切换到此幻灯片】功能区选择【门】，单击【应用到全部】，实现全部幻灯片应用同一切换方式。至此年终工作总结演示文稿制作完成。

习　　　题

一、操作题

1. 创建演示文稿。

(1) 单击【文件】菜单中【新建】命令新建一个空白演示文稿，文件名为"ppt 实验1.pptx"，观察演示文稿中幻灯片张数；在【开始】选项卡【幻灯片】功能区单击【新建幻灯片】按钮，新添加的幻灯片有文字内容吗？有背景图案吗？版式是什么？

(2) 利用模板创建演示文稿后，在【开始】选项卡【幻灯片】功能区单击【新建幻灯片】按钮，新添加的幻灯片有文字内容吗？有背景图案吗？

2. 编辑幻灯片。

(1) 新建空白演示文稿，文件名为"ppt 实验 2.pptx"。按照图 5-76 输入文字，插入图片，观察普通视图和大纲视图中的幻灯片有什么变化。

图 5-76　演示文稿样板

(2) 如何设置"基本情况"幻灯片背景颜色填充为"橙色，个性色 2"，"已获证书"幻灯片背景设置为"再生纸"？

3. 母版应用。

(1) 打开"配套资源\第 5 章\ppt 实验 3.pptx"，单击【视图】选项卡【母版视图】功能区【幻灯片母版】按钮，进入母版视图。

(2) 将母版幻灯片的背景设为"新闻纸"，在右下角添加一"云形"形状，单击【关闭母版视图】按钮退出母版视图。

(3) 观察每张幻灯片有什么变化。

(4) 再次进入母版视图模式，修改文本占位符的文字格式为"红色，华文琥珀"，退出母版视图，观察每张幻灯片有什么变化。

4. 在制作演示文稿的过程中你认为什么是最重要的？

5. 比较以往见过的演示文稿，你认为什么是好的演示文稿？

二、思考题

1. 据你了解，PPT 在社会上的应用情况是什么样的，它的熟练运用会给工作带来哪些不同效果或结果？

2. 有人说"PPT 是给外行人看的，内行不需要"，谈谈你的看法。

第6章　多媒体技术

多媒体技术(Multimedia Technology)是以数字化为基础，对图形、图像、音频、视频、动画等媒体信息进行采集、处理、存储的技术。随着计算机技术的不断发展，多媒体技术广泛应用在各行各业，如平面制作、音视频制作、移动端媒体制作等。伴随着信息化步伐的加快，多媒体技术的发展和应用前景更加广阔。新一代的多媒体技术将以网络多媒体、交互多媒体、自适应多媒体等形式为主。

将多媒体技术所反映的内容生动地展示给用户，离不开多媒体处理软件。本章将重点介绍常用的媒体制作工具，其中应用最广泛的有图像处理软件 Photoshop、音频处理软件 Audition、视频处理软件 Premiere 等。

本章要点：

- Photoshop CS6 软件的基本操作。
- Audition CS6 的基本操作。
- 背景音乐的制作方法。
- Premiere Pro CC2017 的基本操作。
- 视频编辑的方法。

思维导图：

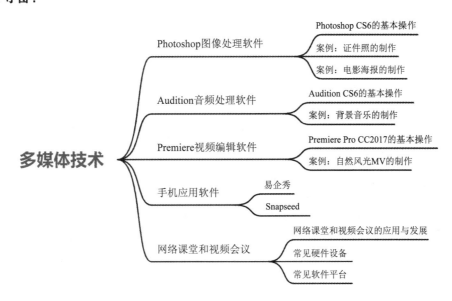

关键字：

多媒体：Multimedia。
音频：Audio。
视频：Video。
手机软件：Application，APP。
异步网络课堂：Asynchronous Cyber Classroom。
同步网络课堂：Synchronous Cyber Classroom。
视频会议：Video Meeting。

6.1　Photoshop 图像处理软件

Photoshop 是由 Adobe 公司开发的目前应用最为广泛的图像处理软件之一，主要应用于数码照片后期处理、广告制作、包装设计、APP 界面设计、网页设计等领域。

6.1.1　Photoshop CS6 的基本操作

Photoshop 拥有功能强大的选择工具和多姿多彩的滤镜，可以实现多种文字效果，易学易用，用途广泛。Photoshop 具有图像合成、色彩校正、图层调板、通道使用、动作调板、路径工具、滤镜等图像处理功能，是一款值得深入学习的应用软件。

1. Photoshop CS6 的工作界面

从 1990 年 Photoshop 1.0 版本至今，Photoshop 软件经历了多个版本的变化历程。下面以 Photoshop CS6 为例介绍 Photoshop 软件的使用。

如果计算机中已经安装了 Photoshop CS6，则单击【开始】按钮，选择【所有程序】中的【Photoshop CS6】命令，即可打开 Photoshop CS6 程序。也可以通过双击桌面的快捷方式或打开已有的"*.psd"格式的文件。启动 Photoshop CS6 软件后，它的工作界面如图 6-1 所示。

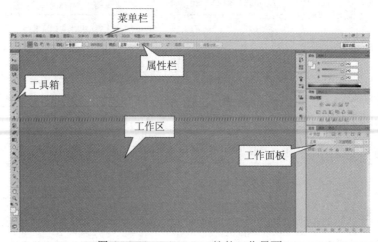

图 6-1　Photoshop CS6 软件工作界面

(1) 菜单栏：包括【文件】【编辑】【图像】【图层】【文字】【选择】【滤镜】【视图】【窗口】和【帮助】共 9 个菜单。单击这些菜单会出现相应的下拉菜单，其中包含了多个命令，单击即可执行命令。

(2) 属性栏：显示当前所选工具的参数，选择的工具不同，则参数不同。

(3) 工具箱：包含了所有的绘图和处理工具，可以通过单击的方式选择相应的工具，也可以通过快捷键实现工具的选择。例如，按【V】键可以快速切换到移动工具。

(4) 工作区：打开的文档将显示在工作区内。在实际工作中，为了获得较大的空间显示图像，可以通过按下【Tab】键来隐藏和显示属性栏、工具箱和工作面板。

(5) 工作面板：位于工作区右边，包括颜色、图层等选项。可以通过【窗口】菜单控制工作面板的显示与关闭。

2. 文件的基本操作

图像处理的各种操作都是在新建文件或已存文件上进行的。例如，在处理图像前需要新建一个图像文件，当需要用到已有的图像素材文件时则需要打开文件，图像文件编辑好后则需要保存文件。下面简单介绍文件的基本操作。

1) 文件的新建

选择【文件】菜单中的【新建】命令，或者按下【Ctrl + N】快捷键，打开【新建】对话框。在【新建】对话框中，对文件大小、分辨率和颜色模式进行设置后，单击【确定】按钮即可完成文件的新建，如图 6-2 所示。

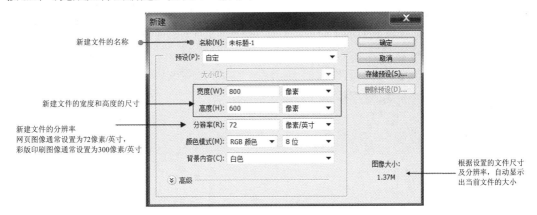

图 6-2　【新建】对话框

2) 文件的打开

选择【文件】菜单中的【打开】命令，或者按下【Ctrl + O】快捷键，弹出【打开】对话框。在【打开】对话框中，选择需要打开的图像文件，单击【打开】按钮，即可打开所选图像文件。直接将图像文件拖动到 Photoshop CS6 的工作区也可以打开文件。

3) 文件的保存

选择【文件】菜单中的【存储】命令(如果不想覆盖原有的图像，可以选择【文件】菜单中的【存储为】命令)。在图像格式栏中选择图像的存储类型为 PSD(Photoshop Document)格式或 JPEG(Joint Photographic Experts Group)格式。为了方便以后对图像进行修改，存

存储格式简介

储为 PSD 格式。PSD 格式是 Photoshop 软件的专用格式，这种格式可以存储图片编辑中的各种编辑信息，如图层、通道、路径、蒙版等信息，可以对图片中的图像、文字等进行再编辑。JPEG 格式是图片压缩格式，是最常用的图像文件格式。

4) 视图的控制

当打开需要修改的图片(即图像文件)后，我们要对图像文件进行放大、缩小、平移等操作，像我们在手机上看图片一样，这就要对视图进行控制，这种操作并不会改变图片本身的大小，只是为了便于编辑操作。图像的放大和缩小可以通过点击缩放工具 🔍 进行。也可以选择【编辑】选项卡中【首选项】中的【常规】命令或按快捷键【Ctrl + K】完成，在弹出的【首选项】对话框中勾选【用滚轮缩放】，如图 6-3 所示，这样就可以用鼠标的滚轮对图像进行缩放。选择【视图】选项卡中的【实际像素】命令或按快捷键【Ctrl + 1】，可以使画布以 100%尺寸显示。选择【视图】选项卡中的【按屏幕大小缩放】命令或按快捷键【Ctrl + 0】，可以使图像根据屏幕大小进行缩放。图像的平移可以通过抓手工具 ✋(或按下空格键)实现。

5) 图像与画布的调整

在使用 Photoshop 进行图片编辑时，经常需要设置图像大小和画布大小，图像大小是图片本身的尺寸，画布大小是图片背景的尺寸。简单地说，修改图像大小的话会改变所有内容(包括画布大小、像素、清晰度等)，而修改画布大小只会修改作图区域(也就是显示区域)。图像文件的画布尺寸大小可以通过【画布大小】功能进行修改。选择【图像】选项卡中的【画布大小】命令，在弹出的【画布大小】对话框中可以显示当前画布的尺寸信息，如图 6-4 所示。通过修改【宽度】和【高度】的参数即可实现画布大小的更改。

画布和图像的概念

图像大小的调整

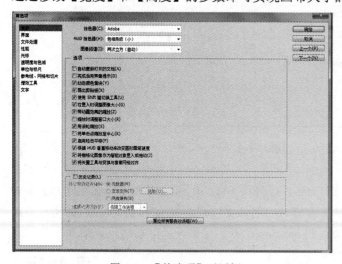
图 6-3　【首选项】对话框

图 6-4　【画布大小】对话框

6.1.2　案例：证件照的制作

在日常工作学习中，我们经常会使用到证件照，对证件照的尺寸大小、背景颜色也会有不同的要求，如果我们掌握了运用 Photoshop 进行证件照的制作的方法，就可以自己进行处理了。接下来我们就来学习对照片替换背景色、设置大小的具体操作。

本案例需要制作一张证件照。要求根据现有照片素材，一张其他背景色的证件照(背景必须是纯色，尽量跟衣服的颜色差别大一些，在拍摄证件照时不能单纯追求图片好看而让照片失真)，将人物抠取出来，并排版成一张 7 寸相纸大小的证件照，证件照为小二寸红底。要求人物边缘抠取准确，排版整齐。原图及最终效果图如图 6-5 所示。

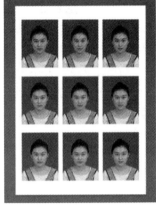

证件照的基本要求

图 6-5   证件照原图和最终效果图

1．需求分析

根据最终效果，对案例进行分析，本案例通过以下两个关键步骤实现。

(1) 将原始图片中的人物抠取出来，更改背景颜色为红色，尺寸大小为小二寸照片的尺寸。

(2) 对完成的照片进行排版，按 7 寸相纸的规格新建一个白色背景的画布，将照片复制后进行排列。

2．操作步骤

(1) 打开源文件，并更改颜色模式。

启动 Photoshop CS6 软件，选择【文件】菜单中的【打开】命令，在弹出的【打开文件】对话框中选择"教学资源\第 6 章\素材\证件照原图.jpg"。选择【图像】选项卡中【模式】下拉菜单中的【CMYK 颜色】命令，将图片的颜色模式改为 CMYK 模式，如图 6-6 所示。CMYK 是用于彩色印刷的颜色模式。

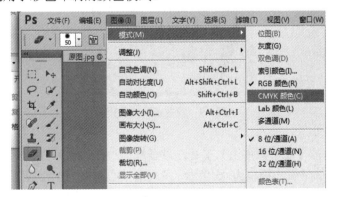

图 6-6   【CMYK 颜色】命令

(2) 将原图裁剪为小二寸照片的大小。

选择工具箱中的裁剪工具，如图 6-7 所示。

图 6-7　选择裁剪工具

单击裁剪工具的属性栏【不受约束】选项，在菜单中选择【大小和分辨率】命令，弹出如图 6-8 所示的对话框中。在图中设置大小为 3.5 厘米 × 4.5 厘米，分辨率设置为 300 像素/英寸(注意选择正确的分辨率单位)，单击【确定】按钮。此时画布中会出现裁剪区域，如图 6-9 所示。通过鼠标移动图片，确定好裁剪位置后，单击属性栏中的按钮进行确定，即可完成图片的裁剪。

分辨率的选择

图 6-8　【大小和分辨率】命令

图 6-9　裁剪工具的使用

(3) 抠取图像。

选择工具箱中的【背景橡皮擦】工具，以画笔大小在人物和背景交界区域对半覆盖两个部分为宜，故将画笔大小调整为 45 像素。在画笔中心十字处于背景区域部分时沿人物边缘涂抹一周，如图 6-10 所示。注意操作一定要不留死角，否则会导致抠图不完整。

图 6-10　使用【背景橡皮擦】工具

　　此时，选择【橡皮擦工具】并对画笔大小进行调整后，对剩余蓝色背景进行擦除，如图 6-11 所示。

图 6-11　使用【橡皮擦工具】擦除多余背景色

　　选择【图层】选项卡中的【新建】命令，或者按下快捷键【Shift＋Ctrl＋N】，新建图层。选中新建的"图层 1"，单击工具栏中的【设置前景色】按钮，在弹出的【拾色器(前景色)】对话框中设置 C 和 K 的值为 0，M 和 Y 的值为 100，将图层颜色设置为红色，如图 6-12 所示。按下快捷键【Alt＋Delete】，用设置好的前景色填充图层。

图 6-12　前景色填充

将图层 1 调整至图层 0 之下，即完成抠图操作，如图 6-13 所示。

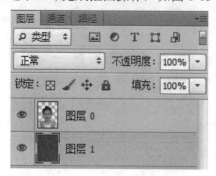

图 6-13　调整图层顺序

选择【文件】菜单中的【存储为】命令，在弹出的【存储为】对话框中，设置图片名称为"小二寸照片"，选择图片类型为 jpeg，如图 6-14 所示。至此，小二寸照片制作完成。

图 6-14　图片的存储图

(4) 相纸排版。

新建一个 7 寸相纸大小的画布文件，以便对修改完成的证件照进行排版。选择【文件】菜单下的【新建】命令，在弹出的【新建】对话框中将【宽度】设为"12.7 厘米"，【高度】设为"17.8 厘米"，【分辨率】设为"300 像素/英寸"，【颜色模式】设为"CMYK 颜色"，如图 6-15 所示。

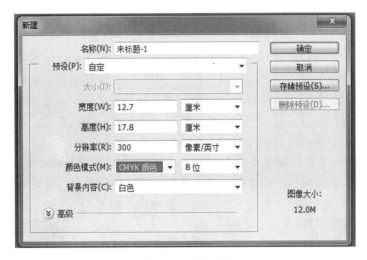

图 6-15　新建画布

　　选择工具栏中的移动工具，将小二寸照片移动到新建的画布中，将照片调整到合适的位置。此时会产生新的照片图层。

　　接下来要实现的是照片的复制，选择移动工具的同时按下快捷键【Alt + Shift】，可以实现图层的复制，复制好图层后，在图层面板中选中三个图层，单击属性栏中的【水平居中分布】按钮，效果如图 6-16 所示。

图 6-16　图层的复制

　　选中三个图层，继续按下快捷键【Alt + Shift】键进行复制图层，将画布排满。选择【文件】菜单中的【存储为】命令或者按【Ctrl + S】键，将此文件命名为"证件照.psd"并保存。

6.1.3　案例：电影海报的制作

在日常生活中，我们可以经常看到在公交站牌和宣传栏张贴的电影海报，效果炫酷，引人入胜。需要注意的是，这些海报图片都是有版权的，如果引用必须标明出处，所以在不方便引用的情况下我们可以选择自己制作电影海报。通过学习电影海报的制作，我们可以类比制作各类宣传海报，比如产品宣传、公司招聘或者社团纳新等。那么这些图片是怎么制作的呢？我们是否也可以制作出来这样的海报呢？

在实际工作中，我们经常综合运用 Photoshop CS6 的各种特效操作制作电影宣传海报。本例选取"枯树"和"蜘蛛"两张图片作为素材，通过色彩选择、羽化等操作将两张图片进行合成，制作简单的海报。原图和效果图如图 6-17、图 6-18 和图 6-19 所示。

图 6-17　"枯树"原图　　　　图 6-18　"蜘蛛"原图　　　　图 6-19　"蜘蛛海报"效果展示

1. 需求分析

为实现海报效果，需要通过以下三个关键步骤实现。

(1) 去掉"蜘蛛"图片中灰白色的背景，抠取"蜘蛛"。

(2) 将去掉背景的"蜘蛛"图片拖曳到"枯树"图片上，并调整大小及位置。

(3) 运用羽化工具对"蜘蛛"边缘白边进行处理。

2. 操作步骤

1) 抠取"蜘蛛"

启动 Photoshop CS6 软件，选择【文件】菜单中的【打开】命令，在弹出的【打开文件】对话框中选择"教学资源\第 6 章\素材\蜘蛛.jpg"，如图 6-20 所示。

图 6-20　打开"蜘蛛"图片

　　在界面右下方选择【图层】选项卡，双击背景图层缩略图，弹出如图 6-21 所示的【新建图层】对话框，单击【确定】按钮关闭对话框，将"背景"转换为"图层 0"，图层转换完成后，我们才可以进行以下操作，否则操作将无法生效。

图 6-21　【新建图层】对话框

　　单击【选择】中的【色彩范围】命令，弹出【色彩范围】对话框。选择"取样颜色"，当鼠标变为吸管形状 时，单击"蜘蛛"图片灰白色背景部分，将颜色容差设置为 5(数字越大，选中的颜色范围越大；数字越小，选中的颜色范围越小)，设置效果如图 6-22 所示。单击【确定】按钮关闭对话框，此时我们建立了以"蜘蛛"为主体的选区。

　　此时，按下【Delete】键，即删除背景颜色，使用【Ctrl＋D】组合键取消选区，如图 6-23 所示。

图 6-22　【色彩范围】对话框

图 6-23　删除背景后的"蜘蛛"图片

2) 合成图片

　　在"蜘蛛"图片上选择"图层 0"，将其拖曳至"枯树"图片上，并调整至合适大小与位置，如图 6-24 所示。

图 6-24　合成后的"蜘蛛海报"

3) 调整边缘

观察初步合生的图片，我们不难发现在"蜘蛛"身体的边缘出现了白色线条，使得两部分图片不能很好地融合，接下来我们就对这部分内容进行处理。

按住【Ctrl】键，单击界面右下方图层选项卡中的图层缩略图载入"蜘蛛"选区(即出现蚁线)。按下快捷键【Ctrl + Shift + I】，进行选区反选，单击【选择】，选中【修改】中的【羽化】命令，弹出【羽化选区】对话框，【羽化半径】设为 1 像素，如图 6-25 所示，单击【确定】按钮关闭对话框。

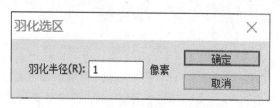

羽化

图 6-25 【羽化选区】对话框

此时，按【Delete】键，每点击一次白色线条即缩小一部分，根据本案例实际情况，点击 2～3 次即可达到最佳效果。按下【Ctrl + D】快捷键取消选区，即完成海报制作，效果如图 6-19 所示。

6.2 Audition 音频处理软件

Audition 是 Adobe 公司发布的一款专业级音频录制、混合、编辑和控制软件，专为在照相室、广播设备和后期制作设备方面工作的音频和视频专业人员设计，无论是录制音乐、无线电广播，还是录像配音，Audition 恰到好处的工具均可提供充足动力，以创造最高质量的丰富、细微的音响。

6.2.1 Audition CS6 的基本操作

Audition 拥有完善的工具集，其中包含用于创建、混合、编辑和复原音频内容的多轨、波形和光谱显示功能。这一强大的音频工作站旨在加快视频制作工作流程和音频修整的速度，并且还提供带有纯净声音的精美混音效果。

1. 认识 Audition CS6 工作界面

在使用 Audition CS6 之前，我们首先确定已正确安装应用软件。可以单击【开始】按钮，选择【所有程序】中的【Audition CS6】命令，或双击桌面上的 Audition CS6 快捷图标，启动 Audition CS6 软件。它的工作界面如图 6-26 所示。

(1) 菜单栏：包括【文件】【编辑】【多轨混音】【素材】【效果】【收藏夹】【视图】【窗口】【帮助】共 9 个菜单，单击会出现相应的下拉菜单，其中包含了多个命令，单击即可执行命令。

(2) 工具栏：菜单栏下方是工具栏，提供对工具、工作区菜单及在"波形"和"多轨"编辑器之间进行切换的快速访问。在波形视图和多轨混音视图中，可用的工具有所不同。

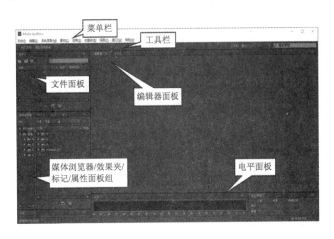

图 6-26　Audition CS6 软件工作界面

（3）功能面板：Audition CS6 有很多功能面板，比如文件面板、编辑器面板、媒体浏览器面板、效果夹面板等，这些面板是工作界面的主要组成部分。所有的功能面板都是自由窗口，可以任意调整其窗口大小、位置、组合等，也可以通过【窗口】菜单控制工作面板的显示与关闭。

Adobe Audition 应用程序提供了一个统一且可自定义的工作区。程序的主窗口是应用程序窗口。在此窗口中，面板被组合成名为工作区的布局。默认工作区包含面板组和独立面板。我们可以自定义工作空间，将面板布置为最适合自己工作风格的布局。重新排列面板时，其他面板会自动调整大小以适应窗口。我们可以为不同的任务创建并保存多个自定义工作区，例如，一个用于编辑，一个用于预览。打开要操作的项目，选择【窗口】选项卡中的【工作区】，然后选择所需的工作区。

2. 文件的基本操作

1）新建音频文件

在编辑音频之前，我们需要先在 Audition 中新建一个音频文件。选择【文件】菜单下的【新建】中的【音频文件】命令，弹出【新建音频文件】对话框，根据需要自行设置文件名称、采样率、声道和位深度，单击【确定】按钮，即可生成一个空白的音频文件。

2）打开文件

选择【文件】菜单中的【打开】命令，弹出【打开文件】对话框，选择需要打开的音频文件，单击【打开】按钮，即可打开所选音频文件。直接将音频文件拖动到 Audition CS6 的编辑器工作区也可以打开文件。

3）保存文件

在完成编辑之后，我们要记得及时保存。选择【文件】菜单中的【存储】命令，即可完成文件的保存。

4）选择波形

通常情况下，我们在对某一段波形进行编辑时，需要先选择波形。单击编辑器面板中的【播放】按钮或按空格键开始监听音频的播放，当播放到关键的波形时按【F8】键或【M】键在波形上添加一个标记，然后用鼠标拖曳即可选择两个标记中间的波形，如图 6-27 所示。

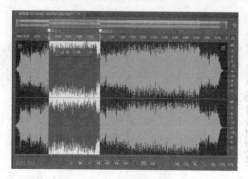

图 6-27　选择波形

6.2.2　案例：背景音乐的制作

利用 Audition CS6 能够方便快捷地将普通的音频文件制作成背景音乐。本案例使用 Audition CS6 的基本功能制作朗诵背景音乐，主要任务是：裁剪原始音频素材，对裁剪后的音频进行淡入、淡出效果的处理。原始音频素材和最终效果如图 6-28、图 6-29 所示。

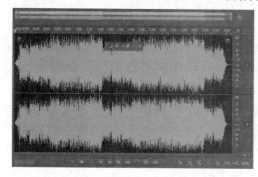

图 6-28　原始音频素材

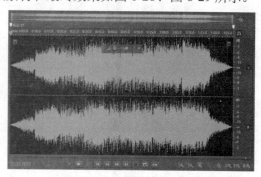

图 6-29　经过处理之后的最终效果

1. 打开原始音频文件

启动 Audition CS6 软件，选择【文件】菜单中的【打开】命令，在弹出的【打开文件】对话框中选择"教学资源\第 6 章\素材\音乐 1.mp3"，单击【打开】按钮即可打开原始音频文件，如图 6-30 所示。

图 6-30　【打开文件】对话框

2. 裁剪原始音频素材

通过滑动鼠标滚轮来缩放音频，这样方便我们找到更精确的节奏位置。在需要剪辑的位置按【F8】键做上标记，如图 6-31 所示。

单击鼠标左键拖选音频中不需要的部分，按【Delete】键删除所选音频。也可以单击鼠标右键，在弹出的菜单中选择【删除】命令来删除所选定的音频，即可完成音频的裁剪，如图 6-32 所示。

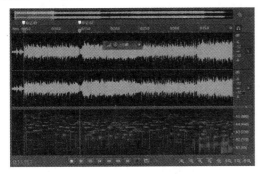 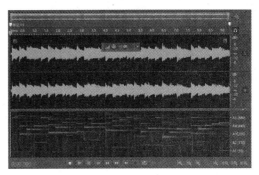

图 6-31　按下【F8】键做标记　　　　　　　　图 6-32　裁剪后的音频

3. 添加淡入、淡出效果

音频线性淡入、淡出效果一般是指在音乐响起的时候声音缓缓变大，结束的时候声音渐渐消失，就不会出现音乐突然响起这样十分突兀的情况。

单击鼠标左键拖选起始部分音频，选择【效果】选项卡中的【振幅与压限】，在下拉菜单中选择【淡化包络】命令，如图 6-33 所示。在弹出的【效果-淡化包络】对话框中，在【预设】下拉列表中选择【线性淡入】选项，单击【应用】按钮完成淡入效果的添加，如图 6-34 所示。

单击鼠标左键拖选结尾部分音频，用同样的方式添加【线性淡出】效果。添加淡入、淡出后的最终效果如图 6-29 所示。

 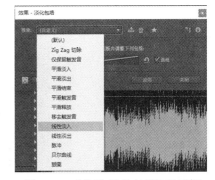

图 6-33　【淡化包络】命令　　　　　　　　图 6-34　【效果-淡化包络】对话框

4. 保存音频文件

选择【文件】菜单中的【另存为】命令，在弹出的【存储为】对话框中，设置文件名称为"背景音乐"，保存位置为"桌面"，选择格式为"MP3 音频(*.mp3)"，单击【确定】按钮即可完成文件的保存，如图 6-35 所示。至此，背景音乐制作完成。

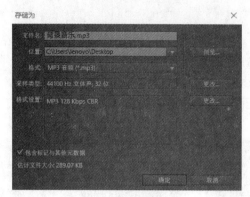

模拟音频和数字
音频的比较

图 6-35　保存音频文件

6.3　Premiere 视频编辑软件

Premiere 是由 Adobe 公司推出的一款功能强大的视频编辑软件，可以用于特效制作、音频编辑、添加字幕、视频合成、动画制作等，尤其在视频剪辑和合成中表现突出，被广泛应用于广播电影电视、视频工作室、栏目包装、短视频制作、宣传片、MTV 音乐电视等制作领域。

6.3.1　Premiere Pro CC2017 的基本操作

Premiere 提供了采集、剪辑、调色、美化音频、字幕添加、输出、DVD 刻录的一整套流程，并和其他 Adobe 软件高效集成，足以完成在编辑、制作、工作流上遇到的所有挑战，满足创作者创建高质量作品的要求。

1. Premiere Pro CC2017 的工作界面

在使用 Premiere Pro CC2017 之前，我们首先确定已正确安装应用软件。单击【开始】按钮，在【所有程序】中选择【Premiere Pro CC2017】命令，或双击桌面上的 Premiere Pro CC2017 快捷图标，即可启动 Adobe Premiere Pro CC2017 软件，首先弹出【开始】窗口，如图 6-36 所示。

图 6-36　【开始】窗口

在这个窗口中，共分为两个部分，第一部分是【最近使用项】，呈现最近使用的 Premiere 文件，可以从这里直接打开它们，起到节约时间、便于定位的作用；第二部分是四个按钮，分别是【新建项目】【打开项目】【新建团队项目】和【打开团队项目】。

单击【新建项目】按钮，弹出【新建项目】对话框，如图 6-37 所示。在【名称】选项的文本框中设置项目名称，单击【位置】选项右侧的【浏览】按钮，在弹出的对话框中选择项目文件保存路径，设置完成后单击【确定】按钮，即可创建一个新的项目文件，随之出现 Premiere Pro CC2017 的工作界面，如图 6-38 所示。

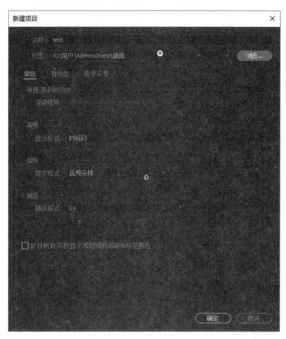

图 6-37　"新建项目"对话框

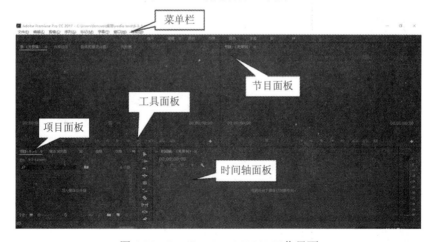

图 6-38　Premiere Pro CC2017 工作界面

(1) 菜单栏：包括【文件】【编辑】【剪辑】【序列】【标记】【字幕】【窗口】和【帮助】共 8 个菜单，单击会出现相应的下拉菜单，其中包含了多个命令，单击命令即可执行。

(2) 项目面板：主要用于导入、存放和管理供时间轴面板编辑合成的原始素材，默认为图标视图状态，单击列表视图按钮 ，可以切换到列表视图状态。在图标视图状态时，将光标置于视频图标上左右移动，可以查看不同时间点的视频内容。在列表视图状态时，可以查看素材的基本属性，包括素材的名称、媒体格式、视音频信息和数据量等。

(3) 节目面板：显示音频、视频节目编辑合成后的最终效果，用户可通过预览最终效果来评估编辑的效果与质量，以便进行调整和修改。

(4) 时间轴面板：是 Premiere Pro CC2017 的核心部分，大部分编辑工作都在这里进行。通过时间轴面板，可以轻松地实现对素材的剪辑、插入、复制、粘贴、修整等操作。

(5) 工具面板：存放多种常用操作工具，这些工具主要在时间轴面板中用于编辑操作，如选择、移动和裁剪等。

2. 文件的基本操作

1) 打开项目

在编辑视频之前，我们需要打开视频项目。选择【文件】菜单中的【打开项目】命令，或者按【Ctrl + O】快捷键，弹出【打开项目】对话框，选中需要打开的项目文件后，单击【打开】按钮即可打开所选项目文件。

2) 导入素材

只有导入了素材，我们才能对其进行编辑。选择【文件】菜单中的【导入】命令，或者按【Ctrl + I】快捷键，弹出【导入】对话框，选中需要导入的素材后，单击【打开】按钮可以将所选素材文件导入到项目面板中。

3) 保存项目

在完成编辑之后，务必记得及时保存。选择【文件】菜单中的【保存】命令(如果不想覆盖原来的项目文件，可以选择【文件】菜单中的【另存为】命令)，弹出【保存项目】对话框，设置文件名和保存路径后，单击【保存】按钮即可保存项目文件。

截取素材的入点和出点

6.3.2　案例：自然风光 MV 的制作

我们经常在网上看到非常震撼的视频 MV，其中很多就是用手机随手拍摄的日常视频制作出来的，今天就跟大家分享一个制作自然风光 MV 的案例，看如何运用 Premiere 把拍摄的视频剪出大片范儿。本案例的主要任务是：将三段视频素材(没有声音)进行拼接，给视频添加转场效果、背景音乐和静态字幕标题。

1. 新建项目

启动 Premiere Pro CC2017 软件，单击【新建项目】命令，设置项目名称为"自然风光"，项目保存在桌面上，其他选项不需要设置，单击【确定】按钮完成项目的新建。

2. 导入素材

选择【文件】菜单中的【导入】命令，弹出【导入】对话框，选择"教学资源\第 6 章\素材\自然风光.mp3、自然风光 1.mp4、自然风光 2.mp4 和自然风光 3.mp4"文件，如图 6-39 所示。单击【打开】按钮，将素材文件导入到项目面板中，如图 6-40 所示。

图 6-39　【导入】对话框　　　　　　　　　图 6-40　素材导入到项目窗格

3. 拼接素材

要把几段视频素材合成为一个视频时，就需要对素材进行拼接。在项目面板中，首先选中"自然风光 1.mp4"文件并将其拖到时间轴面板的 V1 轨道中，让它的左边与时间轴面板的左边对齐；然后选中"自然风光 2.mp4"文件并将其拖曳到时间轴面板的 V1 轨道中，让它的左边紧贴"自然风光 1.mp4"文件的右边；最后选中"自然风光 3.mp4"文件并将其拖曳到时间轴面板的 V1 轨道中，让它的左边紧贴"自然风光 2.mp4"文件的右边。至此，三段视频素材已经拼接到一起，如图 6-41 所示。

图 6-41　拼接素材

4. 添加视频转场效果

一段视频结束，另一段视频紧接着开始，这就是电影的镜头切换，为了使切换衔接得自然或更加有趣，可以使用各种转场特效。

在效果面板中，选择【视频过渡】中的【溶解】命令，选中"交叉溶解"特效，如图 6-42 所示。将"交叉溶解"特效拖曳到时间轴面板 V1 轨道中"自然风光 1.mp4"文件的结尾处和"自然风光 2.mp4"文件的开始位置，当有反色显示并且鼠标指针下面出现过渡位置确认标志时，释放鼠标，两个视频的拼接处出现一个带对角线的矩形区域，这时特效添加完成，如图 6-43 所示。

用同样的方法在"自然风光 2.mp4"文件和"自然风光 3.mp4"文件中间添加"交叉溶解"特效。

图 6-42   选中"交叉溶解"特效

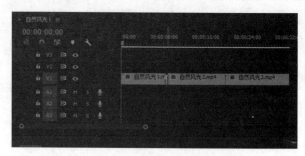

图 6-43   添加视频过渡特效

5. 添加背景音乐

只有视频而没有背景音乐会使视频的播放效果大打折扣。添加音乐的方法是在项目面板中选中"自然风光.mp3"音频文件，将其拖曳到 A1 轨道上，如图 6-44 所示。

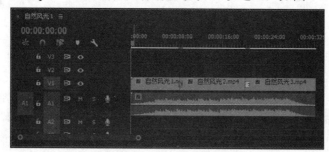

图 6-44   添加背景音乐

6. 添加静态字幕

为了帮助观众更好地理解视频内容，我们可以为视频添加字幕。单击【字幕】选项卡中的【新建字幕】，选择【默认静态字幕】命令，弹出【新建字幕】对话框，如图 6-45 所示。单击【确定】按钮，弹出【字幕编辑器】窗口，选择文字工具 T，在字幕工作区中输入文字"自然风光"，在字幕属性面板中选择"华文行楷"，如图 6-46 所示。关闭【字幕编辑器】窗口，新建的字幕文件自动保存到项目面板中。

图 6-45   【新建字幕】对话框

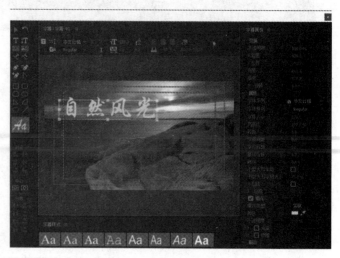

图 6-46   【字幕编辑器】窗口

在项目面板中,选中"字幕01"文件并将其拖曳到时间轴面板的 V2 轨道中,如图 6-47
所示。

图 6-47　拖曳字幕到 V2 轨道上

7. 导出视频

在完成视频编辑之后,我们需要进行导出操作才能得到视频文件。选择【文件】菜单
下的【导出】中的【媒体】命令,弹出【导出设置】对话框,在【格式】选项的下拉列表
中选择"AVI"选项,在【预设】选项的下拉列表中选择"PAL DV"选项,在【输出名称】
文本框中输入"自然风光"并设置文件的保存路径,勾选【导出视频】复选框和【导出音
频】复选框,如图 6-48 所示。设置完成后,单击【导出】按钮渲染输出视频,如图 6-49
所示。渲染完成后,即可生成自然风光 MV 影片。

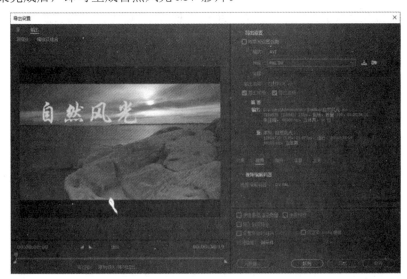

图 6-48　【导出设置】对话框

图 6-49　渲染输出

6.4　手机应用软件

随着时代的发展，手机以其信息传达的有效性和丰富的表现手法获得了大众的青睐，成为继报纸、广播、电视、网络之外的"第五媒体"。而随着智能触屏手机的普及，一批界面简洁、操作简单、方便快捷的手机多媒体制作软件涌现出来，用户可以利用它们处理照片、视频和音频等各种文件。目前，大多数青年人手机中安装的多媒体制作软件的综合使用体验已达到能够与电脑媲美的程度，本节选取易企秀和 Snapseed 进行简单介绍。

6.4.1　易企秀

易企秀是一款针对移动互联网宣传的手机幻灯片、H5 场景应用制作工具，将原来只能在 PC 端制作和展示的各类复杂宣传方案转移到更为便携的手机上。用户可以编辑手机网页，分享到社交网络，并且可以通过报名表单收集潜在客户或其他反馈信息。类似的软件还包括 MAKA、美篇等。

1. 易企秀的工作界面

在安卓手机和苹果手机中分别找到应用商店和 App Store，以"易企秀"为关键词进行搜索，选择软件进行下载，如图 6-50 所示。下载完成后，点击手机界面"易企秀"应用软件，其工作界面如图 6-51 所示。

图 6-50　搜索"易企秀"app　　　　　图 6-51　易企秀工作界面

2. 易企秀的基本操作

作为一款优秀的展示类手机应用软件，易企秀可以用来制作简历进行个人营销，其制作的便捷性和效果效率也是被广泛认可的。本书以简历制作为例简单介绍易企秀的基本操作。

(1) 在登录界面顶部的搜索框中，以"简历"为关键词进行搜索，结果如图 6-52 所示。

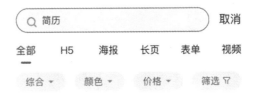

图 6-52　以"简历"为关键词的搜索结果

(2) 点击选中的模板，进入预览界面，如图 6-53 所示。根据制作需求和制作内容比较后，点击模板下方的【使用】按钮，即可进入编辑页面，如图 6-54 所示。

图 6-53　预览界面　　　　　　　　　　图 6-54　编辑界面

(3) 在编辑界面下方，选择编辑工具，根据制作需求和制作内容分别对现有模板的文字、图片、特效、背景、音乐和翻页进行编辑和个性化设计。编辑完成后，点击页面右上角【保存】按钮，在新页面中选择右下角【发布】按钮，进入发布页面如图 6-55 所示，编辑文件标题、封面和描述，即可发布已制作展示文档。

图 6-55　发布界面

6.4.2　Snapseed

Snapseed 是一款集滤镜和工具为一体的免费图片处理软件，界面简洁，处理高效。类似的软件还包括美图秀秀、醒图等。

1. Snapseed 的工作界面

在安卓手机和苹果手机中分别找到应用商店和 App Store，以"Snapseed"为关键词进行搜索，选择软件进行下载，如图 6-56 所示。下载完成后，点击手机界面"Snapseed"应用软件，打开界面如图 6-57 所示。

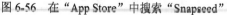

图 6-56　在"App Store"中搜索"Snapseed"　　　　图 6-57　Snapseed 打开界面

2. Snapseed 的基本操作

（1）点击登录界面任意位置，导入要进行处理的图片，如图 6-58 所示。点击屏幕下方左侧【样式】按钮，进入滤镜选择界面，如图 6-59 所示。样式选择完毕后，点击屏幕右下方【√】按钮，返回图 6-59 界面。

图 6-58　Snapseed 图片编辑界面　　　　图 6-59　Snapseed 样式选择界面

（2）点击屏幕下方中间【工具】按钮，进入工具选择界面，如图 6-60 所示。选择【调整图片】工具，点击屏幕下方左数第二个按钮，即调整图片按钮，可任意调整图片亮度、对比度、饱和度、氛围、高光、阴影和暖色调，如图 6-61 和图 6-62 所示。点击屏幕下方左数第三个按钮，即自动调整按钮，可自动对图片的亮度和对比度等进行调整。

图 6-60　Snapseed 工具选择界面　　图 6-61　Snapseed 调整图片界面一　　图 6-62　Snapseed 调整图片界面二

Snapseed 的图片编辑工具十分强大，且简单易学，读者可自行对图 6-60 中的工具进行探索。

手机应用软件在多媒体方面的分类多种多样，除了以上介绍的两种还包括音频处理软件、视频处理软件和录屏软件等，且大多简单易学，读者可以根据实际需要自行下载，学习使用。

手机视频编辑软件

6.5　网络课堂和视频会议

随着现代高性能计算机和高速传输网络技术的飞速发展，网络多媒体和计算机支持协同工作(Computer Supported Cooperative Work，CSCW)正在快速进入人们的工作、学习和生活中，并逐渐发展成现代多媒体技术的一个重要角色。尤其在当今全球疫情蔓延的大背景下，CSCW 框架下的网络课堂和视频会议发挥了巨大的作用。

6.5.1　网络课堂和视频会议的应用与发展

网络课堂可分为异步网络课堂(Asynchronous Cyber Classroom，ACC)和同步网络课堂(Synchronous Cyber Classroom，SCC)，同步网络课堂是教师和学生之间、学生和学生之间可以通过网络进行及时互动的课堂。

突如其来的疫情，让本该有序开展的教学活动戛然而止。为响应国家"停课不停学"的号召，确保学生健康、安全发展，各地大中小学相继开展实施网络教学工作，力争完成原有的教学任务，其中又以同步网络课堂为主。同步网络课堂具有"网络面对面"的特征，给学生创设传统课堂的情境，有助于学生及时获得反馈信息，增强学习动机，加深对学习内容的理解。同步网络课堂还可以实现文本互动、视频互动、音频互动、小组讨论等功能。

视频会议(Video Meeting)是随着 Internet 技术的发展逐步发展起来的，能把声音、图像、文本、文件等多种媒体信息从一个地方的计算机终端传送到另外一个地方的通信终端。采用网络会议系统，可以使身处异地的多个工作人员以与会者的身份共同参加会议，以音频、视频形式展示个人形象和发表言论，增强临场感，还可通过文字进行交流，采用文件共享进行文件发布和传输。同时，也能借助电子白板参加协作式交流和讨论，缩短与会人员的距离，改善会议气氛，使所有与会人员都能身临其境，如同在同一个地方开会。视频会议在现实应用中能够极大地提高工作效率，降低远距离会议的费用和开销。伴随着信息通信网络的不断加速构建，网络技术的快速发展让视频会议变成了现实，也为各个行业之间的信息沟通提供了有力的保障。

6.5.2　常见硬件设备

在参与网络课堂和视频会议的过程中，需要一些硬件的支持，常见的硬件有计算机(包括平板电脑)、智能手机、手写板、耳机和麦克风等，其中手写板、耳机和麦克风等，可以根据自己的需求进行选择。

1．计算机

计算机是能够按照程序运行的，可自动、高速处理海量数据的现代化智能电子设备。当使用计算机来主持或者参加视频会议时，需要安装相应的软件。每种软件都有自己的功能特色，可根据需求进行选择安装。计算机的种类主要有以下三种，如图 6-63、图 6-64 和图 6-65 所示。

图 6-63　台式电脑　　　　图 6-64　笔记本电脑　　　　图 6-65　平板电脑

2．智能手机

智能手机是具有独立的操作系统和运行空间，可以由用户自行安装由第三方服务商提供的软件、游戏、导航等，并可以通过移动通信网络来实现无线网络接入的手机类型的总称。当使用智能手机来主持或者参加视频会议时，同样需要安装相应的手机应用。图 6-66 所示为各式各样的智能手机。

图 6-66　各式各样的智能手机

在视频会议和网络课程中，人们至少需配备计算机或智能手机中的一种才能发送或者接收到视音频信号。

3．手写板

手写板是计算机输入设备的一种，通常是由一块板和一支压感笔组成，主要分为无线手写板和有线手写板。现在大多用于设计、美术相关专业师生、广告公司与设计工作室，以及 Flash 矢量动画、动漫制作者。在视频会议或者授课时，可根据需要配备手写板，如图 6-67 所示。

图 6-67   有线手写板

4. 云台稳定器

云台是安装、固定手机、相机、摄像机的支撑设备，分为固定和电动云台两种。云台可以任意旋转，方便使用者使用。在拍摄视频或者开展户外直播时，可以使用云台来使画面稳定，如图 6-68 所示。

图 6-68   安装上数码相机的手持云台

6.5.3   常见软件平台

由于在线交流需求急速扩大，各种优秀的会议直播软件逐渐涌现，本书选择了两种常用软件平台进行简单介绍。腾讯会议是专门用于视频会议直播的软件，钉钉则为一款移动办公软件，具有强大的办公协作和视频直播功能，并针对网络课堂提出了相对应的解决方案。

1. 腾讯会议

腾讯会议(Voov Meeting)提供便捷易用、高清流畅、安全可靠的云视频会议服务，可随时随地高效开会。疫情期间，腾讯会议助力远程协同，面向全国用户免费开放，国际版也已在全球超过 100 个国家和地区紧急上线。

(1) 腾讯会议支持通过手机、电脑、小程序灵活入会，更独家支持微信一键入会。

(2) 音视频智能降噪功能，让会议沟通更加顺畅。强大的会议管控功能，可保证会议有序进行。

(3) 在线文档协作、实时屏幕共享、即时文字聊天等功能，也让会议协作更高效。

（4）考虑到用户特殊场景的会议需求，腾讯会议还特别配备了虚拟背景、美颜强化视频效果。

目前，腾讯会议已广泛应用于企业、政务、金融、教育、医疗等行业，并解锁云签约、云招商、云招聘、云课堂、云培训等场景。

下面以 PC 端登录腾讯会议为例进行简单功能介绍。

（1）当我们使用腾讯会议召开线上会议时，首先需要在腾讯会议官方网站下载正版软件并安装。

（2）打开已正确安装的软件后，注册或登录个人账号，如图 6-69 所示。

（3）登录成功后，可以根据需求选择【加入会议】【快速会议】【预定会议】和【无线投屏】，如图 6-70 所示。

图 6-69　PC 端"腾讯会议"登录界面　　　　图 6-70　登录成功后的工作界面

点击图 6-69 右上角的【设置】图标，弹出【设置】对话框，在此界面可以对会议过程中的各个选项进行设置，如图 6-71 所示。

图 6-71　PC 端"腾讯会议"登录界面

2. 钉钉

钉钉(DingTalk)是中国领先的智能移动办公平台，由阿里巴巴集团开发，2015 年 1 月份正式发布上线，免费使用，用于在线沟通和工作协同，主要包括视频会议、群直播、聊天、日程等功能。2020 年 4 月 8 日上午，阿里钉钉正式发布海外版 DingTalk Lite，支持繁体中文、英文、日文等多种文字和语言，疫情期间免费面向全球用户。

(1) 提供 PC 版、Web 版、Mac 版和手机版，支持手机和电脑间文件互传。

(2) 通过系统化的解决方案(微应用)，全方位提升沟通和协同效率。

(3) 提供学校、教育机构等在线上课的全套解决方案，停课不停学。老师可随时随地在线教学，支持与学生连麦等课堂互动，视频课程还可以反复观看。在线上课后，老师可以通过家校布置功课，及时巩固课堂所学的知识。老师可以发布运动记录，让学生在家也养成锻炼身体的好习惯。

下面以手机端登录钉钉为例进行简单功能介绍。

(1) 当我们使用钉钉召开线上会议时，首先需要在手机应用商店下载正版软件并安装。

(2) 打开已正确安装的软件后，注册或登录个人账号，如图 6-72 所示。

(3) 登录成功后，点击图 6-73 右上角的视频电话图标，进入【会议】界面。

图 6-72　手机端"钉钉"登录界面　　　图 6-73　登录成功后的工作界面

(4) 点击【发起会议】图标，根据需求从视频会议、语音会议和电话会议三种会议形式中进行选择，如图 6-74 所示。

(5) 进入视频会议后我们可以选择会议模式或者课堂模式，如图 6-75 所示。

图 6-74   登录成功后的工作界面   图 6-75   "钉钉"视频会议界面

(6) 点击【发起直播】图标，根据需求选择【在线直播】或者【在线课堂】，即可开始直播，如图 6-76 所示。

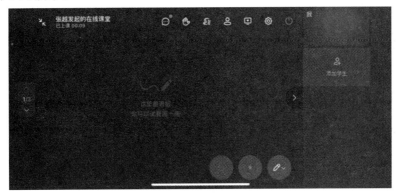

图 6-76   "钉钉"在线课堂界面

技术的进步在不同的行业中起起伏伏，但随着人工智能、4K 和机器学习等新兴技术的出现，相信网络课堂和视频会议的协作空间将在未来几年发生变化，并将进一步向各个行业渗透。

习   题

1. 谈谈你所认为的虚拟现实技术及其应用领域。
2. 你认为多媒体技术的未来发展趋势是什么？

第7章　网络技术与信息安全

随着信息技术的持续发展，网络已经渗透到当今社会的各个领域，建立一个高效丰富的网络世界，可以为工作、学习、交流营造更加良好的环境。网络给人们生活带来便利的同时，也带来了信息安全问题。信息安全的实质就是要保护信息系统或信息资源免受各种类型的威胁、干扰和破坏。本章将重点介绍网络相关技术与信息安全知识。

本章要点：

• 了解计算机网络的基本概念和基础知识，主要包括常用网络设施、网络协议与体系结构、IP 地址和 DNS 应用和家庭组网等。

• 了解计算机信息安全概念和防控常识，主要包括信息安全技术、管理、道德、法律等内容。

• 了解网络安全新技术。

思维导图：

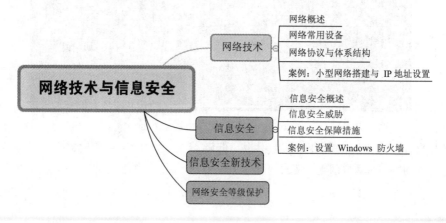

关键字：

计算机网络：Computer Network。

局域网：Local Area Network。

广域网：Wide Area Network。

信息安全：Information Security。

计算机病毒：Computer Viruses。

7.1 网 络 技 术

计算机网络(Computer Network)是现代计算机技术和通信技术密切结合的产物,是随着社会对信息传递和共享的要求而发展起来的。

7.1.1 网络概述

计算机网络就是利用通信设备和线路将地理位置不同的、功能独立的多个计算机系统相互联起来,以功能完善的网络软件(如网络通信协议、信息交换方式、网络操作系统等)实现网络中信息传输和共享的系统。

1. 计算机网络的发展过程

从计算机网络问世,至今已经有半个多世纪,其间历经了四个发展阶段,即面向终端的计算机网络阶段、多台计算机互联的计算机网络阶段、面向标准化的计算机网络阶段和面向全球互联的计算机网络阶段。

1) 面向终端的计算机网络阶段

20 世纪 50 年代,为了能够远程使用计算机,人们通过通信线路将计算机与终端相连,通过终端进行数据的发送和接收,这种“终端—通信线路—计算机”的模式被称为远程联机系统,由此开始了计算机和通信技术相结合的年代,远程联机系统被称为第一代计算机网络。

这一阶段网络的主要特点是单主机多终端,所以从严格意义上讲,并不属于计算机网络的范畴。

2) 多台计算机互联的计算机网络阶段

20 世纪 60 年代,计算机用户希望各计算机之间可以进行信息的传输与交换,于是出现了以实现“资源共享”为目的的多计算机互联的网络。1969 年在美国建成的 ARPAnet 首先实现了以资源共享为目的的不同计算机互联的网络,该网络成为今天互联网的前身。

这一阶段网络的主要特点是以通信子网为中心,多主机多终端。

3) 面向标准化的计算机网络阶段

20 世纪 70 年代后期,各个计算机生产厂商开发形成了体系结构迥异的计算网络系统,为了实现不同网络之间的互联,国际标准化组织(International Organization for Standardization, ISO)于 1984 年颁布了开放系统互联参考模型(Open System Interconnect, OSI),这个模型通常被称作 OSI 参考模型。只有标准的才是开放的,OSI 参考模型的提出引导着计算机网络走向开放的标准化的道路,同时,也标志着计算机网络的发展步入了成熟的阶段。

这一阶段网络的主要特点是计算机网络遵循同一种协议。

4) 面向全球互联的计算机网络阶段

从 20 世纪 80 年代末开始,随着通信技术,尤其是光纤(Optical Fiber)通信技术的发展,计算机网络技术得到了迅猛的发展。用户不仅对网络的传输带宽提出越来越高的要求，对网络的可靠性、安全性和可用性等也提出了新的要求。网络管理逐渐进入了智能化阶段，包括网络的配置管理、故障管理、计费管理、性能管理和安全管理等在内的网络管理任务，都可以通过智能化程度很高的网络管理软件来实现。

这一阶段网络的主要特点是计算机网络进入了高速、智能的发展阶段。

2. 计算机网络的分类

计算机网络的分类标准很多，通常我们根据使用对象、通信介质、传输技术、地理覆盖范围等对网络进行分类。常见的分类方式如表 7-1 所示。

表 7-1　计算机网络的分类

分类角度	种　类
使用对象	公众网络：为公众提供网络服务的网络，如 Internet
	专用网络：专门为特定的部门或应用而设计的网络，如银行系统的网络
通信介质	有线网络：采用有形的传输介质如铜缆、光纤等组建的网络
	无线网络：使用微波、红外线等无线传输介质作为通信线路的网络
传输技术	广播式网络：这种网络中所有的计算机共享一条通信信道
	点到点网络：这种网络中，由一条通信线路连接两台设备，数据传输可能需要经过一台或多台中间通信设备
地理覆盖范围	局域网(Local Area Network，LAN)：覆盖范围大约是几公里以内，如一幢大楼内或一个校园内。学校或中、小型公司的网络通常都属于局域网
	城域网(Metropolitan Area Network，MAN)：覆盖范围大约是几公里到几十公里，主要用于满足城市、郊区的联网需求。例如，某个城市中所有中小学互联起来所构成的网络就称为教育城域网
	广域网(Wide Area Network，WAN)：覆盖范围一般是几十公里到几千公里以上，它能够在很大的范围内实现资源共享和信息传递。大家所熟悉的 Internet 就是广域网最典型的例子

3. 计算机网络的拓扑结构

网络设备与线路按照一定关系构建成具有通信功能的组织结构，即网上计算机或设备与传输媒介形成的节点和线的物理构成模式就是计算机网络的拓扑结构。计算机网络主要有以下几类拓扑结构。

(1) 总线型拓扑结构：如图 7-1 所示，网络中采用单条传输线路作为传输介质，所有节点通过专门的连接器连到这个公共信道上，这个公共的信道称为总线。总线型拓扑结构的网络是一种广播网络。任何一个节点发送的数据都能通过总线传播，同时也能被总线上的所有其他站点接收到。

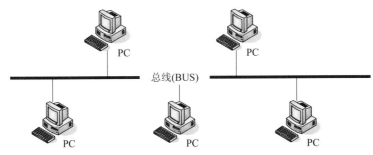

图 7-1　总线型拓扑结构

　　总线型拓扑结构形式简单，需要铺设的通信线缆最短，单个节点出现故障，一般不会影响整个网络，但若总线出现故障，则会导致整个网络的瘫痪。

　　(2) 星形拓扑结构：如图 7-2 所示，网络中有一个中心节点，其他各节点通过各自的线路与中心节点相连，形成辐射型结构。各节点间的通信必须通过中心节点转发。

　　星形拓扑结构具有结构简单、易于建网和易于管理等特点。不过一旦中心节点发生故障，就会导致整个网络瘫痪。

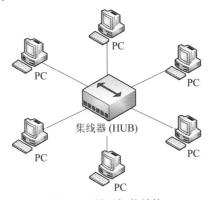

图 7-2　星形拓扑结构

　　(3) 环形拓扑结构：如图 7-3 所示，网络中各节点和通信线路连接形成一个闭合的环。在环形拓扑结构中，数据按照一个方向传输，发送端发出的数据，沿环绕行一周后，回到发送端，由发送端将其从环上删除。任何一个节点发出的数据都可以被环上的其他节点接收到。

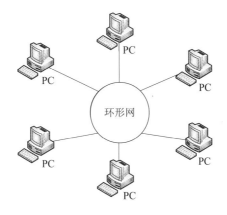

图 7-3　环形拓扑结构

环形拓扑结构具有安装便捷、易于监控等优点，但是容量有限，网络建成后会增加节点困难。

(4) 网状拓扑结构：如图 7-4 所示，网络中各节点和其他节点都直接相连。

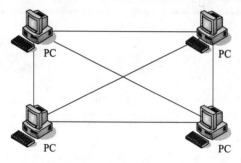

图 7-4　网状拓扑结构

在网状拓扑结构中，节点之间存在多条路径可选，在传输数据时可以灵活选用空闲路径或者避开故障线路，增加网络的可靠性。但是网络结构安装复杂，需要铺设的通信线缆最多。

4. 计算机网络的功能

计算机网络的功能可以归纳为资源共享、数据通信、负载均衡、数据信息处理等四项。其中，最重要的是资源共享和数据通信。

资源共享：网络的基本功能之一。资源共享不仅使网络用户克服地理位置上的差异，共享网络中的资源，还可以充分提高资源的利用率。例如，网络打印机、网络视频等都属于资源共享。

数据通信：计算机网络的另一项基本功能。数据通信包括网络用户之间、各处理器之间，以及用户与处理器间的数据通信。例如，QQ 聊天等就是数据通信的常见应用。

负载均衡：当网络的某个服务器负荷过重时，可以通过网络传送数据到其他较为空闲的服务器。利用负载均衡可以提高系统的可用性与可靠性。例如，12306 网站的最高访问量达到上亿，负载均衡可以有效分散客户到不同的服务器。

数据信息处理：以网络为基础，将从不同计算机终端上得到的各种数据收集起来，并进行整理和分析等综合处理。当前流行的大数据就是信息集中处理的典型应用。例如，淘宝的芝麻信用，就是根据一个人在淘宝上的各种消费行为综合分析得到的。

7.1.2　网络常用设备

计算机接入互联网必须经过传输介质和网络互联设备。

1. 传输介质

传输介质是网络中发送方和接收方之间传输信息的载体，也是网络中传输数据、连接各网络站点的实体。

1) 双绞线

双绞线(Twisted Pair)由按规则螺旋结构排列的两根绝缘线组成，如图 7-5(a)所示。双绞线就是网线，在组网中经常用到。双绞线成本低，易于铺设，既可以传输模拟信号，也可以传输数字信号，但是抗干扰能力较差。

2) 同轴电缆

同轴电缆(Coaxial Cable)由外层圆柱导体、绝缘层、中心导线组成，如图 7-5(b)所示。以前广播电视网络使用同轴电缆组网，后来光纤入户后，同轴电缆的使用越来越少。

3) 光纤

光纤由缆芯、包层、吸收外壳和保护层四部分组成，如图 7-5(c)所示。光纤分为单模光纤和多模光纤两类。光纤的直径小、重量轻、频带宽、误码率低、不受电磁干扰、保密性好等优点。在主干网、局域网，甚至接入网中，都采用光纤进行组网。

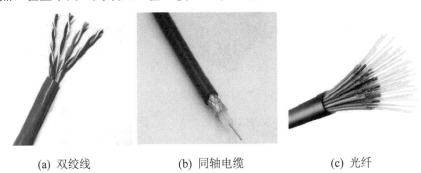

(a) 双绞线　　　　　　　(b) 同轴电缆　　　　　　(c) 光纤

图 7-5　双绞线、同轴电缆、光纤

4) 无线信道

无线信道(Wireless Channel)指用无线电波组成的网络通道。目前，常用的无线信道有微波、卫星信道、红外线和激光信道等。无线信道灵活性较大，传输信息量大，但容易受干扰，经常用于无线局域网、卫星通信等场景中。

更多通信线缆

2. 网络互联设备

1) 网卡

网卡(Network Interface Card)也称作网络适配器，是计算机与互联网相连的接口部件，如图 7-6(a)所示。每个网卡具有唯一的 48 位二进制编号(即 MAC 地址)，用于计算机的网络身份的识别，是上网必备设备。

2) 中继器

中继器(Repeater)是一种用于解决信号传输过程中的衰减、放大信号的设备，可以保证在一定距离内信号传输不会衰减，如图 7-6(b)所示。当网络传输距离较长时，就需要配备中继器，以保障信号不失真。

3) 集线器

集线器(Hub)是将多条线路的端点集中连接到一起的设备，如图 7-6(c)所示。它是一种信号再生转发器，可以把信号分散到多条线路上。当一台电脑连接到单个网络时，可以使用集线器。

4) 路由器

路由器(Router)是连接局域网与广域网或两种不同类型局域网的设备，如图 7-6(d)所示，在网络中起着数据转发和信息资源进出的枢纽作用，是网络的核心设备。当数据从某个子网传输到另一个子网时，要通过路由器来完成。路由器根据传输消耗、网络拥塞或信源与终点间的距离来选择最佳路径。

5) 交换机

交换机(Switch)是一种在通信系统中完成信息交换功能的设备,有多个端口,如图 7-6(e)所示，它能够将多条线路的端点连接在一起，并支持多个计算机并发连接，实现并发传输，改善局域网的性能和服务质量。日常经常使用交换机组建局域网络。

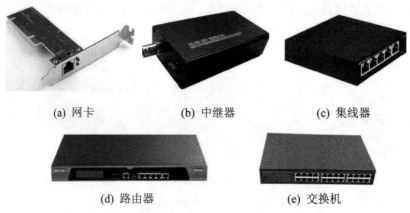

(a) 网卡　　　　　　(b) 中继器　　　　　　(c) 集线器

(d) 路由器　　　　　　　　　(e) 交换机

图 7-6　网卡、中继器、集线器、路由器、交换机

7.1.3　网络协议与体系结构

网络协议与体系结构是网络技术中最基本的两个概念。网络协议是网络通信的规则，网络体系结构是网络结构与协议的组合。

1. 网络协议

日常生活中的协议指的是参与活动的双方或多方达成的某种共识。例如打电话时，需要拨打"区号+电话号码"，这就是一种协议。网络协议指的是一组控制数据通信的规则，这些规则明确地规定了交换数据的格式和时序。计算机网络是一个十分复杂的系统，为了确保这个系统能够正常工作，也需要多种协议，网络协议就是为了确保网络的正常运行而制定的规则。

2. 网络体系结构

协议是规则，是抽象的，计算机网络除了需要这些抽象的规则外，还需要这些抽象规则的具体实现方法。对于计算机网络这样复杂的系统，一次性整体实现是不现实的，因此采取将复杂问题进行分层次解决的处理方法，把一个大问题分割成了相对容易解决的小问题，这就是网络体系结构的意义。网络体系结构主要有 OSI 参考模型和 TCP/IP 参考模型。

1) OSI 参考模型

OSI 参考模型(Open System Interconnection Reference Model，开放式系统互联通信参考模型)将网络体系结构分成了 7 层，从低到高分别是物理层、数据链路层、网络层、传输层、

会话层、表示层、应用层，如图 7-7 所示。每一层都提供一种服务，通过接口提供给更高
一层，高层无须知道底层是如何实现这些服务的。这类似于生活中能够接触到的邮政系统，
发信人无须知道邮政系统的内部细节，只要贴足邮资，将信件投入邮筒，信件就可以到达
收信人手中。在邮政系统中，发信人与收信人处于同一层次，邮局处于另一层次，邮局为
收发信人提供服务，邮筒作为服务的接口。

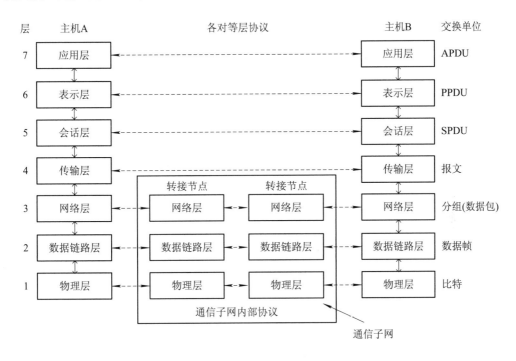

图 7-7　OSI 参考模型

2) TCP/IP 参考模型

TCP/IP(Transmission Control Protocol/Internet Protocol，传输控制协议/互联网协议)是
目前使用最广泛的互联网标准协议之一。TCP/IP 参考模型只有 4 层，由低到高分别是网络
接口层、网际层、传输层、应用层。TCP/IP 参考模型与 OSI 参考模型的对应关系如表 7-2
所示。

表 7-2　TCP/IP 与 OSI 的对应关系

TCP/IP	OSI
应用层	应用层
	表示层
	会话层
传输层	传输层
网际层	网络层
网络接口层	数据链路层
	物理层

　　OSI 参考模型的初衷是希望为网络体系结构与协议的发展提供一种国际标准，但是随着因特网的发展，TCP/IP 得到了最广泛的应用。虽然 TCP/IP 不是国际标准，但是它由多所大学共同研究并完善，而且得到了各个厂商的大力支持，TCP/IP 现在已经是一个事实上的行业标准，并且由这个标准发展出了 TCP/IP 参考模型。

OSI、TCP/IP 介绍

　　3) IP 地址

　　IP(Internet Protocol，互联网协议)地址在网络技术中具有极其重要的作用，无论是基础入门还是高端应用，都不能缺少 IP 地址的帮助。为了让读者有一个直观的印象，下面用打电话这个例子进行类比说明。假如要给张三打电话，首先要知道张三的电话号码，然后拨打、接通、说话。张三的这个电话号码必须是唯一的。每个人的电话都不能重复，这样才能确保准确地联系到张三。在打电话的时候，自己也要有一个唯一的号码。不管打的电话是市话还是长途，运营商都应该能够准确地接通对方，关键就是号码的唯一性。互联网通信和电话通话有类似的地方，如果需要访问互联网，必须拥有一个唯一的 IP 地址，要访问的目标也必须有唯一的 IP 地址。IP 地址对于互联网通信的作用与电话通话的作用是一样的，所以说 IP 地址是必不可少的。

　　IP 地址有统一的格式，每一台主机都必须申请一个 IP 地址才能接入互联网。IP 地址的长度为 32 位二进制数字，分为 4 段，每段 8 位，用十进制数字表示，每段数字范围为 0～255，段与段之间用点隔开。例如，河北机电职业技术学院的 IP 地址为 111.63.30.111。

　　4) DNS 域名系统

　　如果要访问河北机电职业技术学院官网，可以在浏览器的地址栏中输入 http://111.63.30.111，但是这样的 IP 地址很难记住，所以引入了域名(网址)http://www.hbjd.edu.cn，这样的域名就容易记忆。

　　在上网的时候，通常输入的是网址，而不是 IP 地址，但网络上的计算机彼此之间只能用 IP 地址才能相互识别。因此，需要一个记录 IP 地址与域名对应关系的数据库，DNS 就是在这种需求下产生的。

　　DNS(Domain Name System，域名系统)是由解析器和域名服务器组成的。域名服务器保存主机的域名和对应 IP 地址。一个域名可以对应一个或多个 IP 地址，而一个 IP 地址可以没有域名，也可以对应一个或多个域名。访问互联网某个网址时，首先通过域名解析系统找到网址相对应的 IP 地址，然后才能访问。

7.1.4　案例：小型网络搭建与 IP 地址设置

1. 小型网络搭建

　　到目前为止，我们已经介绍了网络的基础知识，包括网络的硬件设备和通信协议，现在运用这些知识做一个小型网络的搭建实验。小型网络多指家庭网络、办公室网络等在面积较小的场所组建的网络。

　　1) 问题描述

　　当今家庭大多拥有不止一台上网设备，包括台式机、笔记本、手机和平板电脑等，现在要解决的问题是让这些设备共享上网。

2) 解决方案

使用无线路由器可以满足这一需求。无线路由器在日常工作、生活中的使用频率越来越高，路由器主要功能是将发送出去的数据选择最优的路径，并将该数据有效地发送到目的主机上。无线路由器不仅可满足电脑、网络电视上网，还能满足手持移动设备(如手机、PAD 等)上网需求。

无线路由器目前已被广泛使用，在家庭、办公区域合适的范围内都可以自由上网，所以深受大家欢迎。

3) 具体设置步骤

我们以 TP-LINK(TL-WR886N)无线路由器为例，介绍无线路由器的配置。虽然不同品牌不同型号的无线路由器的配置界面和设置方法有所差异，但是总体操作思路相似。

(1) 把路由器连接到外网。

将可以上网的网线连接到无线路由器的 WAN 口，需要上网的电脑用网线连接到无线路由器的 LAN 口上，如图 7-8 所示。

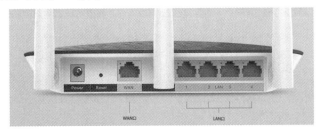

图 7-8　无线路由器连线示意图

线路连好后，路由器的 WAN 口和有线连接电脑的 LAN 口对应的指示灯都会常亮或闪烁，如果相应端口的指示灯不亮或电脑右下角的网络图标显示红色的叉，则表明线路连接有问题，需要检查确认网线连接是否牢固或尝试换一根网线。

(2) 设置路由器上网。

打开浏览器，清空地址栏并输入无线路由器管理地址，如 192.168.0.1(具体参照说明书)，并在弹出的窗口中输入无线路由器的密码(一般在路由器背面或说明书中有标识)，如图 7-9 所示。

图 7-9　无线路由器登录界面

登录成功后，无线路由器会自动检测上网方式：宽带拨号上网、固定 IP 地址、自动获得 IP 地址三种。根据检测到的上网方式，填写该上网方式的对应参数。

注意： 大部分用户上不了网是因为输入了错误的用户名和密码，请仔细检查输入的宽带用户名和密码是否正确，注意区分中英文字母的大小写、后缀是否完整等，如图 7-10 所示。

图 7-10　设置上网方式

(3) 设置无线名称和密码。

设置无线名称和密码，如图 7-11 所示。

图 7-11　无线用户名和密码设置

建议无线名称设置为字母或数字，尽量不要使用中文、特殊字符，避免部分无线客户端不支持中文或特殊字符而导致搜索不到或无法连接。TP-LINK 路由器默认的无线信号名称为"TP-LINK_XXXX"，且没有密码。为确保网络安全，建议一定要设置无线密码。

(4) 保存配置。

设置完成后，一定要保存配置，否则无线路由器一旦突然断电后，之前的配置均会丢失，回到配置之前的状态。点击保存配置功能后，就会出现提示"正在保存配置,请稍等…"的页面，无线路由器的配置就能保存，不会丢失，如图 7-12 所示。

图 7-12　保存配置

当上述内容配置完毕后，手机、笔记本或 Pad 等其他无线设备，可以打开 Wi-Fi 功能，选择刚刚配置好的无线信号名称，再输入刚刚设置的无线密码尝试连接因特网，正常情况下就可以在因特网上冲浪了。

2. IP 地址设置

在办公室使用电脑上网还需要掌握另一项基本技能，就是给电脑配置 IP 地址，保证电脑能正常上网。

1) 问题描述

在今后的工作环境中，当网络中的 IP 地址是固定的时候，就不能使用自动获取 IP 地址功能，需要重新加入工作网或互联网中。当网络中的 IP 是动态的时候，就可以使用自动获取 IP 地址功能。

2) 解决方案

在操作系统配置选项里重新设置 IP 地址。Windows 操作系统、Linux 操作系统和国产操作系统图形化 IP 地址配置大同小异，下面以当前常用的 Windows 10 操作系统为例，展示如何配置 IP 地址。

3) 具体设置步骤

(1) 连接交换机或路由器。将一根双绞线，即超五类或六类的网线，分别连接电脑网络接口和交换机或路由器的网络接口，一旦连接无误后，需要确定电脑的网口和交换机或路由器的网卡指示灯是绿色常亮而黄灯常闪烁。

(2) 在桌面选中【网络】点击鼠标右键，选中功能区的【属性】命令，打开【网络和共享中心】对话框，如图 7-13 所示。

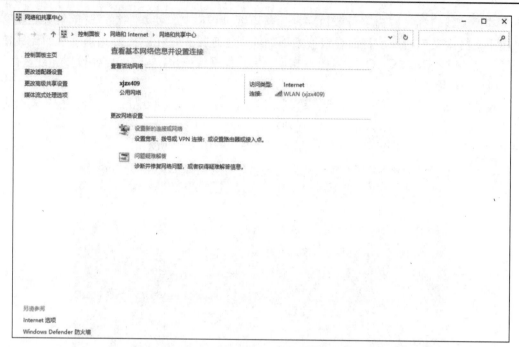

图 7-13 【网络和共享中心】对话框

(3) 点击【更改适配器设置】，打开【网络连接】对话框，如图 7-14 所示。

图 7-14 【网络连接】对话框

(4) 在【以太网】上点击鼠标右键，选中功能区的【属性】命令，打开【以太网属性】对话框，如图 7-15 所示。

(5) 选择【Internet 协议版本 4(TCP/IPv4)】，点击【属性】打开【Internet 协议版本 4(TCP/IPv4)属性】对话框，在【常规】选项卡中选中【自动获得 IP 地址】和【自动获得 DNS 服务器地址】即可，如图 7-16 所示。

 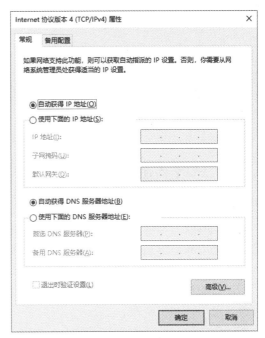

图 7-15　【以太网属性】对话框　　　　　图 7-16　自动获取 IP 地址

(6) 如果 IP 地址需要设置成固定 IP，则需要在上述对话框中点击【使用下面的 IP 地址】单选框，在指定区域依次填入网络管理员分配给本计算机的 IP 地址、子网掩码、默认网关和首选 DNS 服务器，如图 7-17 所示。

图 7-17　设置固定 IP 地址

需要特别注意的是，配置 IP 地址之前，一定要跟网络管理员确定 IP 地址，否则容易造成地址冲突，影响上网体验。

7.2 信息安全

互联网正在成为网络空间，它是继陆、海、空、天之后人类的第五个疆域。信息安全已经远远不是针对个人的威胁，而是上升到国家层面，"没有网络安全，就没有国家安全"。不注重信息安全，将给国家、城市、企业和个人带来灾难。

7.2.1 信息安全概述

信息安全(information security)是指网络系统的硬件、软件与其他系统中的数据受到保护，不因偶然或者恶意的攻击而遭受丢失、篡改或泄露，系统可连续可靠地正常运行，网络服务不会中断。信息安全研究如何在网络上进行安全通信。

信息安全的目的是通过各种技术和管理措施，使网络系统和各项网络服务正常工作，经过网络传输和交换的数据不会发生丢失、篡改或泄露，确保网络的可靠性和网络数据的完整性、可用性和机密性。

明确信息安全的目的后，我们就可以从威胁信息安全的方式入手，采取信息安全的防御措施，从硬件到软件、从技术到管理、从道德到法律，建立起信息安全体系结构。

7.2.2 信息安全威胁

信息安全面临的威胁是多方面的，有人为原因，也有非人为原因，其安全威胁主要表现在以下几个方面。

1. 网络自身特性所带来的安全威胁

由于网络的开放性、自由性和互联性，使对信息安全的威胁可能来自物理传输线路，也可能来自对网络通信协议的攻击，或利用计算机软、硬件的漏洞来实施攻击。这些攻击者可能来自本地或本国，也可能来自全球任何国家。

2. 网络自身缺陷所带来的安全威胁

1) 网络协议缺陷所带来的安全威胁

目前互联网使用最广泛的是 TCP/IP 协议，该协议在设计时由于不存在安全威胁或受当时的环境所限，或多或少存在一些设计缺陷。网络协议的缺陷是导致网络不安全的主要原因之一。由于安全是相对的，不是绝对的，因此没有绝对安全可靠的网络协议。

2) 操作系统、服务软件和应用软件自身漏洞所带来的安全威胁

Windows、Linux 或 Unix 操作系统、服务器端的各种网络服务软件，以及客户端的应用软件(如 Adobe Reader、Flash Player 等)，都或多或少地存在因设计缺陷而产生的安全漏洞(例如普遍存在的缓冲区溢出漏洞)，这也是影响信息安全的主要原因之一。

3. 网络攻击与入侵带来的安全威胁

1) 病毒和木马的攻击与入侵带来的安全威胁

病毒和木马是最常见的信息安全威胁。计算机病毒(computer viruses)是指在计算机程序中

插入的破坏计算机、破坏数据的，影响计算机使用并且能够自我复制的一组计算机指令或者程序代码，它具有传染性、隐蔽性、潜伏性、破坏性。理论上，木马(trojan)也是病毒的一种，它可以通过网络远程控制他人的计算机，窃取数据信息(例如网银、网游的账号和密码，或其他重要信息资料)，给他人的信息安全带来严重的威胁。

更多病毒知识

木马与普通病毒的区别在于木马不具备传染性，但隐蔽性和潜伏性更突出。普通病毒主要是破坏数据，而木马则是窃取他人数据信息。

2) 黑客攻击与入侵带来的安全威胁

黑客(hacker)使用专用工具和采取各种入侵手段非法进入网络、攻击网络，并非法获取网络信息资源。例如，通过网络监听获取他人的账号和密码；非法获取网络传输的数据；通过隐蔽通道进行非法活动；采用匿名用户访问攻击等。

黑客攻击实例

4. 网络设施本身和所处的物理运行环境所带来的安全威胁

计算机服务器和网络通信设施(路由器、交换机等)需要一个良好的物理运行环境，否则将会给网络带来物理上的安全威胁。

5. 网络使用管理中人为带来的安全威胁

网络安全管理不到位，管理员的安全防范意识薄弱，系统安全管理和设置不到位，以及管理员的操作失误，也会造成严重的信息安全威胁。

7.2.3　信息安全保障措施

要保障信息安全，技术层面、人们意识(重视)层面、制度层面三者缺一不可。

1. 信息安全防范技术

1) 网络访问控制

网络访问控制是保障网络资源不被非法入侵和访问。访问控制是信息安全中最重要的核心措施之一。

(1) 使用防火墙技术，实现对网络的访问控制，既保护内部网络不受外部网络(互联网)的攻击和非法访问，还能防止病毒在局域网中传播。防火墙技术属于被动安全防护。

(2) 使用入侵防御系统，进行主动安全防护。入侵防御系统能实施监控、检测和分析数据流量，并能深度感知和判断哪些数据是恶意的，并将恶意数据进行丢弃以阻断攻击。

2) 网络缺陷弥补

网络自身缺陷主要是靠服务器与用户主机的通信协议和系统安全来弥补的。为此，可以从以下几方面入手。

(1) 服务最小化原则，删除不必要的服务或应用软件。

(2) 及时给系统和应用程序打补丁，提高操作系统和应用软件的安全性。

(3) 用户权限最小化原则，对用户账户要合理设置和管理，并设置好用户的访问权限。

(4) 加强口令管理，杜绝弱口令的存在。

3) 攻击与入侵防御

杀毒软件是一种对计算机有危害的程序代码进行清除的程序工具。杀毒软件通常有监控识别、病毒扫描与清除、自动升级病毒库、主动防御等功能，有的杀毒软件还带有数据恢复等功能，是计算机防御系统(包含杀毒软件、防火墙、特洛伊木马和其他恶意软件的查杀程序和入侵预防系统等)的重要组成部分。

4) 物理安全防护

物理安全防护是保护计算机系统、网络服务器、打印机等硬件设备和通信链路免受自然灾害、人为破坏和搭线攻击，包括安全地区的确定、物理安全边界、物理接口控制、设备安全、防电磁辐射等。

以上信息安全技术都是传统的信息技术，本章第 7.3 节将介绍信息安全新技术。

2. 信息管理制度

除技术手段外，加强信息安全管理，制定相关配套措施的规章制度、确定安全管理等级、明确安全管理范围、采取系统维护方法和应急措施等，也起到重要作用。

信息安全策略是一个综合、整体的方案，不能仅仅采用上述孤立的一个或几个安全方法，要从可用性、实用性、完整性、可靠性和保密性等方面综合考虑，才能得到有效的安全策略。

3. 信息安全道德与法律

为了保证信息的安全，除了运用技术和管理手段外，还要用道德手段进行约束，法律手段进行限制。通过道德感化、法律制裁，还可以使攻击者产生畏惧心理，达到惩一儆百、遏制犯罪的效果。

1) 信息安全保障的道德约束

从道德层面考虑信息安全的保障问题，至少应当明确：在信息安全问题上，哪些人负有特定的道德责任和义务，这些道德责任和义务有哪些具体的内容？

对于信息安全负有道德责任和义务的人员大致可以分为三种类型：信息技术使用者、信息技术开发者和信息系统管理者。为了保障信息安全，这三种类型的人都应履行特定的道德义务，并为自己的行为承担相应的道德责任。根据其活动、行为的不同性质，以及与信息安全的不同关系，可以对这三种类型的人拟定各自应遵循的主要的道德准则，从而形成三个不同的道德准则系列。

系列 1：信息技术使用者的道德准则

(1) 不应非法干扰他人信息系统的正常运行。

(2) 不应利用信息技术窃取钱财、智力成果和商业秘密等。

(3) 不应未经许可使用他人的信息资源。

系列 2：信息技术开发者的道德准则

(1) 不应将所开发信息产品的方便性置于安全性之上。

(2) 不应为加速开发或降低成本而以信息安全为代价。

(3) 应努力避免所开发信息产品自身的安全漏洞。

系列 3：信息系统管理者的道德准则

(1) 应确保只向授权用户开放信息系统。

(2) 应谨慎、细致地管理、维护信息系统。

(3) 应及时更新信息系统的安全软件。

2) 信息安全保障的法律法规

从法律层面上看，法律以其强制性特点而成为保障信息安全的有力武器。我国多部法律内容都涉及信息安全相关内容，比如《宪法》《刑法》《刑事诉讼法》等。

近年来，我国陆续出台一系列信息安全方面的法律法规。例如，2017 年 6 月 1 日开始实施的《中华人民共和国网络安全法》，2021 年 9 月 1 日开始实施的《中华人民共和国数据安全法》，2021 年 11 月 1 日开始实施的《中华人民共和国个人信息保护法》。这些法律法规对于信息安全管理影响深远，如图 7-18 所示。

图 7-18　信息安全方面的法律法规

《中华人民共和国网络安全法》将网络空间主权、个人信息保护、网络产品和服务提供者的安全义务，网络运营者的安全义务，临时限网措施，关键信息基础设施安全保护等写入法律，以这样的法律为依据打击破坏网络安全的各种违法、犯罪行为，可以明显减少对于信息安全的威胁。

信息安全相关
国家法律法规

对于网络产品、服务的提供者和电子信息发送者设置恶意程序，其产品与服务存在安全缺陷和漏洞等风险未立即采取补救，或者擅自终止为其产品和服务提供安全维护等的违法行为，《中华人民共和国网络安全法》均做出了明确的处罚规定，视情节给予警告和罚款。

7.2.4　案例：设置 Windows 防火墙

1. 问题描述

网络访问控制是保障网络资源不被非法入侵和访问，访问控制是网络安全中最重要的措施之一。

2. 解决方案

使用防火墙技术，实现对内部网络的访问控制，既可保护内部网络不受外部网络(互联网)的攻击和非法访问，还能防止病毒在局域网中传播。防火墙技术属于被动安全防护。以 Windows 操作系统为例，系统中自带了防火墙，默认情况下是开启的，可以通过以下手段检验当前电脑是否开启防火墙。

3. 具体设置步骤

(1) 在桌面上右击【网络】图标，选择【属性】，打开【网络和共享中心】窗口，在窗口的左下角左击【Windows Defender 防火墙】，如图 7-19 所示。

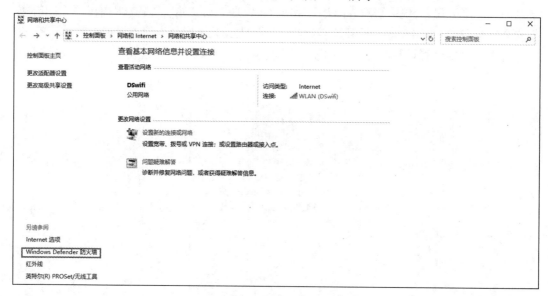

图 7-19　【网络和共享中心】窗口

(2) 打开防火墙窗口后，在主页面中，如果看到【专用网络】和【来宾或公用网络】前面都是绿色的盾牌，并且里面有"√"，说明防火墙已经开启，如图 7-20 所示。

图 7-20　防火墙设置

(3) 如果显示红色，则点击左侧的【启用或关闭 Windows Defender 防火墙】，打开自定义设置窗口，在【专用网络设置】和【公用网络设置】下面，选择【启用 Windows Defender 防火墙】，这样就开启了电脑的防火墙，如图 7-21 所示。

图 7-21　防火墙网络设置

7.3　信息安全新技术

当前，科技创新已成为支撑数字经济发展、保障网络安全的重要力量。生物识别、云计算、大数据、人工智能等新技术、新应用持续发展，并进一步同各产业深度融合，对网络安全产生重大而深远的影响。

1. 生物识别安全

作为一种新兴的技术，生物识别技术主要是利用每个人的身体特征各不相同且难以复制的优点，进行信息认证和身份识别。随着近些年指纹识别、人脸识别、虹膜识别等技术在生活中的广泛应用，生物识别技术愈发受到人们重视。

指纹识别是目前应用范围最广的一种，也是目前为止技术较为完善，安全性较为可靠的生物识别技术，目前主流的手机上都配置指纹识别功能。人脸识别同样保证了信息的安全，比如支付宝就提供了人脸登录、刷脸支付等功能，目前的准确率已经达到 99%以上。虹膜识别也被有些电子厂商运用到了实际产品当中，比如三星 S 系列的手机。

在未来，生物识别技术将会被用于更多的准入与识别系统，让人们可以抛弃所有的外带、实物性质的卡片、证件等。比如身份证的取消，在需要识别身份的时候，只需识别指纹、人脸或虹膜等生物信息便可

六大生物特征识别

以实现。甚至在未来，实体货币也将消失，取而代之的是将个人账户资金与生物识别技术结合，实现无纸币化购物、消费等，这一切就在不远的将来。

2. 云计算信息安全

云计算的优势十分明显，以服务的形式满足不同层次的网络需求。云计算规模化和集约化特性，也带来新的信息安全。云计算安全的关键技术包括安全的测试与验证机制、认证访问权限控制机制和隔离机制等。

云计算分布式组网结构，由于网络复杂，使产品的安全性测试非常困难。因此，在云计算产品的开发阶段，针对安全进行专门的安全测试和验证机制必不可少。这对发现安全漏洞和隐患至关重要。

云计算采用的认证访问和权限控制机制，是防止云计算服务滥用、避免服务被劫持的重要安全手段之一。对用户设置相应权限和控制列表来验证和授权，这种方式能够很大限度地解决用户的安全隐患问题。

在安全隔离管理机制过程中，一方面需要对用户的基础信息进行管理与保护，方便管理；另一方面要降低个别用户恶意攻击其他用户和误操作带来的安全隐患。

3. 大数据信息安全

大数据是一把双刃剑，大数据分析预测的结果可能对社会安全体系产生影响和破坏，且可能是无法预料和提前防范的。大数据安全技术体系分为大数据平台安全技术、数据安全技术和个人隐私保护技术三个层次。

大数据平台安全技术开发了集中化安全管理、细粒度访问控制等安全组件，这些安全机制的应用为大数据平台安全提供了基础机制保障。

数据安全技术一般是在整体数据视图的基础上，设置分级分类的动态防护策略，降低已知风险的同时，考虑减少对业务数据流动的干扰与伤害。

个人隐私保护技术采用最广泛的是数据脱敏技术，学术界也提出了同态加密、安全多方计算等可用于隐私保护的密码算法。

4. 人工智能助力信息安全

人工智能拥有强大的自主学习和数据分析能力，能够加速响应的流程，提升自动化和响应效率，缩短从发现到响应的间隔。这就为提前预知危险，及时预警并处理，将危险扼杀在摇篮中提供了可能，进而大大提高网络安全防御的敏捷性。一方面可以帮助发现危险和威胁，另一方面还能对付这些威胁，协助维护网络安全。

1) 发现危险和威胁

来自不同渠道的网络威胁非常多，黑客有充足的时间安装恶意软件，在持续的黑客活动中偷取信息、数据。人工智能的运用，可以在威胁发生的初始阶段马上发现其端倪，可以了解数据从哪里开始，可能造成的威胁是什么。人工智能将帮助我们在最短的时间内及时应对网络威胁。

2) 协助处理网络威胁

在信息安全中尤为重要的漏洞检测和恶意代码检测技术领域，目前还缺乏高效、准确的分析自动化技术。人工智能在处理海量数据方面极具优势，大大提高了漏洞和恶意代码检测的全面性、准确性和时效性。

7.4　网络安全等级保护

　　网络安全等级保护是国家网络安全保障的基本制度、基本策略、基本方法。国家将信息系统(包括网络)按照业务信息和系统服务被破坏后,对受侵害客体的侵害程度分成五个安全保护等级(从第一级到第五级逐级增高)。开展网络安全等级保护工作是保护信息化发展、维护网络安全的根本保障,是网络安全保障工作中国家意志的体现。2019 年 12 月 1 日,网络安全等级保护 2.0 开始实施。

　　为什么要开展网络安全等级保护工作? 主要体现在以下方面:

　　(1) 通过等级保护工作发现单位信息系统存在的安全隐患和不足,进行安全整改之后,提高信息系统的信息安全防护能力,降低系统被各种攻击的风险,维护单位良好的形象。

　　(2) 等级保护是我国关于网络安全的基本政策,国家法律法规(如《中华人民共和国网络安全法》)、相关政策制度要求单位开展等级保护工作。

　　(3) 很多行业主管单位要求行业客户开展等级保护工作,目前已经下发行业要求文件的有金融、电力、广电、医疗、教育等行业,还有一些主管单位发过相关文件或通知要求去做。

　　(4) 落实个人和单位的网络安全保护义务,合理规避风险。

　　网络安全等级保护工作包括定级、备案、建设整改、等级测评、监督检查五个阶段。定级对象建设完成后,运营、使用单位或者其主管部门应当选择符合国家要求的测评机构,依据《网络安全等级保护测评要求》等技术标准,定期对定级对象安全等级状况开展等级测评。

　　一般而言,除了家庭网络,政府、企事业单位都需落实网络安全等级保护,进而提高人员安全意识,树立等级化防护思想,合理分配网络安全投资;明确组织整体目标,改变以往单点防御方式,让安全建设更加体系化;满足合法合规要求,清晰化责任和工作方法,让安全贯穿信息系统和网络的全生命周期。

习　　题

一、操作题

　　实验一:保存浏览页面。

　　实验准备:配置模拟网站。

　　实验要求:某模拟网站的主页地址是 HTTP://LOCALHOST:65531/ExamWeb/INDEX.HTM,打开此主页,浏览"天文小知识"页面,查找"海王星"的页面内容,并将它以文本文件的格式保存到 C:\00000000 下,命名为"haiwxing.txt"。

　　实验二:保存文本和图片。

　　实验准备:配置模拟网站。

实验要求：打开 HTTP：//LOCALHOST：65531/ExamWeb/show.htm 页面浏览，在 C：\00000000 下新建文本文件，命名为"剧情介绍.Txt"，将页面中剧情介绍部分的文字复制到文本文件中保存，并将电影海报照片保存到 C：\00000000 下，命名为"电影海报.Jpg"。

实验三：接收邮件。

实验准备：配置 Outlook 模拟环境。

实验要求：接收并阅读由 xuexq@mail.neea.edu.cn 发来的 E-mail，并将随信发来的附件以文件名 dqsj.txt 保存到 C：\00000000 下。

实验步骤：

(1) 打开 Outlook 2010。

(2) 单击【发送/接收所有文件夹】按钮，接收完邮件之后，会在【收件箱】右侧邮件列表窗格中有一封邮件，单击此邮件，在右侧窗格中可显示邮件的具体内容。

(3) 在已经打开的邮件中，右击【回形针】标签下载附件并保存在指定文件夹下。

实验四：撰写、发送邮件。

实验准备：配置 Outlook 模拟环境。

实验要求：向部门经理发一个 E-mail，并将 C：\00000000 下的一个 Word 文档 Sell.DOC 作为附件一起发送，同时抄送给总经理。具体如下：

【收件人】zhangdeli@126.com

【抄送】wenjiangzhou@126.com

【主题】销售计划演示

【内容】"发去全年季度销售计划文档，在附件中，请审阅。"

实验五：向多个收件人发送邮件。

实验准备：配置 Outlook 模拟环境。

实验要求：向课题组成员小赵和小李分别发送 E-mail，主题为"紧急通知"，具体内容为"本周二下午一时，在学院会议室进行课题讨论，请勿迟到缺席！"。发送地址分别是：zhaoguoli@cuc.edu.cn 和 lijianguo@cuc.edu.cn。

二、思考题

1. 在商务、通信或社交互动方面，人们对计算机的依赖程度如何？例如，如果长期中断因特网或移动电话服务，会出现什么后果？

2. 对于本单位或其他商业机构，由于特别原因需要收集保留一些个人信息，试举例哪些信息属于隐私信息？你期望对方如何保护并确保这些隐私信息？

第 8 章　计算机网络应用

计算机网络应用的最初功能主要包括资源共享、数据通信、信息处理等，具体应用有电子邮件、远程访问、文件传输等。随着计算机网络的发展和人类无穷无尽的需求，越来越多的网络应用被开发出来，例如即时通信、网络游戏、视频会议、IP 电话等。本章通过具体实例，重点介绍计算机网络的基本应用，包括浏览器的使用、电子邮件的使用和信息检索等。

本章要点：

- 了解 WWW 服务的基本概念和基础知识，掌握日常万维网使用方法和常用设置等。
- 了解电子邮件概念，掌握电子邮件申请、使用、发送、删除等日常办公方法等内容。
- 了解信息检索常识，会用搜索引擎工具查找相关信息。

思维导图：

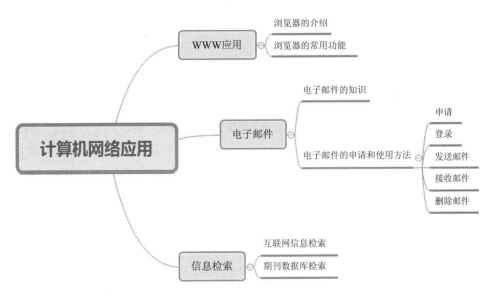

关键字：

WWW：World Wide Web。

HTML：Hyper Text Markup Language。

IE：Internet Explorer。

信息检索：Information Retrieval。

8.1 WWW 应用

WWW(World Wide Web,万维网)是一种基于超链接的超文本信息服务,它提供了最基本的网站服务,采用的协议是超文本传输协议(HyperText Transfer Protocol,HTTP)。

8.1.1 浏览器的介绍

上网查找资料、浏览信息必须要用到浏览器。浏览器是用于浏览互联网信息的工具,可以显示网页或者文件的 HTML(Hyper Text Markup Language,超文本标记语言)系统。目前,常用的浏览器有 IE 浏览器、谷歌浏览器、360 浏览器等。

IE(Internet Explorer)浏览器是微软公司在 WindowsXP—Windows7 操作系统中内置的浏览器,在 Windows10 操作系统中叫 Edge。这款浏览器功能强大,操作简单,且 Windows 系统中无须额外安装,是目前常用的浏览器之一。

谷歌浏览器是由谷歌公司开发的网页浏览器,又名 Chrome 浏览器,由于其内核严格按照标准的 HTML 开发,且拥有丰富的插件资源,满足各种使用需求,在全球拥有 20 亿的用户量。

360 浏览器是 360 安全中心推出的一款基于 IE 和 Chrome 双内核的浏览器,结合 360 安全卫士,可自动拦截挂马、欺诈、网银仿冒等恶意网址。360 浏览器同样兼容谷歌插件。因此,使用 360 浏览器的用户逐渐增多。

8.1.2 浏览器的常用功能

本节以 Edge 浏览器为例介绍浏览器的常用功能。

1. 浏览网页

通过左键双击 Edge 的图标,或者通过【开始】打开程序列表,单击【Microsoft Edge】,启动 Edge 浏览器。Edge 浏览器的窗口与一般的应用程序窗口类似,由标题栏、地址栏和显示区等部分组成,如图 8-1 所示。

图 8-1 Edge 浏览器窗口

一般情况下，浏览器启动后会自动进入预先设定的页面，地址栏中显示当前页面的网址。如果想访问其他网页，需要在地址栏中输入网页的网址，然后敲击回车键进入该网页。在 Edge 中可以单击标题栏中的"+"号，增加选项卡，实现在同一浏览器同时打开多个网页。每个选项卡对应当前 Edge 窗口内的一个网页，单击这些选项卡，可在不同网页中自由切换。

2. 设置主页

如果用户在工作、生活或学习上经常使用某个网页，可以将该页面设置为主页，一旦启动浏览器便自动打开该页面，方便日后快速浏览。其设置方法为：在地址栏中输入该网页的网址后打开，单击浏览器右上角【设置及其他】按钮，如图 8-2 所示。

图 8-2　Edge 浏览器设置选项

在弹出的菜单中单击【设置】，如图 8-3 所示。进入【设置】页面，在页面中找到【打开方式】，如图 8-4 所示。

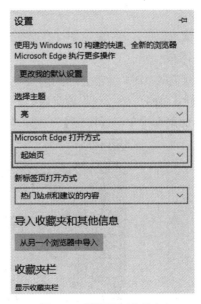

图 8-3　设置选项　　　　　　　图 8-4　【设置】选项内容

接着在下拉列表中选中【特定页】，在其下面出现的文本框中输入要设为主页的网址，单击后面的【保存】按钮，如图 8-5 所示。

图 8-5 Edge 浏览器设置特定页

重启浏览器后将自动进入预先设定的主页，如图 8-6 所示。

图 8-6 进入预先设定的主页

3. 收藏网页

用户在浏览网页时，经常会遇到感兴趣或者极为精彩的网页，可将这些网页收藏起来，方便日后访问。将网页添加到收藏夹中，只需单击地址栏右侧的"星号"(添加到收藏夹按钮)，在弹出的菜单中单击【添加】按钮，如图 8-7 所示。

图 8-7 收藏网页

将网页添加到收藏夹后，以后再次访问该网页时，单击地址栏后面的收藏夹按钮，在弹出的菜单中单击想要访问的网页即可，如图 8-8 所示。

图 8-8　快速访问收藏的网页

8.2　电 子 邮 件

电子邮件也叫作 E-mail，不仅可以通过互联网传送文本，还可以传送音频、视频、图像、文档等多种类型的文件。传递邮件需要用到简单邮件传输协议(Simple Mail Transfer Protocol，SMTP)，接收并存储邮件需要用到邮局协议第 3 版(Post Office Protocol 3，POP3)。

8.2.1　电子邮件的知识

电子邮件(E-mail)是在网络中传递的邮件。和传统邮件相比，电子邮件具有便捷、高效和廉价等优点。在各种商务、工作、学习中，电子邮件发挥着很重要的作用。电子邮箱主要分企业邮箱和免费邮箱，它们的主要区别见表 8-1。

企业邮箱的实用功能

表 8-1　企业邮箱和免费邮箱的区别

功　能	企业邮箱	免费邮箱
反垃圾邮件	提供全方位的反垃圾邮件系统，无法精准过滤垃圾	无，会接收大量广告邮件，无法设置屏蔽，严重影响正常使用
安全保障	专业技术研发的安全保障系统，高速稳定，商家售后人员保障运行稳定	没有多重实时备份系统，邮件安全存储问题受限严重
享受服务	售前服务，以供用户前期咨询；售后服务，出现配置问题、邮箱故障等时，服务商帮忙解决；签订服务协议，经销商承诺服务质量与时间	无
产品配置	用户数量可根据需要购买，邮箱容量更大，群发邮件数量更多，支持超大附件，另外还有更多增值功能	用户数、邮箱容量、个人中转站容量和企业网盘容量很有限；无法进行多层级组织架构管理

8.2.2　电子邮件的申请和使用方法

1. 申请电子邮箱

使用电子邮件的第一步是拥有电子邮箱。电子邮箱有公用邮箱，也有专用邮箱。公用邮箱是指很多网站提供的免费邮箱服务。虽然各网站提供的邮箱存在差异，但是基本功能相似。专用邮箱是指公司、机构、组织等自己搭建的邮箱服务，只供内部人员使用，不对外开放。电子邮箱的申请过程都差不多，本节以网易免费公用邮箱为例，介绍申请电子邮箱的方法。

　　打开 Edge 浏览器，在地址栏输入"https://mail.126.com/"，进入 126 网易电子邮箱首页，如图 8-9 所示。

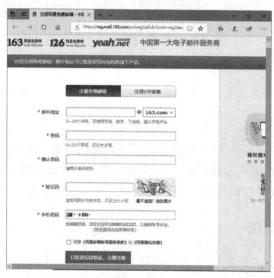

图 8-9　注册邮箱

　　单击【注册网易邮箱】，打开注册页面后，按照要求填写带星号的内容，完成注册。注意"@"符号后面是下拉列表，可选择想注册的邮箱。

2. 登录邮箱

　　在浏览器地址栏中输入"mail.XXX.com"(XXX 是注册邮箱公司的域名，如 163、126、qq 等)，接下来将注册的账号和密码填入对应框中，如图 8-10 所示。点击【登录】，登录邮箱后的首页，如图 8-11 所示。

图 8-10　登录邮箱

图 8-11　邮箱首页

3. 发送邮件

成功登录电子邮箱后，就可以收发邮件了。邮件可以是只传送文本内容的邮件，也可以在一般文本邮件的基础上，以附件的形式将程序、声音、图像和视频等多种类型的文件发给对方。

在邮箱首页左侧栏中，单击【写信】，跳转到发送邮件的页面。在【收件人】栏中输入对方的电子邮箱地址，在【主题】栏中输入发送邮件的题目，在下面大的空白区域输入邮件的正文，必要时还可以点击【添加附件】，如图 8-12 所示。当检查邮件内容和收件人邮箱地址无误后，单击左上角的【发送】按钮，即把邮件发送出去了。如果担心邮件没有发送成功，可单击邮箱首页左侧栏中的【已发送】，查看已经发送的邮件。

图 8-12　发送邮件

4. 接收邮件

在邮箱首页中，点击左侧栏中的【收件箱】，可查看别人发给自己的邮件。一般【收件箱】后面括号中的数字是指有多少邮件未阅读，如图 8-13 所示。

图 8-13　查看邮件

在【收件箱】邮件列表中，点击想要阅读的邮件，即可看到邮件正文，如图 8-14 所示。

图 8-14　查看邮件正文

阅读完邮件后，如果需要回复发件人，可点击上方的【回复】按钮，类似于发一个邮件，只是将原来邮件内容显示在下方。还可以点击【转发】按钮，将该邮件转发给其他人，如图 8-15 所示。

图 8-15　对邮件的后续操作

5. 删除邮件

邮箱中的邮件可以长时间保存，对于正常邮件，可以使用这种方法保留，但是对于没用的邮件、广告类邮件等垃圾邮件，我们通过删除邮件的操作来减少邮箱空间的占用。

如果觉得某个邮件没有必要保存了，可点击【删除】按钮，该邮件将不在收件箱中出现。但这样操作并没有彻底删除该邮件，点击邮箱左侧栏的【已删除】按钮，可以看到刚才删除的邮件。如果确实需要删除，可选中需要彻底删除的邮件，然后点击上方的【彻底删除】按钮，该邮件就被彻底删除了，如图 8-16 所示。

图 8-16　彻底删除邮件

关于电子邮箱还有很多操作，每个公司的邮箱又有一些差异，读者可在实际工作中继续学习研究。

邮箱的更多设置

8.3　信息检索

信息检索(Information Retrieval)是用户根据需要采用一定的方法，借助检索工具，从信息集合中找出所需信息的查找过程。信息检索是用户查询和获取信息的主要方式，是查找信息的方法和手段。信息检索的目标是在一大堆文档等非结构化信息中，挑选出我们需要的部分文档。当前很多信息存储在互联网上，借助互联网，能更快地查找到我们需要检索的信息。

8.3.1　互联网信息检索

Internet 是信息与知识的海洋，如果没有有效的办法查找所需的资料，则犹如大海捞针。一些互联网公司构建了提供搜索引擎服务的网站系统，帮助用户更快地查找所需信息。搜索引擎网站的页面通常比较简单，在输入框中输入查询信息的关键词，即可帮助用户快速定位信息，并根据搜索引擎中的文件格式分类，搜索相关内容的网页、图片、音乐、视频等。

常用的互联网搜索引擎有百度、谷歌、必应、360 等。表 8-2 是常用搜索引擎的对比。

表 8-2　常用的互联网搜索引擎对比

中文名	网　址	特　　点
百度	www.baidu.com	全球最大的中文搜索引擎，搜索范围覆盖了中国、新加坡等华语地区，拥有世界上最大的中文信息库
谷歌	www.google.com	技术含金量高的搜索引擎，全球性的搜索引擎，总共支持 132 种语言，搜索结果准确率极高，市场占有率全球第一
必应	www.bing.com	与 Windows 操作系统深度融合，无须打开浏览器或点击任何按钮，在 Windows10 左下角搜索框中输入关键词，就能一键获得想要的信息
360	www.so.com	将信息聚合在一起实现网络工具化、个性化的发展需求，提升了网络的使用效率

以必应为例，信息检索操作如下：

(1) 打开浏览器，在地址栏中输入网址 www.bing.com，按【Enter】键进入必应搜索首页，如图 8-17 所示。

(2) 在搜索框中输入要检索的内容，点击右边的放大镜(【查找】选项)或按【Enter】键，搜索结果以列表的方式显示在页面中。

(3) 单击需要的搜索结果，即可查看详细信息内容。

图 8-17　必应搜索首页

8.3.2　期刊数据库检索

期刊数据库收录了各个学科领域所涉及的期刊文献，是科技工作者进行科技查新和科技查证的必备数据库，也为图书馆情报部门选购期刊、图书馆员指导读者阅读、文献数据库建设中选择来源期刊等提供了参考依据。

目前，常用的中文期刊数据库为中国知网(CNKI)。例如，在中国知网中搜索与"大数据"主题有关的论文，其操作方法如下：

(1) 打开浏览器，在地址栏中输入网址 cnki.net，或者在搜索引擎中搜索"中国知网"，点击带"官方"的超链接，打开"中国知网"首页，如图 8-18 所示。

图 8-18　中国知网检索首页

(2) 在【文献全部分类】后面的下拉列表中，有主题、关键词、篇名、作者等搜索项，选择【主题】为搜索项，在右面的文本框中输入"大数据"，然后点击右面的放大镜(【查找】选项)或按【Enter】键，结果如图 8-19 所示。

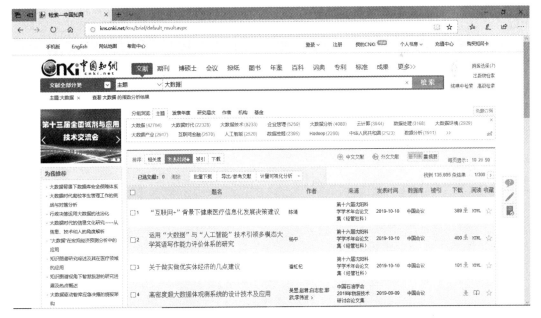

图 8-19　中国知网检索结果

(3) 在检索结果中找到需要下载的文献，单击其标题，如单击"大数据时代的人工智能发展的法律思考"标题，即在新网页中显示该文献的题目、作者、摘要、关键词等，如图 8-20 所示。

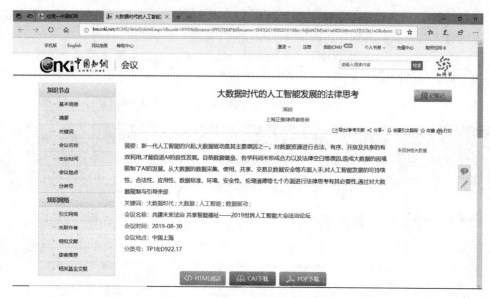

图 8-20　查看具体文献检索结果

(4) 中国知网对文献提供了在线"HTML 阅读",及".CAJ"和".PDF"两种格式的下载。如果用户拥有该文献数据库的访问权限,即可查看下载。

目前,计算机网络的应用非常广泛。从通信的角度来看,计算机网络是一个理想的信息交流平台;从获得信息的角度来看,计算机网络是一个庞大的信息资源库;从娱乐休闲的角度来看,计算机网络是一个花样众多的娱乐厅;从商业的角度来看,计算机网络是一个既能省钱又能赚钱的交易场所。可以说,计算机网络是一个巨大的宝藏,如果能准确地获取其中需要的信息并为我所用,就会更好地发挥网络的作用。

习　　题

给你的一个好朋友发一封邮件,祝他/她生日快乐,并将一份电子贺卡当作附件一起发送。

第9章　程序设计基础

计算机技术的广泛应用促使人们使用计算思维来解决问题，掌握计算思维模式有助于人们高效解决各种问题，适应新的生产、生活方式。程序设计是人们利用计算机辅助工作、生活的基础知识。掌握一定的程序设计概念已经成为现代信息社会的基本技能之一。目前，网络购物、移动支付、手机点餐等操作在我们的生活中屡见不鲜，这些应用的实现离不开程序设计。程序设计在不断改变着我们的工作和生活方式，也推动着社会信息化的进程。

本章将介绍计算思维的定义、算法的特点、程序设计的概念、程序设计语言和交互式编程案例等内容。

本章要点：

- 计算思维的基本概念。
- 算法的特点。
- 程序设计的概念。
- 主流程序设计语言的特点。
- 简单程序的编写和测试。

思维导图：

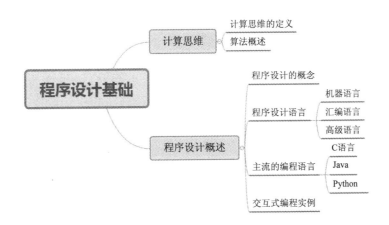

关键字

计算思维：Computational Thinking。

算法：Algorithm。

指令：Instruction。

程序：Program。

程序设计：The Program Design。

交互式编程：Interactive Programming。

9.1　计 算 思 维

计算机不仅为不同行业提供了解决专业性问题的有效方法和手段，还凸显了其严密科学处理问题的逻辑。通过学习相关知识，不仅能将计算机技术更好地运用到日常工作学习中，还能提升解决各种问题的能力。

9.1.1　计算思维的定义

1. 计算思维的内涵

我们所使用的工具会影响着我们的思维方式和思维习惯，从而改变我们解决问题的方法和途径。计算机自发明后，已经被广泛应用到各个领域，与人们的工作、生活、学习息息相关。计算机技术无疑是 21 世纪对人类产生最具影响力的一项技术。

计算思维(Computational thinking)能力不是凭空产生的，而是在学习和使用过程中不断培养出来的。正如学习数学能够培养理论思维，学习物理、化学能够培养实验思维，学习文学能够培养语言思维，学习和应用计算机则能够培养计算思维。美国卡内基·梅隆大学周以真教授对计算思维的定义是：计算思维是运用计算机科学的基础概念进行问题求解、系统设计，以及人类行为理解等涵盖计算机科学之广度的一系列思维活动。计算思维的内涵是：

(1) 计算思维是通过简化、嵌入、转化和仿真等方法，把一个困难的问题阐释成如何解决的思维方式。

(2) 计算思维是一种并行思维、递归思维、条件思维和多维分析思维，是一种把事物编译成数据，又把数据翻译成事物的编码解码思维。

(3) 计算思维是一种选择合适的方式陈述一个问题，或对一个问题的相关方面建立数学模型，使其容易处理的思维方法。

(4) 计算思维是按照预防、保护，通过冗余、容错、纠错的方式，从最坏的情况进行系统恢复的一种思维方式。

(5) 计算思维是利用启发式推理寻求解答，即在不确定的情况下进行规划、学习和调度的思维模式。

(6) 计算思维是利用海量数据来帮助决策，在时间、空间、处理能力和存储容量之间进行折中的中庸思维方式。

2. 计算思维的特征

计算思维有如下特征：

(1) 计算思维是一种概念，而不是程序设计(The program design)过程，即利用计算思维去思考，并不是完成程序设计，而是在多个层面上进行抽象思维。

(2) 计算思维是数学思维和工程思维的互补融合。计算机科学本质上源于数学思维，它的形式化基础建筑于数学之上。计算机科学又从本质上源于工程思维，因为计算机科学建造的是能够与实际世界交流的系统。所以，计算思维是数学思维和工程思维的互补与融合。

(3) 计算思维是人们解决问题的一种途径。计算机适合有规律地执行操作，人类富有想象力和创造性，人类可以借助计算机强大的计算能力去解决需要大量计算的难题。

(4) 计算思维是思想，不是物品。计算思维不只是将我们生产的软硬件运用到我们的生活中，更重要的是帮助人们培养批评性思维方式，提升组织能力，它被用来解决问题、管理生活，以及与他人进行交流和沟通。

(5) 计算思维是面向所有人、所有领域的。当计算思维深入融进人类活动中时，它作为一个解决问题的有效工具，会被处处使用。

计算思维的本质是抽象和自动化。计算思维中的抽象的最终目的是利用机器一步一步地自动执行来完成问题的解决过程。

9.1.2　算法概述

算法(Algorithm)是解决问题的方法和步骤。算法必须具备以下特征：

(1) 有输入。算法允许有零个或多个输入。

(2) 有输出。算法有一个或多个输出，且输入和输出存在关系。

(3) 有限性。算法必须在执行有限步骤后结束，且每一步骤都要在有限时间内完成。

(4) 确定性。算法中的每一个步骤指令(Instruction)无歧义，对于任何给定条件，算法只有唯一执行路径，相同的输入只能有相同的输出。

(5) 可行性。算法描述的操作步骤都是可以实现的。

针对同一问题，可以有多种算法，与解数学题一样，一道问题可以有多种解法。解法之间存在差异，有的烦琐，有的简捷。但是答案都应该是相同且正确的。算法的优劣主要是从以下三方面评判：

(1) 效率性：包括时间角度和空间角度。一般来说，算法所用的时间越少，占的(存储)空间越小，算法就越优秀。但二者往往不可兼得。一个算法通常会用牺牲时间来赢得空间，反之亦然。随着计算机软硬件的不断发展，算法的效率会越来越高。

(2) 简单性：一个简单的算法是容易被理解、被使用的。只有算法比较简单，结构清晰才能被广泛采纳和使用，晦涩难懂的算法技巧并不受欢迎。

(3) 普遍性：指解决问题的算法具有普遍意义(也就是通用性和共享性)。

9.2　程序设计概述

程序设计技术是借助计算机来实现某一目的或是解决某个问题的技术。程序设计是通过使用程序设计语言编写程序代码，并最终得到结果和实现功能的过程。程序设计的作用是实现人对计算机的控制与应用。

9.2.1　程序设计的概念

通过第 2 章的学习，我们已经了解到计算机的各项功能都是通过程序实现的。程序是指为了实现某个目的或解决某个问题，通过计算机语言编写的一组指令集。每个特定的指令(Instruction)用来实现一定的功能，如图 9-1 所示。

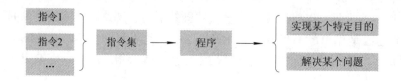

图 9-1　程序的概念

程序是由算法和数据结构组成的。简单地讲，算法就是解决问题的方法和步骤，数据结构(Data Structure)是一种计算机组织数据和存储数据的形式。如果说使用计算机编程可以解决实际中的问题，那么算法和数据结构的出现就是为了提高程序执行的效率。算法的操作对象是数据结构，数据结构是算法实现的基础。

9.2.2　程序设计语言

人与人交流需要语言，人与计算机交流也需要语言，这就是程序设计语言。它是一种被计算机标准化的交流技巧，主要用于向计算机发出指令，告诉计算机要做的事情。程序设计语言的描述一般可分为语法和语义。语法主要是阐明一系列语言规则，描述什么样的符号或文字的组合方式是有效的程序。语义主要是对程序的含义进行解释，说明程序执行的逻辑结构和期待的运行结果。

程序设计语言经历了由低级语言向高级语言发展的过程。程序设计语言按照处理程序对硬件的依赖程度和发展历史，通常分为机器语言、汇编语言和高级语言三代。

1．第一代：机器语言

机器语言(Machine Language)是唯一可以被计算机硬件识别和执行的语言，其特点是由二进制数字"0"和"1"组成所有指令。通常不用机器语言直接编写程序。

机器语言的优点是直接运行，执行速度快，资源占用少；缺点是编程烦琐，不便于阅读、记忆和书写。

2．第二代：汇编语言

汇编语言(Assemble Language)是由一组与机器语言指令相对应的符号指令和简单语法组成的符号语言，汇编语言的每条指令对应一条机器语言代码。汇编语言适用于编写直接控制机器操作的底层程序，如编写硬件设备的驱动程序。

汇编语言的优点是代码简短，占用内存少，执行速度快；缺点是可维护性差，容易产生 bug，可移植性差，开发效率低。

3．第三代：高级语言

高级语言(High Level Language)是一种独立于机器的算法语言，比较接近于人们日常使用的自然语言和数学表达式，并且具有一定的语法规则。高级语言并不是特指某一种具体的语言，而是包括很多编程语言，如流行的 Java、C、Python 等。目前，绝大部分软件都是用高级语言开发的。

高级语言的优点是简单易学，可移植性好，可读性强，更加容易调试；缺点是相对前两代语言执行效率低，速度慢。

9.2.3　主流的编程语言

根据资料显示，世界上可查询到的编程语言至少有 600 种。在众多编程语言中，通过编程语言的主要用途、专业程序员的经验、学习人群的数量和第三方厂商的数据，我们可以了解到主流编程语言的发展趋势。目前，全球范围内最受欢迎的编程语言是 C 语言、Java 和 Python。下面我们简单介绍这三种语言的基本常识，并给出完成相同功能的三种语言书写的代码。

1. C 语言

C 语言是一门结构化的计算机程序设计语言，它不仅具有汇编语言的特点，而且拥有高级语言的能力。C 语言是由美国贝尔研究所于 1972 年创造的，具有高效、灵活、功能丰富、表达力强和较高可移植性的特点，备受广大计算机爱好者的青睐。C 语言可以作为工作系统设计语言，编写操作系统的应用程序，也可以作为应用程序设计语言，编写不依赖计算机硬件的应用程序。它具备较强的数据处理能力，应用范围十分广泛，适用于系统软件开发、嵌入式系统开发、多维动画设计等。图 9-2 所示是用 C 语言书写的一段代码。

```c
#include<stdio.h>
main()
{
    char name []="小明";
    printf("我的名字叫%s，请多多关照\n",name);
}
```

图 9-2　C 语言程序实例

其运行结果如图 9-3 所示。

我的名字叫小明，请多多关照

图 9-3　C 语言程序运行结果

2. Java

Java 是一门面向对象的编程语言，不仅吸收了 C/C++语言的各种优点，还摒弃了 C/C++ 中继承、指针等复杂的概念，因而具有功能强大和简单易用两大特征。Java 作为静态面向对象编程语言的代表，很好地诠释了面向对象的理论，允许程序员以优雅的思维方式进行复杂的编程。Java 是由 Sun Microsystems 公司在 1995 年推出的，目前包含了 JavaME、JavaEE、JavaSE 三大平台体系。它的安全性能非常高，同时操作性也非常强，广泛应用于桌面应用程序、Web 应用程序、分布式系统和嵌入式系统应用程序的开发。近年来，Java 成为云计算和大数据技术的主要支持语言，极具发展前景。图 9-4 所示是用 Java 语言书写的一段程序代码。

```
package com.hbjd.test;

public class Introduce {

    public static void main(String[] args) {
        String name="小明";
        System.out.println("我的名字叫"+name+"，请多多关照");
    }

}
```

图 9-4 Java 程序实例

其运行结果如图 9-5 所示。

我的名字叫小明，请多多关照

图 9-5 Java 程序运行结果

3. Python

Python 是一种面向对象的解释型计算机程序设计语言，由荷兰人吉多·范罗苏姆于 1989 年开发。1991 年，吉多·范罗苏姆发布 Python 的第一个版本。Python 语法简洁清晰，具有丰富和强大的库函数。它也常被称为胶水语言，这是因为能够把用其他语言制作的各种模块很轻松地连接在一起。Python 最开始主要用于自动化脚本(shell)的编写，随着版本的不断更新、数据挖掘和机器学习等新功能的增加，Python 开始更多地用于大数据分析、人工智能等大型项目的开发。图 9-6 所示是用 Python 语言书写的一段程序代码。

```
name = "小明"
print("我的名字叫%s,请多多关照"% name)
```

图 9-6 Python 程序实例

其运行结果如图 9-7 所示。

我的名字叫小明，请多多关照

图 9-7 Python 程序运行结果

9.2.4 交互式程序举例：年龄判断

交互是一个计算机术语，指系统接收来自终端的输入并进行处理，最后把结果返回到终端的过程，即人机对话。交互式程序在执行过程中会有中断，等待用户输入指令或数据后，程序会以用户输入的指令或数据作为程序运行中所需的信息继续运行，程序执行后的数据或信息也将返回给用户。大多应用都是交互式的，例如我们在银行自动柜员机上操作时，无论查询、存钱或取钱，都要经过一些人机交互才能得到最后的结果。我们分别用C、Java 和 Python 三种程序语言实现相同功能的交互式编程(Interactive programming)实例。

1. C 语言

图 9-8 所示是用 C 语言书写的一段程序代码。

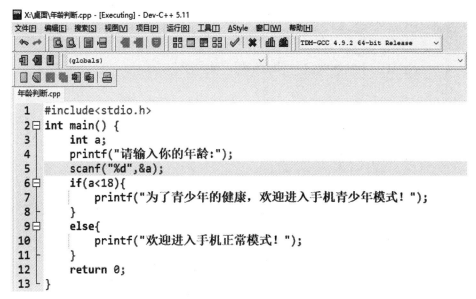

图 9-8　C 语言交互编程实例

其运行结果如图 9-9 所示。

```
■ X:\桌面\年龄判断.exe

请输入你的年龄:16
为了青少年的健康，欢迎进入手机青少年模式！
------------------------------
Process exited after 2.904 seconds with return value 0
请按任意键继续. . .
```

```
■ X:\桌面\年龄判断.exe

请输入你的年龄:20
欢迎进入手机正常模式！
------------------------------
Process exited after 2.681 seconds with return value 0
请按任意键继续. . . ■
```

图 9-9　C 语言交互编程实例运行结果

2. Java

图 9-10 所示是用 Java 语言书写的一段程序代码。

```
Run  Window  Help

1 test.java
 1  package test;
 2
 3  import java.util.Scanner;
 4
 5  public class test {
 6      public static void main(String[] args) {
 7          System.out.println("请输入你的年龄:");
 8          Scanner sc = new Scanner(System.in);
 9          int age = sc.nextInt();
10          if (age < 18) {
11              System.out.println("为了青少年的健康，欢迎进入手机青少年模式! ");
12
13          } else {
14              System.out.println("欢迎进入手机正常模式! ");
15          }
16      }
17  }
```

图 9-10 Java 交互编程实例

其运行结果如图 9-11 所示。

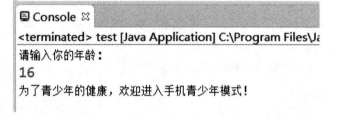

图 9-11 Java 交互编程实例运行结果

3. Python

图 9-12 所示是用 Python 语言书写的一段程序代码。

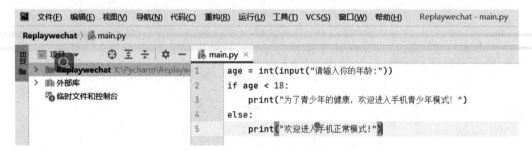

图 9-12 Python 交互编程实例

其运行结果如图 9-13 所示。

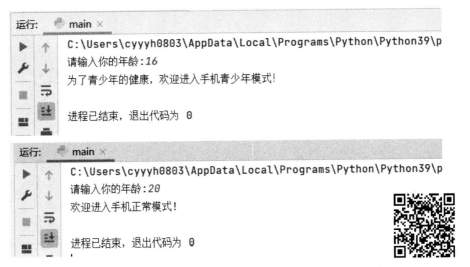

图 9-13　Python 交互编程实例运行结果　　　　编程实例：九九乘法表

习　　题

1. 建立计算思维会对你产生什么影响？
2. 程序设计思维和有效解决问题有什么必然联系？

第 10 章　新一代信息技术概述

近年来，以 5G 网络、云计算、大数据、物联网等为代表的新一代信息技术产业掀起了新一轮信息技术革命。随之不断涌现的新技术、新产品与新模式陆续出现在大众视野中，并快速渗透在各大行业和领域，推动着工业、农业、服务业的转型升级。信息技术研究的主要方向从产品技术转向服务技术，以信息化和工业化深度融合为主要目标的"互联网+"是新一代信息技术的集中体现。我国"十四五"规划中明确提及人工智能、5G 网络、先进传感器等将成为新兴产业发展的重要方向，将推进我国新一代信息技术产业步入新的篇章。

本章将介绍新一代信息技术的概念、技术与应用，"互联网＋"的概念，初步介绍一下元宇宙。

本章要点：

- 新一代信息技术的概念、技术与应用。
- "互联网+"的概念。
- 元宇宙。

思维导图：

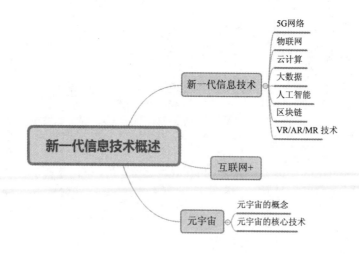

关键字：

物联网：Internet of Things。

云计算：Cloud Computing。

大数据：Big Data。

人工智能：Artificial Intelligence。

区块链：Blockchain。

VR：Virtual Reality。

元宇宙：Metaverse。

10.1　新一代信息技术

我国的"十四五"发展规划聚焦网络通信、人工智能等重大信息技术创新领域，要求打好关键核心技术攻坚战，提高创新链整体效能。新一代信息技术"新"在网络互联的移动和泛在化、信息处理的集中和大数据化、信息服务的智能和个性化。随着与传统产业融合的不断加深，新一代信息技术已经在智能制造、金融、能源、医疗健康等多个领域发挥着越来越重要的作用。

10.1.1　5G 网络与物联网

1. 5G 网络

5G 网络(5th Generation Mobile Networks，第五代移动通信网络)是 4G 延伸的新一代移动通信技术，2020 年已完成测试，现已推向市场。其主要优势在于数据传输速率远高于以前的蜂窝网络，5G 网络的传输速度最高可达 10 Gb/s，比 4G 网络的传输速度快数百倍，这意味着在手机硬件性能允许的情况下，一部高清画质的电影可在 1 秒之内下载完成。5G 网络带来的三个新特点是更高的速度(下载更多数据)、更低的延迟(响应更快)、更多的连接(同时连接更多设备)。5G 是一个多业务多技术的融合性网络，在通信智能性、系统可靠性和用户体验感上都比 4G 有了数倍的提高。

5G 不仅是一次技术升级，它还将搭建一个广阔的技术平台，催生无数新应用、新产业，推动虚拟现实、自动驾驶、智能家居、智慧城市等应用领域的发展，对人们未来生活的影响是不可估量的。具体案例可参考本书第 16 章内容。

5G 作为新型基础设施建设项目之一，如同"信息高速公路"一样，它为庞大数据量和信息量的高效、可靠传送提供了基础。为满足高速发展的互联网和物联网的业务需要，5G 网络将拥有多达 1000 亿的连接数量，从而使"万物互联"成为现实。在 5G 技术的加持下，信息传输之间不必再通过有线相互连接，物与物之间的连接更为紧密。

2. 物联网

伴随着互联网，尤其是移动通信网的发展，越来越多的物品连接到了互联网中，网络中通信的双方不限于人与人之间、人与物之间，而是发展到了物与物之间。物与物通信的网络，就称为物联网(Internet of Things，IoT)。当某物连接到互联网时，意味着它可以发送或接收信息，或者两者兼而有之。这种能力会使物品具有交互功能，就能变得"聪明"起来。以智能手机为例，当你听一首歌曲时，并不意味着你的手机实际上存储了这首歌曲，这首歌曲可能存储在其他地方，但你的手机可以发送信息(索要那首歌曲)，然后接收信息(在手机上播放那首歌曲)。

在物联网中，所有与互联网相连的物品可以分为三类：收集信息然后发送的物品(传感器)、接收信息并据此采取行动的物品(机器设备)、两者兼而有之的物品(综合设备系统)。以农业灌溉系统为例，传感器可以收集土壤湿度的信息，告诉农民该给作物浇多少水，但实际上并不需要农民，灌溉系统可以根据土壤中水分的多少自动开启。如果灌溉系统通过互联网接收到天气信息，它还可以知道什么时候会下雨，并决定今天给不给农作物浇水。进一步，所有这些关于土壤湿度的信息，灌溉系统给作物浇了多少水，作物实际上长得有多好，这些信息都可以被收集起来，并发送给超级计算机，这些超级计算机运行着特殊的算法，可以理解所有这些信息。如果加上其他传感器，收集光、空气质量和温度的信息，将会涉及更多算法。几十个、几百个、几千个农场都在收集这些信息，最后可以聚集成大数据。利用一些算法可以创造出令人难以置信的预测信息，让农作物长得最好，满足世界上不断增长的人口的需求。

10.1.2　云计算、大数据与人工智能

1. 云计算

通俗地理解，云计算(Cloud Computing)就是存在于互联网上的服务器集群上的资源，它包括硬件资源(如 CPU、内存、硬盘、网络等)和软件资源(如操作系统、集成开发环境、应用软件等)。当有了使用云计算的需求后，本地计算机只需要通过互联网发送一个需求信息，远端就会有成千上万台服务器为你提供所需的资源，并将结果发送到本地。这样，本地计算机几乎不需要做什么，所有的处理都在云计算运营商所提供的服务器集群中完成。

云计算之所以被称为"云"，是因为它在某些方面具有现实中云的特征。比如，从视野上讲，云一般都比较大；云的规模是动态伸缩的；云的边界不是固定的，而是模糊的；云在空中的位置是无法确定的，却又真实存在。比如我们使用百度云盘，不需要自己再购买硬盘来存储文件，根据自己需要的空间大小来购买百度云盘，一旦感觉空间不够用了，再继续购买空间就可以了，不用再担心物理硬盘的维护问题。

按照服务类型的不同，云计算可分为以下几种：

IAAS(Infrastructure as a Service，基础资源即服务)：提供基础硬件服务，用云的方式(按需定制/按量付费)获取 IT 基础资源(如计算、网络、存储)，面向运维者。

PAAS(Platform as a Service，平台即服务)：提供开发平台服务，开发软硬件结合的一体化解决方案，提供开发、测试、部署等功能，面向开发者。

SAAS(Software as a Service，软件即服务)：提供应用软件服务，软件通过互联网形式来交付，用户按照账户数量和使用时间付费，面向消费者。

12306 网站是一个应用云计算比较成功的案例。之前在节假日期间，12306 网站的处理能力差强人意。自 2015 年起，12306 把余票查询系统从自身后台分离出来，在"云"上独立部署了一套余票查询系统。余票查询环节的访问量近乎占 12306 网站的九成流量，这也是往年造成网站拥堵的最主要原因之一。把高频次、高消耗、低转化的余票查询环节放

到云端，而将下单、支付这种"小而轻"的核心业务仍留在 12306 自己的后台系统上，这样的思路为 12306 减负不少。之后，12306 网站就很少出现明显的卡滞现象了。

2. 大数据

大数据与云计算是一枚硬币的正反面。大数据是需求，云计算是手段。没有云计算，就无法处理大数据。

大数据(Big Data)通常是指无法使用传统和常用的技术软件与工具在一定的时间内完成获取、管理和处理的数据集。大数据并不是一个确切的概念。在《智能时代》一书中曾对大数据进行了这样的描述：互联网上的任何内容，比如文字、图片和视频都是数据；医院里包括医学影像在内的所有档案也是数据；公司和工厂里的各种设计图纸也是数据；出土文物上的文字、图示，甚至它们的尺寸、材质，也都是数据；宇宙在形成过程中留下了许多数据，比如宇宙中的基本粒子数量。

随着 5G 的到来，大量的物联网应用被使用，这些物联网感应设备每天都在产生巨量的数据。另一方面，智能互联网的迅速发展使这些数据远远超出了今天我们日常进行统计、管理的能力。为了处理这些数据，让海量数据产生应有的价值，大数据技术逐渐进入人们的视线。

到底多大的数据是大数据，不同的学科领域、不同的行业会有不同的理解。对大数据人为的主观定义随着技术的发展而变化，同时，不同行业对大数据的量的衡量标准也不同，不同行业比较一致的看法是：数据量在几百 TB 到几十 PB 量级的数据集都可以称为大数据。

大数据的大小不是问题的关键，重要的是我们能从 TB、PB 量级的数据中分析、挖掘出有价值的知识，从而预测基于用户数据的趋势、习惯。

大数据在电子商务、网约车等诸多领域的成功应用，承载了大量的数据，对于社会发展、人们学习、工作和生活等均产生了重要的意义，尤其是大数据的海量性、多维性和全面性，注定会催生出新鲜事物。

人工智能技术

3. 人工智能

如果说人工智能是人类智能学习发展的产物，那么建立在大数据之上的智能学习就是人工智能的强大动力。记忆是智能学习最基本的功能。通过记忆，加上分析，可以不断修正人工智能的决定，使计算机看起来更智能。

例如，驾龄比较久的司机都会有这样一种经历：经常去某个目的地，根据自己多年的经验，一般会有一条更加方便的近距离路线。这样的路线通常不会马上显示在智能导航上面，导航给出的路线通常都是大众知道的大路。如果司机每次都不按照导航路线行走，而是走更快捷的路线，智能导航仪就能通过智能学习修正路线，通过记忆和分析来优化以往的路线方案。

智能学习就是在对大数据进行大量分析的前提下，通过总结进行最后选择，找到高效率、低成本、快捷方便的路径。

2016 年，"阿尔法狗"战败世界顶级棋手李世石，让业界认识了人工智能的深度学习算法。它的原理就是阿尔法狗会先利用人类给的初始数据进行训练，随后反复进行自我对弈。它会根据自我对弈的结果对参数进行校对调整，从而使下次对弈更加精彩与完美，最终成为"棋王"。

人工智能的自我深度学习大大超越了计算机的程序选择方法，在未来，它将发生革命性的、质的飞跃。

10.1.3　区块链

近年来，随着比特币、以太坊等数字货币的火爆，区块链(Blockchain)这一概念开始进入人们的视野。区块链是一个技术名词，代表一种去中心化的分布式数据库技术，它的主要作用是存储信息，所应用到的技术包括非对称加密技术、点对点传输、时间戳、共识机制等。

首先，从字面意思理解，区块链是由一个块一个块链接而成的。可以把区块链看作一列火车，一节套一节。但是只能从尾部加车皮，已有的车皮不能删，不能改。在金融应用领域，车皮中装的就是一个一个交易记录，例如在某年某月某日小明向小强借了 100 块钱。

其次，区块链是去中心化的。在区块链中没有中心结点和权威机构，人人平等。比如，美联储想超发美元，就可以马上发，老百姓无法约束。但是比特币不能超发，比特币在诞生的时候就已经指定好了发币间隔，不会因为某个机构的意愿而改变。就像腾讯公司可以控制 Q 币的发行量和分配情况，发还是不发，超发还是少发，甚至你账户里的 Q 币数量，理论上腾讯想怎么改就怎么改。但是基于区块链的数字货币却不一样，一旦发行，其数量和拥有权不由任何一个公司和实体所支配。

最后，从本质上，区块链解决了陌生人之间的信任问题。当今社会是一个商业社会，商业社会最基本的经济活动就是交易。如果没有支付宝，当网上购物时，客户不敢直接打款给一个见都没见过的陌生店主；陌生店主也不敢在客户未付款前就发货给你。因为客户和店主之间缺乏信任。区块链解决了这个问题，它综合应用密码学、经济学、博弈论保证链上的信息公开透明，而且不可篡改。

区块链技术被认为是继蒸汽机、电力、互联网之后，下一代颠覆性的核心技术，将改变千百年来落后的信用机制。区块链作为构造信任的机器，利用信息技术建立起可以量化的信任机制，应用范围已经从数字货币、智能合约扩展到金融行业以外的各个领域。不久的将来，以金融服务、社会管理、共享经济、物联网、医疗健康、文化娱乐为主要应用场景的区块链生态圈将成为下一个信任的基石。

10.1.4　VR/AR/MR 技术

VR(Virtual Reality，虚拟现实)是指计算机与先进的传感器技术创造的一种崭新的人机交互形式，通俗地讲，就是利用虚拟现实技术虚拟出一个"真实"的环境。除了计算机图形技术所生成的视觉感知外，还有听觉、触觉、力觉、运动等感知，甚至包括嗅觉和味觉等。计算机通过识别人的头部、眼睛、手、脚或其他行为动作，做出实时响应，并反馈到用户的五官。

与 VR 技术很接近的技术是 AR(Augmented Reality，增强现实)技术。AR 技术将计算机生成的虚拟世界应用到真实世界，即把数字想象世界加在真实世界之上，一般是通过投射装置，将真实与虚拟环境实时叠加到同一个画面或者空间。

MR(Mixed Reality，混合现实)技术将真实世界和虚拟世界混合在一起，产生新的可视化环境，环境中同时包含了物理实体与虚拟信息，让用户可以与整个环境进行互动。

　　VR 和 AR 技术应用在旅游业中，带给人们更多的惊喜与沉浸式体验。例如，VR 场景还原，能够通过高清建模和全景视频打造真实的临场感，让游客随时随地"亲临"景区；VR 历史再现，通过三维建模，能够逼真重现人文历史景观，让神秘的历史褪下面纱；AR 智能导游，融合了图像智能识别和空间成像技术，增强现实 AR 能为游客即时提供当前游览信息。

　　虚拟现实技术使得很多原来不可能的事物变成可能，未来必然会发展成一种改变我们生活方式的重要技术。

10.2　互联网+

　　2015 年 3 月 5 日上午，在十二届全国人大三次会议上，李克强总理在政府工作报告中首次提出"互联网+"行动计划。"互联网+"代表着一种新的经济形态，它指的是依托互联网信息技术实现互联网与传统产业的联合，以优化生产要素、更新业务体系、重构商业模式等途径来完成经济转型和升级。"互联网+"行动计划将重点促进以云计算、大数据、物联网为代表的新一代信息技术与现代制造业、生产性服务业等产业的融合创新，对社会资源进行优化配置，从而提高社会的生产力、创造力，逐步形成基于互联网的一种新兴经济发展形态。"互联网+"能推动社会经济形态的加速转型，带动社会经济实体的生命力，为改革、创新、发展提供广阔的网络平台，充分发挥互联网的优势，将互联网与传统产业深入融合，以产业升级提升经济生产力，最后实现社会财富的增加。

　　"互联网+"可以通俗地理解为互联网技术在经济生活各领域中融合、改造、创新的过程，具体指的是以互联网平台为基础，利用信息通信技术与各行业跨界融合，实现生产要素的在线化、数字化，推动产业转型升级，并不断创造出新产品、新业务与新模式，构建连接一切的新生态。"互联网+"已经影响并改造了多个行业，当前大家耳熟能详的网络零售、跨境电商、快的打车、在线房产、互联网金融等行业都是"互联网+"的典型代表。随着云计算技术的快速发展(云)、通信网络的不断升级(网)、智能终端的广泛普及(端)，互联网成为发展当代经济的重要基础设施，用来增强经济发展动力，提升效益，从而促进国民经济健康有序发展。

10.3　元　宇　宙

　　2021 年 11 月，随着"Facebook(脸书)"改名"Meta"，以虚拟技术为核心的元宇宙走红。2022 年，北京、上海、江苏、浙江等省、直辖市纷纷明确将元宇宙纳入未来产业发展体系之中。

10.3.1　元宇宙的概念

　　元宇宙(Metaverse)这个概念最早出现在 1992 年尼尔•斯蒂芬森的科幻小说《雪崩》当

中, 小说描绘了一个平行于现实世界的虚拟数字世界, 在这里, 人们用数字化身来控制并相互竞争以提高自己的地位。只要戴上耳机和目镜, 找到一个终端(见图 10-1), 就可以通过连接进入由计算机模拟的另一个三维现实, 每个人都可以在这个与真实世界平行的虚拟空间中拥有自己的分身。这个虚拟空间便是"元宇宙"。到现在看来, 小说里描述的依然是超前的未来世界。

简单来说, 元宇宙是整合了多种新技术而产生的新型虚实相融的互联网应用和社会形态, 是利用科技手段进行连接和创造的与现实世界映射和交互的虚拟世界, 具备新型社会体系的数字生活空间。

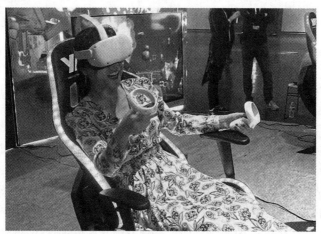

图 10-1　元宇宙体验

10.3.2　元宇宙的核心技术

元宇宙的发展阶段

清华大学新闻学院沈阳教授表示:"元宇宙本身不是一种技术, 而是一个理念和概念, 它需要整合不同的新技术, 如 5G、6G、人工智能、大数据等, 强调虚实相融。"元宇宙主要有以下几项核心技术:

(1) 扩展现实技术, 包括 VR、AR 和 MR。扩展现实技术可以提供沉浸式的体验, 可以解决手机解决不了的问题。

(2) 数字孪生是现实世界和虚拟世界的最佳纽带, 它与来自各种物联网设备的实时数据相连, 能够镜像、分析和预测物理对象的行为。

(3) 用区块链来搭建经济体系。随着元宇宙进一步发展, 对整个现实社会的模拟程度加强, 借助区块链加密算法、共识机制、链结构、智能合约等技术, 从而建立兼具相对公平和公信的经济秩序。

习　　题

"互联网+"对你的现在和未来有什么影响? 能描述一下你对元宇宙期待的样子吗?

拓

展

篇

第 11 章　WPS Office 办公应用

　　近年国家持续加大对国产软件的扶持力度，信息产业部也已放出支持国产软件发展的明确信号，这将对促进我国软件产业发展产生深远影响。WPS Office 被业界誉为"国产软件之光"，是由北京金山办公软件股份有限公司自主研发的一款办公软件套装，可以实现文字处理、电子表格、电子文档演示等多种功能。秉承兼容、开放、高效、安全的原则，WPS Office 拥有强大的文档处理能力，符合现代中文办公的需求，每天全球有超过 5 亿个文件在 WPS Office 平台上被创建、编辑和分享。2020 年 11 月 25 日，教育部考试中心宣布：将新增计算机考试科目，正式把使用最广泛的国产办公软件——WPS Office 作为全国计算机等级考试(NCRE)的二级考试科目之一，该调整计划于 2021 年在全国实施。

本章要点：

- WPS Office 三大组件的特点和功能。
- WPS Office 下载安装方法。
- WPS 云文档的基本操作，包括文档上云、创建云文档与导入云文档等。

思维导图：

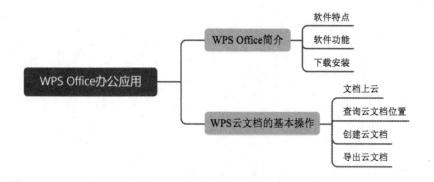

关键字：

　　软件：Software。
　　安装：Install。
　　版本：Edition。
　　云存储：Cloud Storage。

11.1　WPS Office 简介

WPS(Word Processing System)出现于 1989 年，在 DOS 时代是最盛行的文字处理软件 (software)。WPS 也可理解成“W”为文字处理，“P”为幻灯片，“S”为表格。WPS 以一站式办公服务平台、强大的服务特点等受到众多使用者的支持和青睐。

11.1.1　软件特点

WPS Office 是目前使用最广泛的国产办公软件，它包括三大常用组件“WPS 文字”“WPS 表格”和“WPS 演示”，它们各司其职，基本满足了人们日常工作对办公软件的需求。相比前面章节中介绍的微软 Office 办公软件而言，WPS Office 更符合中国人的工作场景和使用习惯。下面我们先从它的特点开始介绍这款软件。

1. 支持多种文档格式

WPS Office 包含文字处理、电子表格和电子文档演示三大功能模块，与微软 Office 中的 Word、Excel、PowerPoint 的功能一一对应，应用 XML 数据交换技术，能够无障碍兼容.docx、.xlsx、.pptx、.pdf 等文件格式，用户可以直接保存和打开 Word、Excel 和 PowerPoint 文件，也可以用微软 Office 轻松编辑 WPS 系列文档。

2. “云”办公

WPS Office 支持 Web 端、PC 端、移动端多平台数据同步，注册成为 WPS 用户即可免费享有 1 GB 云空间，用户使用一个账号，就可以随时随地阅读、编辑和保存文档，云端自动同步文档，实现数据无缝对接，更换设备也不会妨碍工作。

3. 高效分享与协作

WPS Office 能够实现团队间的高效分享与协作。用户可以一边编辑文档，一边和团队成员进行讨论，同时可以将编辑的文档通过链接快速分享给其他人，无须重复收发文件，多人同时查看与编辑，还能保留编辑记录，共享文件实时更新，使团队成员交流材料更新保持同步，大大提升了工作质量和效率，营造了便捷的信息化办公环境。

4. 多端覆盖，免费下载

WPS Office 能够在 Windows、Linux、Android、iOS 等多个平台运行，不同的终端设备/系统拥有相同的文档处理能力，个人版对个人用户永久免费。WPS Office 将办公与互联网结合起来，多种界面随心切换，还提供了大量的精美模板、在线图片素材、在线字体等资源，帮助用户轻轻松松打造优秀文档。

5. 中文特色和人性化易用设计

WPS Office 的各种功能的操作简单，使用体验良好，降低了用户熟悉功能的门槛，提升了用户的工作效率，被称为最懂中国人的办公软件。稿纸格式、电子表格支持中文纸张规格、中文项目符号、斜线表格、文字工具等中文特色，尊重中文使用者的习惯。WPS Office 支持直接输出为 PDF 文件。电子表格里面智能收缩、表格操作的即时效果预览和智能提示、全新的度量单位控件、批注框里面可以显示作者等人性化的易用设计，让用户舒适享受办公乐趣。

11.1.2　软件功能

WPS Office 具有内存占用低、运行速度快、云功能多、得到强大插件平台的支持、免费提供在线存储空间及文档模板的优点。下面分别介绍其三大组件的功能。

1. WPS 文字处理

WPS 文字是 WPS Office 中的一个重要组件，它具有丰富的文字编辑功能，还提供了各种控制输出格式与打印功能，基本上能满足文字编辑处理需求，其主要功能如表 11-1 所示。

表 11-1　WPS 文字的主要功能

软件名称	主 要 功 能
WPS 文字	新建文字文档功能
	支持.doc、.docx、.dot、.dotx、.wps、.wpt 等格式文件的打开，包括加密文档
	支持对文档进行查找替换、修订、字数统计、拼写检查等操作
	编辑模式下支持文档编辑，文字、段落、对象属性设置，插入图片等功能
	阅读模式下支持文档页面放大、缩小，调节屏幕亮度，增减字号等功能
	独家支持批注、公式、水印、OLE 对象的显示

2. WPS 电子表格

WPS 表格是 WPS Office 中另一个重要组件，具有强大的数据处理能力，主要用于制作电子表格，其主要功能如表 11-2 所示。

表 11-2　WPS 电子表格的主要功能

软件名称	主 要 功 能
WPS 表格	新建电子表格功能
	支持.xls、.xlt、.xlsx、.xltx、.et、.ett 等格式文件的查看，包括加密文档
	支持 sheet 切换、行列筛选，显示隐藏的 sheet、行、列
	支持醒目阅读——查看表格时，支持高亮显示活动单元格所在行列
	表格中可自由调整行高列宽，完整显示表格内容
	支持在表格中查看批注
	支持查看表格时双指放缩页面

3. WPS 演示文稿

WPS 演示是 WPS Office 中专门制作和展示演示文稿的组件，可以制作出包括文字、图片、视频等多种内容的演示文稿，将需要表达的内容清晰、直观地展示给观众，其主要功能如表 11-3 所示。

使用 WPS 打开 OFD 文档

表 11-3　WPS 演示文稿的主要功能

软件名称	主 要 功 能
WPS 演示	新建演示文稿功能
	支持.ppt、.pptx、.pot、.potx、.pps、.dps、.dpt 等格式文件的打开和播放，包括加密文档
	全面支持 PPT 的各种动画效果，并支持声音和视频的播放
	编辑模式下支持文档编辑，文字、段落、对象属性设置，插入图片等功能
	阅读模式下支持文档页面放大、缩小，调节屏幕亮度，增减字号等功能
	共享播放，与其他设备链接，可同步播放当前幻灯片
	支持 Airplay、DLNA 播放 PPT

11.1.3　下载安装

了解了 WPS Office 的特色功能，接下来我们学习它的下载安装(install)方法。

启动浏览器，在地址栏中输入网址 https://platform.wps.cn/，进入 WPS Office 官方下载页面，鼠标移动到【立即下载】按钮后会自动弹出不同版本(edition)的下载菜单，单击相应菜单即可下载相应版本的安装包，如图 11-1 所示。

图 11-1　WPS Office 下载页面

WPS Office 无须激活，安装方法与其他办公软件类似，选择安装位置后根据操作提示进行安装即可。安装完成后，WPS Office 三个组件的快捷方式图标如图 11-2 所示。

图 11-2　WPS Office 三个组件的快捷方式图标

双击图标即可进入相应的工作界面，单击界面右上角的访客账号头像，如图 11-3 所示，即可打开 WPS 账号登录界面。WPS Office 提供了三种登录方式，即手机验证登录、微信登录和手机 WPS 扫码登录，如图 11-4 所示，用户选择合适的登录方式进行登录即可。登录 WPS 账号后，所有的使用数据将保存在个人账号中。

图 11-3　访客账号头像

图 11-4　WPS 账号登录

　　当用户未登录时默认以访客身份使用 WPS，使用数据将保存在访客账号中。访客账号数据仅保存在本地，无法自动同步备份，任何人都能使用，会有泄露隐私和数据的风险，数据也无法导入其他账号。建议用户使用时注册并登录 WPS 账号，这样电脑、手机多端同步文档数据。

WPS 账号权益

　　下载安装后，用户就可以在本地正常使用 WPS Office 进行办公操作。WPS 的三大常用组件能无障碍兼容微软 Office 格式的文档，可以直接打开、保存微软 Office 格式的文档，微软 Office 也可正常编辑 WPS 保存的文档。除了在文档格式上兼容，WPS 在使用习惯、界面功能上，都与微软 Office 深度兼容，简单易用，用户可快速找到相应的功能按钮，这样就降低了用户的学习成本。

11.2　WPS 云文档的基本操作

　　目前，WPS Office 已实现与云存储(cloud storage)的集成，登录 WPS 账号后，文档可直接保存或上传到云端，并且可以通过任意计算机、手机随时随地打开、编辑、保存和分享文档，真正摆脱了设备和地点的限制，提高了办公效率。本节将学习云文档的基本操作。

11.2.1　文档上云

大多数软件处理文档都需要先存储在本地，这意味着一旦离开存储的设备，便无法及时获取文档。WPS 的云文档则会将文档加密存储于云空间，用户可以多地多设备同步修改文件，使办公更便捷。下面我们介绍一下将文档保存到云端的三种方法。

方法 1：通过【另存为】命令将文件上云。

(1) 单击【文件】菜单，在弹出的下拉列表中选择【另存为】命令，如图 11-5 所示。

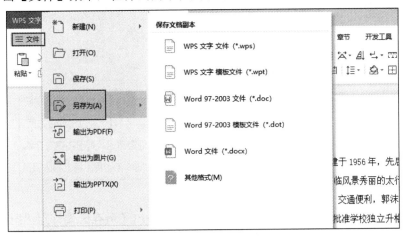

图 11-5　【另存为】命令

(2) 在弹出的【另存文件】对话框中的左侧导航栏中单击【我的云文档】，根据分类内容选择文件保存位置后，单击【保存】即可实现文档上云，如图 11-6 所示。

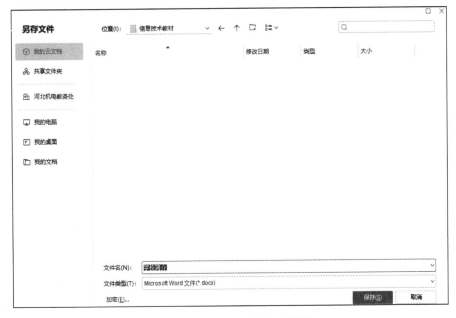

图 11-6　【另存文件】对话框

方法 2：通过标题栏上云。

(1) 将鼠标指针移动到文档标题栏处悬停几秒钟，此时会自动出现文件状态浮窗，如图 11-7 所示。

图 11-7　文件状态浮窗

(2) 单击文件状态浮窗中的【立即上传】按钮，弹出【另存云端开启"历史版本"】对话框中，选择文件云端保存位置后，单击【上传到云端】即可完成文档上云，如图 11-8 所示。

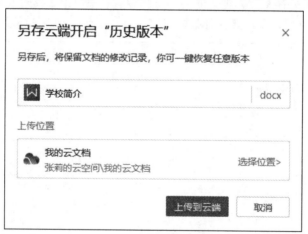

图 11-8　【另存云端开启"历史版本"】对话框

方法 3：通过协作状态区上云。

(1) 协作状态区在工作界面的右上角，如图 11-9 所示。单击协作状态区中的【未同步】按钮。

(2) 在弹出的【另存云端开启"云同步"】对话框中选择文件云端保存位置后，单击【上传】按钮即可完成文档上云，如图 11-10 所示。

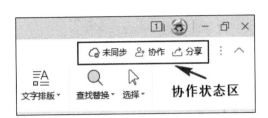

图 11-9　协作状态区

图 11-10　同步状态上云

(3) 启用文档云同步功能后，再单击文档的【云同步状态】，弹出的下拉面板变成如图 11-11 所示的样式。

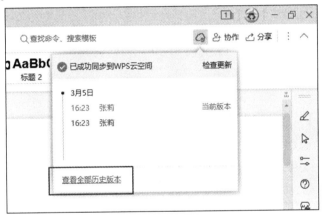

图 11-11　文档"云同步状态"

(4) 单击此面板中的【查看全部历史版本】，在弹出的【历史版本】对话框中可以找回某个时间点编辑修改的文档版本，如图 11-12 所示。

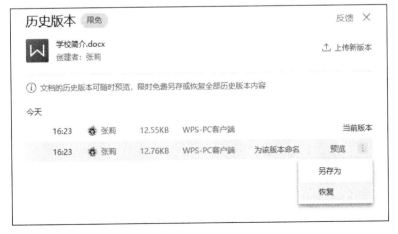

图 11-12　【历史版本】对话框

WPS 云服务
保护数据安全

11.2.2　查询云文档位置

我们已经知道如何将文件保存到云文档，那再次使用时怎样快速找到保存到云文档中的文件呢？有以下两种方法。

方法 1：通过"文档标签"查看文件保存位置。

此种方法适合在用户已经打开文件的时候使用，可查看文件的保存路径。将鼠标放在文件标题栏处，此时会出现文件状态浮窗，在浮窗中可以查看文件路径，如图 11-13 所示。

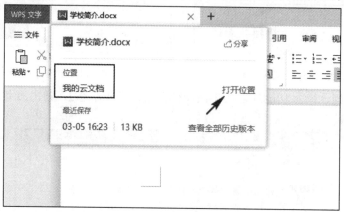

图 11-13　云文档状态浮窗

单击浮窗中的【打开位置】按钮，即可快速定位此文件的保存目录，如图 11-14 所示。

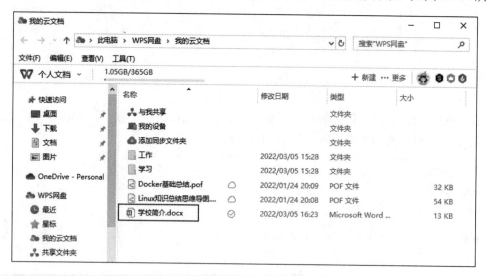

图 11-14　打开文件保存目录

方法 2：通过"WPS 全局搜索框"查看文件保存位置。

此种方法适合在用户没有打开文件的时候使用，查看文件的保存路径。打开 WPS 首页，在 WPS 全局搜索框中输入文件名或关键词，单击【云文档】命令，在搜索结果中可以看到文档的保存位置，单击相应文件或【打开】按钮均可打开文件，如图 11-15 所示。

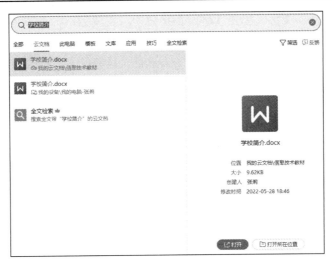

图 11-15　WPS 全局搜索框

11.2.3　创建云文档

用户可以在 WPS 云文档中新建文件和文件夹。具体操作如下所示。

打开 WPS 首页，在左侧主导航栏中单击【文档】，在下一级列表中选择【我的云文档】命令，在【我的云文档】面板中任意空白位置单击鼠标右键，在弹出的快捷菜单中可以选择【新建文件夹】【新建文字】【新建表格】【新建演示】等命令，如图 11-16 所示。

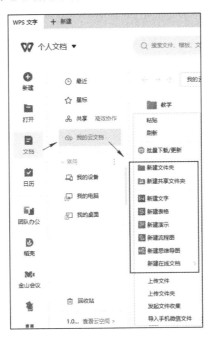

图 11-16　单击右键新建文件/文件夹

在此快捷菜单中选择【上传文件】或【上传文件夹】命令，将本地文件或文件夹上传到云文档中。此处以上传文件为例，选择【上传文件】命令后，在弹出的【上传文件】对话框中选择需要上传的文件，单击【确定】按钮即可完成上传，如图 11-17 所示。

　　另外，用户也可以在【我的云文档】面板右上角单击【新建】按钮，在弹出的下拉列表中选择【文件夹】【文字】【表格】等命令，这样，新建的文件或文件夹就会自动保存到云文档中，如图 11-18 所示。

图 11-17　【上传文件】对话框

图 11-18　新建文件/文件夹到云

11.2.4　导出云文档

　　当云文档中的文件需要导出(export)到本地时，用户应该如何操作呢？接下来学习导出云文档的具体方法。

　　用户可以在 WPS 首页左侧主导航栏中单击【文档】按钮，在下一级列表中选择【我的云文档】命令，在【我的云文档】面板中选中需要导出的文档，单击鼠标右键，在弹出的右键菜单中选择【导出】命令，如图 11-19 所示。在弹出的【请选择文件夹】对话框中，选择想要保存文件的本地路径，单击【保存】按钮即可实现导出云文档到本地的操作，如图 11-20 所示。

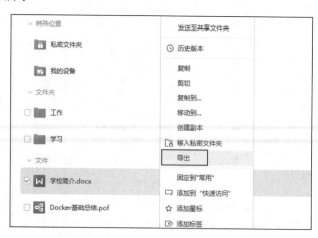

图 11-19　云文档【导出】命令

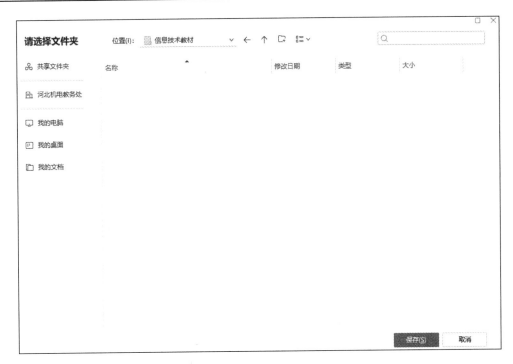

图 11-20　【请选择文件夹】对话框

本章主要介绍了 WPS Office 的特色功能、下载安装方法和
WPS 云文档的常用基本操作。通过对本章内容的学习，希望读者
可以了解 WPS Office，能够快速完成 WPS 云文档的创建及操作，
提高工作效率。

WPS 的其他应用技巧

习　　题

软件国产化、软件正版化的意义是什么？目前推广阻力有哪些？

第12章　机器人流程自动化

　　新一代信息技术的发展和应用正在为企业带来巨大变革和发展机遇。各大中小型企业都在进行数字化转型，引进机器人流程自动化，提高工作效率和生产力。例如，企业业务流程中，纸质文件录入、证件票据验证、从电子邮件和文档中提取数据、跨系统数据迁移等工作，都可以通过机器人流程自动化技术准确、快速地完成，从而减少人工错误，提高效率并大幅降低运营成本。

　　本章节主要包括机器人流程自动化的基础知识、技术框架和功能、工具应用、软件机器人的创建和实施等内容。

本章要点：

- 机器人流程自动化的基本概念。
- 机器人流程自动化的主流工具。
- 机器人流程自动化的技术框架。
- 简单的软件机器人的创建，实施自动化任务。

思维导图：

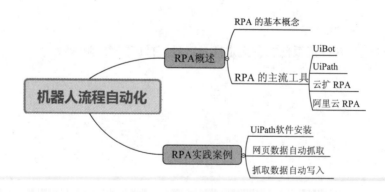

关键字：

　　机器人流程自动化：Robotic Process Automation。

　　人工智能：Artificial Intelligence。

　　自动化：Automatic。

　　抓取：Automatic Grab。

12.1　RPA 概述

12.1.1　RPA 的基本概念

　　机器人流程自动化(Robotic Process Automation，RPA)又称为软件机器人。RPA 试图创建一个软件机器人，通过模仿用户手动操作的过程，自动执行大量重复的、基于规则的任务。RPA 是一种以人工智能(Artificial Intelligence，AI)技术为基础，将手动操作变成自动化(Automatic)执行的方法。

　　RPA 能够将重复性劳动进行自动化处理，提高效率，让金融、人力资源、信息技术、运营商、制造等行业实现业务流程的自动化智能升级，如图 12-1 所示。

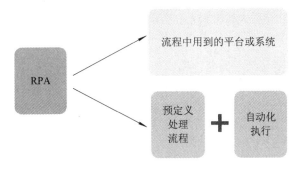

图 12-1　机器人流程自动化(RPA)

　　机器人流程自动化并不是一个陌生的概念，Microsoft Office 中的宏就能实现自动化执行的操作。宏是将一系列命令和指令组合在一起，形成一个宏命令，实现任务执行的自动化，用来代替人工完成一系列费时又重复的操作。不过宏仅限于在 Microsoft Office 软件中使用。相比之下，RPA 的功能更加强大，它具有以下特点和优势：

　　(1) 不受系统平台限制。RPA 能够连接企业的办公平台、管理系统、财务系统等。

　　(2) 不侵入破坏原有系统。RPA 不需要统一的接口，不需要对企业原有的平台系统进行破坏和改造。它就像制造了一个"软件机器人"，设定好需要完成的业务流程，整个过程就会模拟人工自动执行。

　　(3) 成本低，效率高。与人工操作或专门开发的软件相比较，RPA 实施起来成本较低。RPA 还可以不间断地处理有规律且重复性的工作，大大提高了工作效率。

　　(4) 减少人为出错，更安全。机器操作能避免人为因素造成的失误和错误。对于那些要求比较严格的操作或流程，机器操作起到了足够的保障作用。

12.1.2　RPA 的主流工具

1. UiBot

　　来也科技的机器人流程自动化服务平台 UiBot 于 2019 年上线，支持 Windows、Linux 系统。用户可通过平台一键录制流程并自动生成机器人，如处理邮件和文档，大批量生成文件和报告，进入 CRM(Customer Relationship Management，即客户关系管理)系统执行特定任务等。

UiBot RPA 平台主要包括四部分：创造者、劳动者、指挥官和魔法师。其中，创造者即机器人开发工具，用于搭建流程自动化机器人；劳动者即机器人运行工具，用于运行搭建好的机器人；指挥官即控制中心，用于部署与管理多个机器人；魔法师即 AI 能力平台，为机器人提供执行流程自动化所需的各种 AI 能力。

2. UiPath

UiPath RPA 平台主要包括三部分：UiPath Studio、UiPath Robot 和 UiPath Orchestrator。其中，Studio 是 UiPath 的 RPA 平台的编辑工具，通过图形化界面方便地设计出各种自动化流程。Robot 是执行由 Studio 创建的自动化流程的机器人。Robot 的运行方式有两种：一种是无人值守机器人，即不需要人工参与，可以在后台独立工作；另一种是有人值守机器人，即需要人工参与，员工与机器人有交互，协作完成日常任务。Orchestrator 用来集中调度、管理和监控所有机器人，它能使大量机器人和自动化进程都由一个地方安全地控制、管理和监控。

3. 云扩 RPA

云扩 RPA 平台主要包括三部分：编辑器、机器人、控制台。其中，编辑器是 RPA 编辑工具，利用可视化界面设计出各种自动化的流程；机器人是 RPA 执行工具，用于执行编辑器工具设置好的流程；控制台是 RPA 控制中心，用于集中调度、管理和监控所有机器人和流程。

4. 阿里云 RPA

阿里云 RPA 产品是一款新型工作流程自动化办公机器人软件，通过模拟人工操作进行自动流程执行处理。阿里云 RPA 广泛应用于财务税务、行政办公、零售电商等行业领域，并推出了行业数字员工。阿里云 RPA 产品软件采用主流 C/S(Client/Server)架构模式，支持私有化部署。

阿里云 RPA 的客户端主要包括两部分——编辑器和机器人，具有自主研发的 SDK 函数和各项调试运行功能。服务端主要提供各种后台机器人服务和控制台。其中，机器人服务包括机器人核心服务、AI 服务、文件服务、录屏服务等。控制台提供了客户端监控、计划任务管理、用户与权限管理、授权许可管理、操作日志记录等功能。

RPA 在人工普查中的应用

12.2 实践案例：将抓取数据自动写入 Excel 文件

假设你是一名电商统计员，现需要统计某购物网站上所有华为手机的品牌详情、价格和链接地址信息。如果从网页上一个个复制粘贴，会耗费大量的时间和精力。本节的案例中将运用机器人流程自动化的技术和理念，设计实现自动抓取(Automatic grab)网页上的数据，并将抓取的数据自动写入(Automatic writing)Excel 文件中，这一过程主要通过软件安装、自动抓取、自动写入二部分来实现。

UiPath 应用案例

12.2.1　RPA 工具 UiPath 的安装

1. 下载与注册

我们以 UiPath RPA 工具为例进行实践操作。登录 UiPath 官网 www.uipath.com.cn，单击页面右上角的【开始试用】按钮，在跳转的新页面中，找到"社区版"。UiPath 社区版适合个人 RPA 开发者和小型团队，目前显示永远免费。UiPath 企业版提供 60 天试用期，试用期满后需要购买。

进入注册页面后，填写姓名、电子邮箱、职位、部门等基本信息，单击【提交】，网站会以邮件的方式将软件的下载链接发送到注册邮箱，单击链接即可下载。

2. 安装软件

下载完成后，双击下载的安装包"UiPath Studio Community.exe"文件即可安装，成功安装会出现如图 12-2 所示的界面。

图 12-2　UiPath 安装完成

成功安装后，Windows 的开始菜单中会有如图 12-3 所示的三个快捷方式。

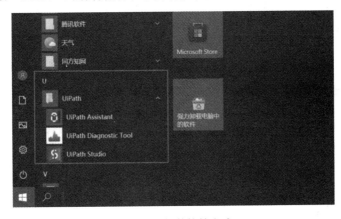

图 12-3　软件快捷方式

3. 初始打开设置

单击 UiPath RPA 的编辑工具"UiPath Studio"打开软件,会出现如图 12-4 所示的注册页面,单击【More Options】。如果我们不是社区用户,在没有云账户的情况下,单击【Standalone Options】,获得许可并启动,如图 12-5 所示。

图 12-4　注册页面　　　　　　　　图 12-5　选择【Standalone Options】

然后选择【Community Offline】,进入【UiPath Studio】,如图 12-6 和图 12-7 所示。

图 12-6　选择【Community Offline】　　　　图 12-7　选择【UiPath Studio】

接下来进入 UiPath Studio 启动界面,单击【Close】关闭欢迎页面,如图 12-8 所示。

图 12-8　UiPath Studio 启动界面

在创建项目之前，首先将软件界面切换成中文版本。修改方法如下：

单击【Settings】，选择【General】中的【Language】，选择【中文(简体)】，如图 12-9 所示。设置完成后会提示需要重启软件，单击【Restart】重启软件。

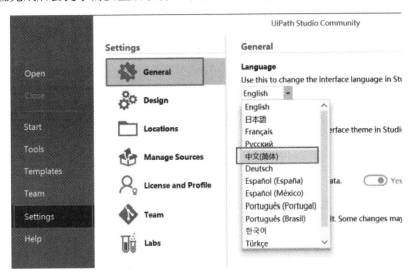

图 12-9　UiPath Studio 切换成中文版本

12.2.2　实现网页数据的自动抓取

下面我们开始操作实现网页数据的自动抓取。

(1) 启动"UiPath"软件。选择【主页】选项卡，选择【开始】，单击【流程】新建项目流程，如图 12-10 所示。给新的流程命名，选择存储的位置，填写说明以补充介绍创建的项目，单击【创建】按钮即可，如图 12-11 所示。

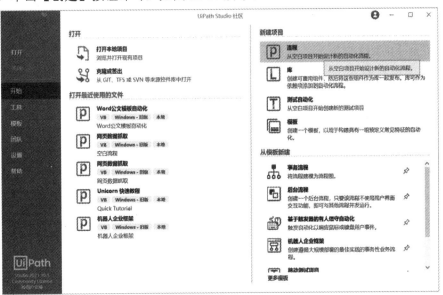

图 12-10　新建项目流程

图 12-11   流程信息设置

(2) 单击【项目】面板，找到"Main.xaml"，双击打开，如图 12-12 所示，在界面中间区域开始编辑流程。

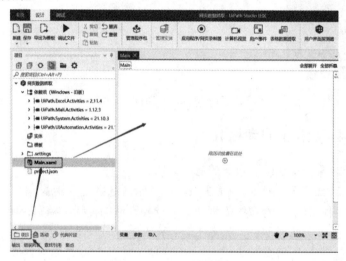

图 12-12   Main 页面编辑

(3) 打开【活动】面板，在搜索框内输入"流程图"，按回车键搜索，拖曳【流程图】到【Main】页面的编辑区域，如图 12-13 所示。单击 ∨，展开流程图。流程图中的【Start】图标表示当前流程从此处开始执行。

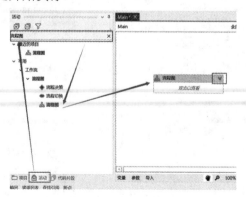

图 12-13   添加流程图

(4) 本案例我们预抓取谷歌浏览器(Google Chrome)页面的数据，所以需要提前安装加载 UiPath 扩展程序"Chrome"，方法如下：

单击【主页】选项卡，选择【工具】，单击【Chrome】，即可完成安装，如图 12-14 所示。

图 12-14　安装 UiPath 扩展程序 Chrome

安装完成后，第一次打开谷歌浏览器，会提示是否启动扩展程序，选择【启动扩展程序】即可。

(5) 开始抓取网页数据，这里以在京东商城中输入关键字"华为手机"进行搜索后的页面为例进行数据抓取。单击【设计】选项卡下【表格数据提取】按钮，如图 12-15 所示。这时 UiPathStudio 软件会自动最小化，弹出【表格数据提取】对话框，单击【添加数据】，开始抓取页面数据元素，如图 12-16 所示。

图 12-15　【表格数据提取】

图 12-16　添加数据

(6) 在抓取数据的状态下，随着鼠标在页面的移动，页面内的元素会出现被选中的红框，如图 12-17 所示，选中了商品标题元素，单击选中的元素，红框左上角会出现"目标"字样，单击右下角出现的确认按钮，或对话框中的【完成选择】按钮，完成选择，单击删除图标 按钮，重新移动鼠标选择目标元素。

图 12-17　抓取页面元素数据

(7) 确认选中元素后，对话框中会自动出现两列提取的数据：商品名称和商品链接地址 Url，并且会自动提取该页面所有相同结构位置的数据。如果在实践过程中只出现一列，没有出现"新列 1Url"列，则需要在添加数据之前单击选中提取数据的 URL 设置，如图 12-18 所示。

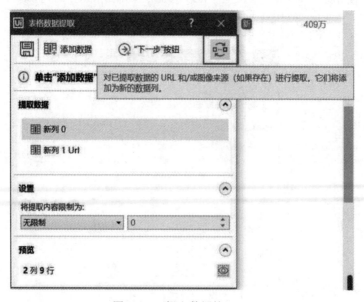

图 12-18　提取数据的 URL

(8) 完成数据抓取后，单击设置可以对提取数据的列名称和数据类型等信息进行修改，如图 12-19 和图 12-20 所示。

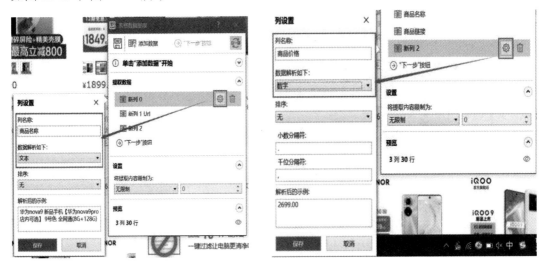

图 12-19　设置列名和文本类型　　　　　　图 12-20　设置列名和数字类型

(9) 可以提前预览查看获取的数据，如图 12-21 所示。单击对话框左上角的【保存】按钮，即可保存返回 Studio 软件界面。

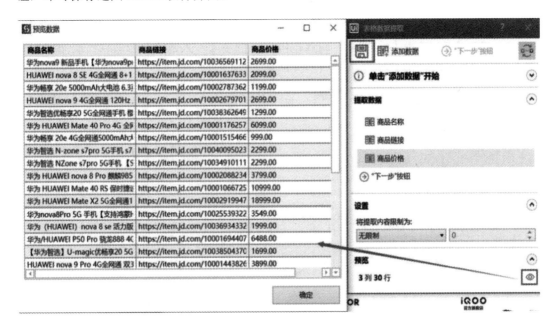

图 12-21　预览抓取的数据

(10) 以上进行的数据抓取的过程被存储在"使用应用程序/浏览器"流程模块中，从 "Start"图标下方拖曳流程箭头，连接数据抓取模块，即可完成自动化流程的创建，如图 12-22 所示。双击标题可以展开整个流程，如图 12-23 所示，最终提取的数据会存储在 "ExtractDataTable"中。

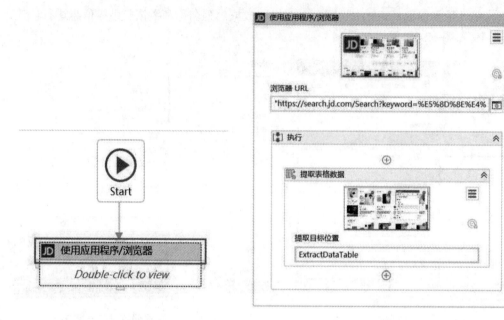

图 12-22　项目流程图　　　　　　　　图 12-23　抓取网页数据流程

12.2.3　实现抓取数据的自动写入

在上面数据抓取流程的基础上,继续添加数据的自动写入操作流程。具体操作如下所示。

(1) 打开【活动】面板,搜索"写入范围",拖曳【写入范围】到数据抓取流程的下方,一般会自动创建流程连接,如图 12-24 所示。

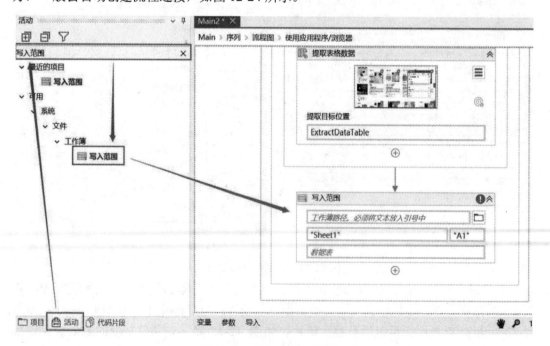

图 12-24　添加【写入范围】

(2) 提前创建一个 Excel 文件,选择存储数据的文件和路径。输入面板下的"数据表",来源为之前抓取数据的目标位置，如图 12-25 所示，最后保存即可。

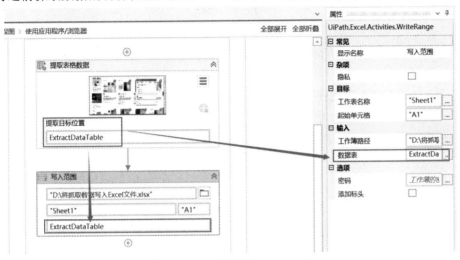

图 12-25　将数据写入 Excel 文件

(3) 选择【设计】选项卡，单击【调试文件】按钮，调试并运行创建好的自动化流程，如图 12-26 所示。这时，电脑端会自动启动浏览器，打开相应的页面，并抓取数据，最后将数据存储到规定的 Excel 文件中，自动化实现整个预定的流程。最终结果如图 12-27 所示。

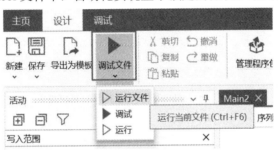

图 12-26　调试运行文件

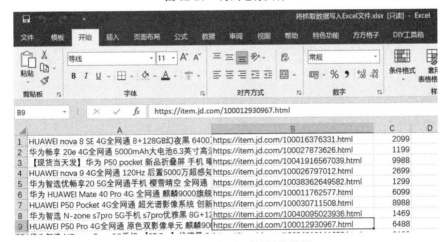

图 12-27　网页抓取到的最终数据

习　题

1. 你觉得应该如何帮助企业员工获得信息化技能，从而取消员工担心被机器取代的焦虑？

2. 企业是否需要数字化转型，如何推进数字化转型？

第13章 大 数 据

　　早在 2012 年 7 月，联合国在纽约总部发布了《大数据促发展：挑战与机遇》白皮书，指出大数据对于联合国和各国政府来说是一个历史性的机遇，要利用包括社交网络在内的大数据资源造福人类。2021 年 12 月，工信部在《"十四五"大数据产业发展规划》中指出：大数据产业作为以数据生成、采集、存储、加工、分析、服务为主的战略性新兴产业，是激活数据要素潜能的关键支撑，是加快经济社会发展质量变革、效率变革、动力变革的重要引擎。

　　本章将介绍大数据、处理流程、应用与趋势等相关概念和技术，最后介绍大数据常见的应用场景。

本章要点：

- 了解大数据的基本概念和基础知识，主要包括大数据定义、特征等。
- 了解大数据处理流程。
- 了解大数据应用与发展趋势。

思维导图：

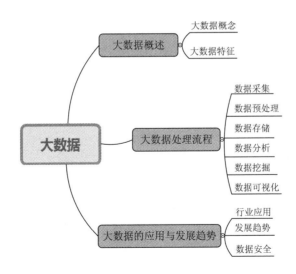

关键字：

　　大数据：Big Data。

数据存储：Data Storage。

数据分析：Data Analytics。

数据挖掘：Data Mining。

数据可视化：Data Visualization。

Hadoop 分布式文件系统：Hadoop Distributed File System。

13.1　大数据概述

大数据技术是现代科学与技术发展，尤其是计算机科学技术发展的重要成果，是科学发展史的又一重要里程碑。大数据技术是一门多学科的交叉融合的新技术，随着科学技术的发展，大数据技术发展更为迅速，应用更为深入和广泛，并凸显其巨大的潜力和应用价值。共享经济、自媒体等新型业态的出现，使数据几乎渗透到每一行业与领域之中，成了不可或缺的生产要素。数据是基础资源也是重要的生产力。

1. 大数据概念

关于大数据(Big Data)，麦肯锡全球研究所给出的定义是：一种规模大到在获取、存储、管理、分析方面大大超出了传统数据库软件工具能力范围的数据集合，具有海量的数据规模、快速的数据流转、多样的数据类型和价值密度低四大特征。

通俗地讲，大数据是数据量非常大，而无法用传统的流程或工具处理与分析的信息。

因此，大数据需要特殊的技术，能在接受的时间内有效地处理大量数据。适用于大数据的技术，包括大规模并行处理(Massively Parallel Processing，MPP)数据库、数据挖掘、分布式文件系统、分布式数据库、云计算平台、互联网和可扩展的存储系统，如图 13-1 所示。

大数据技术的战略意义不在于掌握庞大的数据信息，而在于对这些含有意义的数据进行专业化处理，换而言之，如果把大数据比作一种产业，那么这种产业实现盈利的关键，就在于提高对数据的"加工能力"，通过"加工"实现数据的"增值"。

图 13-1　大数据的概念

2. 大数据特征

尽管不同研究机构、学者对大数据定义不尽相同，但对大数据具有五个典型的特征却达成大致相同的意见，通常将大数据特征简化为 5V：Volumes(数据体量大)、Variety(数据类别多)、Velocity(数据处理速度快)、Veracity(数据真实性高)和 Values(价值密度低)。下面，将逐点介绍大数据的特征。

1) Volumes(数据体量大)

随着各种随身设备、物联网和云计算、云存储等技术的发展，人和物的所有轨迹都可以被记录下来，数据因此被大量生产出来。

移动互联网的核心网络节点是人，不再是网页，人人都成为数据制造者，短信、微博、照片、录像都是其数据产品；数据来自无数自动化传感器、自动记录设施、生产监测、环境监测、交通监测、安防监测等；来自自动流程记录，刷卡机、收款机、电子不停车收费系统，互联网点击、电话拨号等设施，以及各种办事流程登记等。

大量自动或人工产生的数据通过互联网聚集到特定地点，包括电信运营商、互联网运营商、政府、银行、商场、企业、交通枢纽等机构，形成了大数据之海。

我们周围到底有多少数据？数据量的增长速度有多快?许多人试图测量出一个确切的数字。

据《数据时代 2025》的报告显示，全球每年产生的数据将从 2018 年的 33 ZB 增长到 175 ZB，相当于每秒产生 5959 TB 的数据。那么 175 ZB 的数据到底有多大呢？1 ZB 相当于 1.1 万亿 GB。如果把 175 ZB 全部存在 DVD 光盘中，那么 DVD 叠加起来的高度将是地球和月球距离的 23 倍(月地最近距离约 39.3 万公里)，或者绕地球 222 圈(一圈约为四万公里)。目前美国的平均网速为 25 Mb/s，一个人要下载完这 175 ZB 的数据，需要 18 亿年。如图 13-2 所示，我们可以感受一下增长的速度与规模。

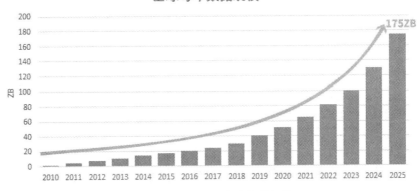

图 13-2　全球每年产生的数据量

2) Variety(数据类别多)

随着传感器、智能设备和社交协作技术的飞速发展，组织中的数据也变得更加复杂，因为它不仅包含传统的关系型数据，还包含来自网页、互联网日志文件(包括 Clickstream 数据)、搜索索引、社交媒体论坛、电子邮件、文档、主动和被动系统的传感器数据等结构化、半结构化和非结构化数据。

在大数据时代，数据格式变得越来越多样，涵盖了文本、音频、图片、视频、模拟信号等不同的类型；数据来源也越来越多样，不仅产生于组织内部运行的各个环节，也来自组织外部。

例如，在交通领域，北京市交通智能化分析平台数据来自路网摄像头/传感器、公交、轨道交通、出租车，以及省际客运、旅游、停车、租车等运输行业，还有问卷调查和地理信息系统数据。4 万辆浮动车(安装了 GPS 定位的公交车和出租车)每天产生 2000 万条记录，交通卡刷卡记录每天 1900 万条，手机定位数据每天 1800 万条，出租车运营数据每天 100 万条，电子停车收费系统数据每天 50 万条，定期调查覆盖 8 万户家庭，等等，这些数据在体量和速度上都达到了大数据的规模。

大数据不仅是处理巨量数据的利器，更为处理不同来源、不同格式的多元化数据提供了可能。例如，交通状况与其他领域的数据都存在较强的关联性。研究发现，可以从供水系统数据中发现早晨洗澡的高峰时段，加上一个偏移量(通常是 40～45 分钟)就能估算出交通早高峰时段；同样，可以从电网数据中统计出傍晚办公楼集中关灯的时间，加上偏移量估算出晚上的堵车时段。

3) Velocity(数据处理速度快)

在数据处理速度方面，有一个著名的"1 秒定律"，即要在秒级时间范围内给出分析结果，超出这个时间，数据就失去价值了。

例如，IBM 有一则广告，讲的是"1 秒，能做什么"。1 秒，能检测出台湾的铁道故障并发布预警；也能发现得克萨斯州的电力中断，避免电网瘫痪；还能帮助一家全球性金融公司锁定行业欺诈，保障客户利益。

在商业领域，"快"早已贯穿企业运营、管理和决策智能化的每一个环节，形形色色描述"快"的新兴词语出现在商业数据语境里，例如实时、快如闪电、光速、念动的瞬间、价值送达时间。

快速是大数据处理技术和传统的数据挖掘技术最大的区别。大数据处理快有两个层面：一是数据产生的快，二是数据处理的快。

4) Veracity(数据真实性高)

数据的重要性就在于对决策的支持，数据规模未必对决策有帮助，数据的真实性和质量才是关键或决定性因素，是制定成功决策最坚实的基础。

追求高质量数据是一项重要的大数据要求和挑战，即使最优秀的数据清理方法也无法消除某些数据固有的不可预测性，如人的感情和诚实性、天气形势、经济因素以及未来。

数据的真实性还体现为数据本身存在的不确定性。即使通过数据清理也无法修正这种不确定性，但这种数据仍含有宝贵的信息，接受并充分利用这点也是非常重要的。

5) Values(价值密度低)

一般通过获取、存储、抽取、清洗、集成、挖掘、分析大数据来获取数据价值，尽管数据量巨大，但是有 80%甚至 90%的数据都是无效的。例如，在调取视频录像的时候，可能仅有一两秒的数据是有价值的，这种情况是非常常见的。因此，数据的价值密度非常低。

如何通过强大的机器算法更迅速地完成数据的价值"提纯"，是大数据时代亟待解决的难题。

13.2 大数据处理流程

大数据处理流程主要包括数据收集、数据预处理、数据存储、数据分析与挖掘、数据展示/可视化等环节，如图 13-3 所示。通常一个好的大数据产品要有大量的数据规模、快速的数据处理、精确的数据分析与预测、优秀的可视化图表和简练易懂的结果解释。

图 13-3 大数据处理流程

1. 数据采集

数据是大数据分析与处理的基础，数据的完整性与数据质量决定着数据分析的结果，但目前，大数据发展的瓶颈之一就是无法采集到高价值的数据，因此大数据采集是大数据处理非常关键的一步。

数据采集(Data Acquisition)主要是指采用多个数据库或者存储系统，接收来自 Web、App 等客户端的数据。并发数高是大数据采集过程的主要特点与挑战，因为可能存在成千上万个用户同时进行访问和操作。例如，12306 火车票网站的并发访问量在高峰期时可达上百万，因此，必须在采集部分部署大量的数据库才能满足对如此大访问量的支撑。因为数据源不同，所以大数据采集的方法也不相同，但为了满足大数据采集的需要，大数据采集时大都使用分布式并行处理模式或者基于内存的流式处理模式。

数据采集方法有数据库采集、系统日志采集、网络数据采集和感知设备数据采集。

2. 数据预处理

大数据的预处理是指在主要的处理前对数据进行的一些处理，包括对所收集数据进行分类或分组前所做的审核、筛选、排序等必要的处理。数据预处理是数据分析、挖掘前一个非常重要的数据准备工作。一方面它可以保证挖掘数据的正确性和有效性；另一方面通过对数据格式和内容的调整，使数据更符合挖掘的需要。

现实世界中的数据很多都是不完整、不一致的数据，导致无法直接开展数据挖掘(从大量的数据中通过算法搜索隐藏的信息)工作，或者数据挖掘的效果不能令人满意。这类数据称为脏数据。为了处理大量的脏数据，提高数据挖掘的质量，数据预处理技术应运而生。

数据预处理(Data Preprocessing)主要包含数据清洗、数据集成、数据转换和数据消减等多种方法。通过这些预处理方法，可以有效地清除冗余数据，纠正错误的数据，完善不完整的数据，从而甄选出有用的数据进行数据集成，最终实现数据信息的精练化、格式的一致化以及数据存储的集中化。上述数据预处理方法之间并不是相互独立的，而是相互关联的。例如，消除数据冗余既可以看成是一种数据清洗，也可以认为是一种数据消减。

3. 数据存储

数据存储是指数据流在加工过程中产生的临时文件或者需要查找的信息的存储，数据以某种格式记录在计算机内部或外部存储介质上,其命名需要反映出信息特征的组成含义。从存储服务的发展趋势来看,不仅对数据存储量的需求越来越大,而且对数据有效管理提出了更高的要求。大数据对存储设备的容量、读/写性能、扩展性、可靠性等都提出了更高的要求,需充分考虑功能的集成度、数据稳定性、数据安全性、系统性能、系统可扩展性和成本等方面的因素。

大数据主要存储模型有关系型数据库、列式数据库、键值存储、文档存储、图形数据库五大类。

4. 数据分析与挖掘

大数据分析与挖掘是建立在数据存储基础上的。在快速增长的商业智能、科学研究、模拟仿真、物联网等应用领域的数据以数据仓库的形式存储后,为了分析和利用这些庞大的数据资源,必须使用有效的数据分析技术,以便从数据中发现知识并加以利用,辅助领导者做出决策。

数据分析(Data Analytics)是指用适当的统计方法对收集来的大量第一手资料和第二手资料进行分析,以求最大化地开发数据资料的功能,发挥数据的作用。数据分析的目的是把隐藏在大批看来杂乱无章的数据中的信息集中、萃取和提炼出来,以找出研究对象的内在规律。大数据分析方法有分类、估计、预测、数据分组、聚类、描述和复杂数据挖掘。

数据挖掘(Data Mining)是从大量的数据中通过算法搜索隐藏于其中的信息的过程。数据挖掘与计算机科学有关,通过统计、在线分析处理、情报检索、机器学习、专家系统(依靠过去的经验法则)和模式识别等方法来实现上述目标。

虽然数据挖掘的过程在不同领域的应用有所区别,但一般认为其主要包括问题定义、数据准备、挖掘过程、结果分析和知识应用五个步骤。

1) 问题定义

清晰地定义出业务问题,认清数据挖掘的目的是数据挖掘的重要一步。挖掘的最后结果是不可预测的,但要探索的问题应是有预见性的。

2) 数据准备

数据准备包括数据的选择、数据的预处理和数据的转换。

(1) 数据的选择:在大型数据库和数据仓库目标中提取数据挖掘的目的数据集,搜索所有与业务有关的内部和外部数据信息,并从中选择出适用于数据挖掘应用的数据。

(2) 数据的预处理:研究数据的质量,为进一步的分析做准备,同时确定将要进行的挖掘操作的类型,对数据进行再加工,包括检查数据的完整性和一致性、去噪声、填补丢失的域、删除无效数据等。

(3) 数据的转换:将数据转换成一个分析模型,这个分析模型是针对挖掘算法建立的。建立一个真正适合挖掘算法的分析模型是数据挖掘成功的关键。

3) 挖掘过程

挖掘过程是根据数据功能的类型和数据的特点选择相应的算法,在净化和转换过的数据集上进行数据挖掘。

4) 结果分析

结果分析是对数据挖掘的结果进行解释和评价,使其转换成能够最终被用户理解的知识。

5) 知识应用

知识应用是将分析所得到的知识集成到业务信息系统的组织结构中，实现知识应用。

5. 数据可视化

数据可视化(Data Visualization)是运用计算机图形学和图像处理技术，将数据转换为图形或图像并在屏幕上显示出来，同时进行交互处理。大数据可视化技术从表面上看来，是在无序的大量数据中找出隐藏其中难以发现的规律，进而获得科学发现、工程开发、医疗诊断和业务决策等的依据。从近年来的科学进展可以看出，可视化方面的新技术和关键技术对重大科学发现起到了重要作用。图 13-4 所示的是某种数据的全球分布情况，非常直观。

图 13-4　大数据技术的可视化呈现

大数据平台

一幅图画最伟大的价值莫过于使人们实际看到的内容比预期的更加丰富。可视化可以使用数据从不同视角描述各类事物，数据成为一个思想启动器，进而提高数据的价值与用处。人们常用气泡图、流程图、树、标签云、坐标、时间轴、散点图、折线图、热力图、雷达图等来表示数据分析的结果。

13.3　大数据的应用与发展趋势

在全球范围内，大数据一直在积极赋能众多行业，包括医疗、生物、电商、舆情监控等，大数据的价值被不断挖掘，从而推动经济发展，完善社会治理，提升政府服务和监管能力。在大数据领域的研究实践过程中，大数据的发展趋势得到了更多人的关注。

13.3.1　大数据的行业应用

1. 医疗大数据

医疗行业拥有大量的病例、病理报告、治愈方案、药物报告等，如果这些数据可以被整理和应用，将会极大地帮助医生和病人。如果未来基因技术发展成熟，还可以根据病人的基因序列特点进行分类，建立医疗行业的病人分类数据库。在医生诊断病人时可以参考病人的疾病特征、化验报告和检测报告，参考疾病数据库来快速帮助病人确诊，明确定位疾病。同时，这些数据也有利于医药行业开发出更加有效的药物和医疗器械。图 13-5 所示为医疗大数据的呈现形式。

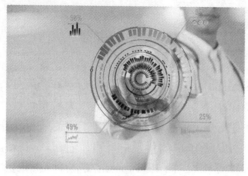

图 13-5 医疗大数据

2. 生物大数据

自人类基因组计划完成以来，以美国为代表的世界主要发达国家纷纷启动了生命科学基础研究计划，如国际千人基因组计划、DNA 百科全书计划、英国十万人基因组计划等，这些计划引领生物数据呈爆炸式增长。目前，每年全球产生的生物数据总量已达 EB 级，生命科学领域正在爆发一次数据革命,生命科学在某种程度上已经成为大数据科学。图 13-6 是生物基因大数据展示情况。

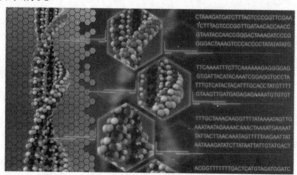

图 13-6 生物大数据

3. 电商大数据

由于电商的数据较为集中，数据量足够大，数据种类较多，因此未来电商数据应用将会有更多的想象空间，包括预测流行趋势、消费趋势、地域消费特点、客户消费习惯、各种消费行为的相关度、消费热点、影响消费的重要因素等。图 13-7 是双十一大数据展示情况。

图 13-7 双十一大数据

4. 农牧大数据

大数据在农业方面的应用主要是指依据未来商业需求的预测来进行农牧产品生产，降低菜贱伤农等的概率。同时，大数据分析将会更加精确地预测未来的天气气候，帮助农牧民做好自然灾害的预防工作；可以通过大数据帮助农民依据消费者消费习惯决定农作物生产的种类和数量，提高单位种植面积的产值；可以通过大数据分析来帮助牧民安排放牧范围，有效利用牧场；可以利用大数据帮助渔民安排休渔期，定位捕鱼范围等。图 13-8 所示为智慧农业平台。

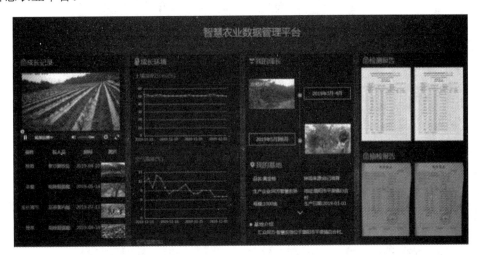

图 13-8　智慧农业平台

5. 体育大数据

大数据对于体育的改变可以说是方方面面的。对运动员而言，可通过穿戴设备收集的数据更了解自己的身体状况；对媒体评论员而言，通过大数据提供的数据可以更好地解说、分析比赛。图 13-9 是体育大数据平台。

图 13-9　体育大数据平台

6. 环保大数据

借助于大数据技术，天气预报的准确性和实效性将会大大提高，预报的及时性将会大大提升，同时对于重大自然灾害，如龙卷风，通过大数据计算平台，可以更加精确地了解其运动轨迹和危害等级，有利于帮助大众提高应对自然灾害的能力。

7. 舆情监控大数据

当前，国家正在将大数据技术用于舆情监控，其收集到的数据除了解民众诉求、降低群体事件之外，还可以用于犯罪管理。大量的社会行为正逐步走向互联网，人们更愿意借助互联网平台来表述自己的想法和情结。国家可以通过社交媒体分享的图片和交流的信息来收集个体情绪信息，预防个体犯罪行为和反社会行为。图 13-10 展示了网络平台大数据监控情况，其价值深远。

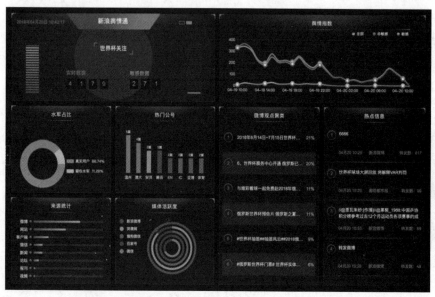

大数据的其他
行业应用

图 13-10 舆情监控大数据平台

13.3.2 大数据的发展趋势

1. 应用层级爆发

对很多行业而言，如何使用和挖掘大数据是赢得市场竞争的关键。在未来十年，大数据的应用将成为行业发展的核心，随之而来的是大数据产业链应用层级的使用和发展。

现在很多领先的互联网巨头企业已经开始对大数据有了实质性的探索，比如阿里巴巴、腾讯、新浪等。大数据应用的核心方向主要包含旅游、医疗、城市、教育、社交媒体、移动互联网等，具有非常广阔的前景。

2. 分析领域快速发展

数据隐藏的价值是巨大的，但是也需要 IT 技术的不断发现和探索。随着应用层级的发展，企业用户会更加密切关注如何发现数据中的价值，使公司能够得到更快速的发展。

IT 基础设施已在不断发展和完善，大数据分析也会迎来更加快速的发展，未来对大数据的挖掘技术和方法也将成为大家重视和关注的领域。

3. 安全与隐私更受关注

数据的价值对企业和行业来说是非常重要的，但是也有很多因素阻碍大数据的发展，其中，隐私和安全就是非常关键的问题。

对于一些我们看着不重要的信息，在大数据中心，经过信息的组合和研究，就可以很轻松地了解一个人的情况，加上现在大家越来越关注隐私问题，因此，大数据发展也受到了制约。目前关于大数据隐私方面的法律法规并不完善，未来还需要专门的法规为大数据的发展扫除障碍。

13.3.3 数据安全

数据作为关键生产要素、重要信息载体，对其安全性要求日益提升。对于组织来说，只要有客户的信息遭到了泄露，就会给组织带来很大的风险，比如监管的风险、财务的风险，以及声誉的风险等。对于个人来说，个人资料遭泄露、倒卖，不仅侵犯用户的隐私权，还可能侵害个人生命财产安全。

不同于传统的盗窃行为——东西被偷了，东西就会减少或消失，数据被窃取，几乎不会留下明显的痕迹，等到发现异常后往往已为时晚矣。

因此，提高数据安全意识势在必行。从个人角度来说，必须从自我做起，加强安全教育和培训，不轻易泄露自己的重要信息；从组织角度来说，加强员工的信息安全意识，提高职业素养，完善信息安全技术手段，严格规范机密数据的操作权限，健全核查机制。

2021 年 9 月 1 日起施行的《中华人民共和国数据安全法》要求通过采取必要措施，确保数据处于有效保护和合法利用的状态，以及具备保障持续安全状态的能力。这充分体现了统筹发展与安全的思路，充分考虑保护个人、组织等利益相关方的数据权益，同时明确了相关主体要对收集产生的数据和数据安全负责，强调了数据处理者应当依法履行数据安全保护义务。

习 题

结合自身学习、生活等环境，能否寻找出利用大数据提升环境质量的应用？

第 14 章　人 工 智 能

　　自 1946 年第一台计算机问世以来，人们一直希望计算机能够具有更加强大的功能。进入 21 世纪后，随着计算能力的提高和大数据的积累，人们发现人工智能(Artificial Intelligence, AI)可以使计算机更加智能，甚至在某些领域已经超过了人类的能力，于是在全世界掀起了一股新技术浪潮。2017 年 7 月，国务院印发了《新一代人工智能发展规划》，指出人工智能发展进入新阶段，是引领未来的战略性技术，是新一轮产业变革的核心驱动力。本章将对人工智能的概念、研究特点和应用场景展开叙述。

本章要点：

- 了解人工智能的基本概念和基础知识，主要包括研究目标、发展简史等。
- 了解人工智能的研究特点。
- 了解人工智能研究和应用领域。

思维导图：

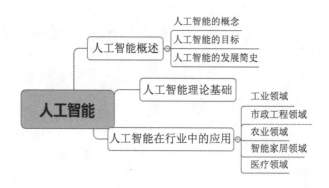

关键字：

　　人工智能：Artificial Intelligence。
　　机器学习：Machine Leaning。
　　数据挖掘：Data Mining。
　　神经网络：Neural Network。
　　深度学习：Deep Learning。

14.1　人工智能概述

　　人工智能是一个涉及众多方面的综合性交叉科学领域，它的应用已深入人类社会的方方面面。当前，国内外一批人工智能领域的企业和创业独角兽正在成长，获得了人们广泛的关注和认可。植入商业终端的智能语音交互、运用人脸识别等技术的支付手段、外科手术机器人等越来越多地惠及千家万户。未来，人工智能还将进一步驱动制造业、教育业、医疗和金融等行业的深刻变革。毫无疑问，人工智能已经成为经济发展的加速器和社会发展的新引擎。本章重点介绍基本原理、基本方法和研究应用，让读者对人工智能有一个初步的认识。

14.1.1　人工智能的概念

　　严格意义上，人工智能起源于 1956 年，从那以后人们便不断定义人工智能，这些定义代表不同时期不同层面的理解，然而时至今日，仍然没有一个被一致认可的准确定义。目前最常见的定义有两个：一个定义是"人工智能是一门科学，是使机器做那些人需要通过智能来做的事情"；另一个更专业一些的定义是"人工智能是关于知识的科学"，知识的科学研究知识的表示、知识的获取和知识的运用。图 14-1 是我们期望机器具备的"智能"。

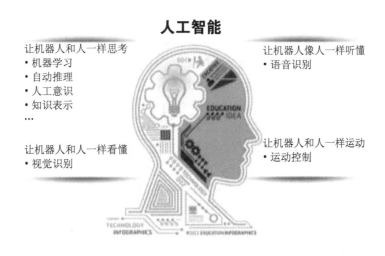

图 14-1　人工智能

14.1.2　人工智能的目标

　　关于人工智能的目标，目前还没有统一的结论。

1. 长远目标

　　人工智能的根本目标是能够解释人类智能的根本机制，然后用智能机器去模拟、延伸和扩展人类智能，即造出一个像人一样具有智能、

人工智能的目标

会思维和行动的计算机系统。该目标涉及脑科学、认知科学、计算机科学、系统科学、控制论和微电子学等学科，并依赖这些学科共同协调发展。但是，从目前各学科专业的发展现状来看，实现人工智能的长期目标还需要一个较长的时期。

2. 近期目标

人工智能的近期目标是研究如何使现有的计算机更智能，也就是使它能够运用知识去处理具体问题，能够模拟人类的智能行为，如推理、思考、分析、决策、预测、理解、规划、设计和学习等。为了实现这一目标，人们需要根据现有计算机的特点研究实现智能的有关理论、方法和技术。

14.1.3　人工智能的发展简史

人工智能的发展历史就是人类思索自身的历史。人类能够区别于其他生物，能够成为万物主宰，最重要的一点就是人有智能，并且能够通过学习向下一代稳定地传递智能和不断地扩展智能。而动物只有本能。"举一反三""温故而知新"这些词语描述了人类的思维能力。思维是智能行为的一种体现。那么，人是如何思维的呢？这个问题贯穿于人工智能的发展过程。对这个问题的探索，一方面推动着人类对自身的认识，另一方面也推动着人工智能的进步。

到目前为止，人工智能的发展经历了四个阶段：第一阶段为孕育阶段(1956 年之前)，第二阶段为形成阶段(1956—1969 年)，第三阶段为发展阶段(1970—2005 年)，第四阶段为深化阶段(2006 年至今)。

1. 孕育阶段(1956 年之前)

在这一阶段，人们根据当时的技术条件和认识水平，一直力图创造出某种机器来代替人的部分劳动(包括体力劳动和脑力劳动)，以提高生产力。为追求和实现人类这些美好的愿望，很多科学家为之付出了艰辛的劳动和不懈的努力。

图 14-2　阿兰·麦席森·图灵

英国数学家图灵(见图 14-2)于 1950 年发表了题为《计算机能思考吗》的著名论文，明确提出了"机器能思维"的观点。

2. 形成阶段(1956—1969 年)

1956 年夏季，在美国的达特茅斯学院召开了一次学术研讨会，讨论关于机器智能的问题。在会上，科研人员提议正式采用"人工智能"这一术语。这次历史性的会议被认为是人工智能学科正式诞生的标志，从此在美国形成了以人工智能为研究目标的几个研究组，在当时人工智能获得了一些重大研究成果。

例如，1965 年，斯坦福大学开展了专家系统 DENDRAL 的研究，并于 1968 年投入使用。

3. 发展阶段(1970—2005 年)

从 20 世纪 70 年代开始，人工智能的研究已经逐渐在世界各国开展起来，对推动人工智能的发展、促进学术交流起到了重要作用。

人工神经网络理论和技术在 20 世纪 80 年代获得了重大突破和发展。1982 年，生物物理学家霍普菲尔德提出并实现了一种新的全互联的神经元网络模型，这一模型被广泛应用于模式识别、故障诊断、预测和智能控制等多个领域。

4. 深化阶段(2006 年至今)

进入 21 世纪，人工智能所依赖的计算环境、计算资源和学习模型发生了巨大的变化，云计算为人工智能提供了强大的计算资源，大数据为人工智能提供了丰富的数据资源，这些推动人工智能产生了一次质的飞跃。

例如，2016 年，AlphaGo 系统应用了深度学习方法来学习棋谱，战胜了世界围棋冠军李世石。深度学习模型在图像识别和自然语言处理领域获得了巨大成功，极大地推动了人工智能技术的实用化。

总而言之，人工智能经历过曲折的发展过程，现在又进入了一个全新的腾飞时期。理论研究和实践应用都在推动着人工智能这门学科迅猛前进。人工智能不仅在科学技术创新上更加深入，还将深刻地改变人类社会的生产和生活方式。

14.2 人工智能理论基础

人工智能是自然科学和社会科学的交叉学科。信息论、控制论和系统论是人工智能诞生的基础。除了计算机科学以外，人工智能还涉及哲学、心理学、认知学、语言学、医学、数学、物理学、生物学等多门学科与各种工程学方法。参与人工智能研究的人员也来自各个领域。所以，人工智能是一门综合性、理论性、实践性、应用性都很强的科学。

研究人工智能的一个原因是为了理解智能实体，即为了更好地理解我们人类自身。但是人工智能与同样也研究智能的心理学和哲学等学科不一样，人工智能努力建造智能实体并且理解它们，人工智能所构造出的实体都是可直接帮助人类的，都是对人类有直接意义的系统。虽然人们对人工智能的未来存在争议，但是毋庸置疑，人工智能将会对人类未来的生活产生巨大影响。

人工智能虽然涉及众多学科，从这些学科中借鉴了大量的知识、理论，并在很多方面取得了成功应用，但还是一门不成熟的学科，与人们的期望还有着巨大的差距。现在的计算机系统仍未彻底突破传统的冯·诺依曼体系结构。CPU 的微观工作方式仍然是对二进制指令进行串行处理，具有很强的逻辑运算功能和很快的算术运算速度。这与人类对大脑结构和组织功能的认识有相当大的差异。人类大脑约有 10^{11} 个神经元，按照并行分布式方式工作，具有很强的演绎、归纳、联想、学习和形象思维等能力，具有直觉，可以对图像、图形、景物、声音等信息进行快速响应和处理。而目前的智能系统在识别能力上才刚刚获得一点突破，在知识学习和推理方面还与人类有很大差距。

从长远角度看，人工智能的突破将会依赖于分布式计算和并行计算，并且需要全新的计算机体系结构，如量子计算、分子计算等。从目前条件来看，人工智能还主要依靠智能算法来提高现有计算机的智能化程度。人工智能系统和传统的计算机软件系统相比有很多独有的特点。

首先，人工智能系统以知识为主要研究对象，而传统软件一般以数值(或者字符)为研究对象。虽然机器学习或者模式识别算法也是处理大量数据，但是它们的目的却是从数据中发现知识(规则)，获取知识。知识是一切智能系统的基础，任何智能系统的活动过程都是一个获取知识或者运用知识的过程。

其次，人工智能系统大多采用启发式(Heuristics)方法而不用穷举的方法来解决问题。启发式方法关注的是关于问题本身的一些特殊信息。用启发式来指导问题求解过程，可以提高问题求解效率，但是往往不能保证结果的最优性，一般只能保证结果的有效性或者可用性。

再次，人工智能系统中一般都允许出现不正确结果。因为智能系统大多处理的是非良结构问题，或者时空资源受到较强约束，或者知识不完全，或者数据包含较多不确定性等。在这些条件下，智能系统有可能会给出不正确的结果。所以，在人工智能研究中，一般都用准确率或者误差等来衡量结果质量，而不要求结果一定百分之百正确。

14.3　人工智能在行业中的应用

1. 人工智能在工业领域的应用

人工智能自诞生起经过了几次跌宕起伏的发展期，也经历了从早期的专家系统、机器学习到当前火热的深度学习等多次技术变革和规模化应用的浪潮。随着近年来人工智能的应用越来越广泛，特别在工业应用方面，正在向多个环节广泛渗透，在一些劳动密集型企业中的应用越来越多。图 14-3 所示为工业机器人的工作场景。

图 14-3　工业机器人

随着人工智能在工业中的应用发展，工业机器人的产品性能也得到了更大的进步和发展。工业机器人的主要优势在于其精准度更高，有着较高的工作效率和质量，可以承受较强的工作强度，对工业领域的产量有着十分重要的影响。

在当前工业机器人的发展环节中，操作逐渐向简单化发展，精准度也更为完善，所以被十分广泛地应用在不同的领域中，投入成本更是向着降低的方向发展。

人工智能在自动驾驶技术中起到了关键的作用，人工智能的深度学习、增强学习都是自动驾驶技术的关键技术。无人驾驶汽车可以通过人工智能，配以视觉计算、雷达与全球定位等技术，在无人主动操作的状态下自动安全地运行。图 14-4 所示为无人驾驶汽车。

图 14-4　无人驾驶汽车

驾驶传统汽车时，驾驶员若对路线判断失误，会耽误很多时间。即便有导航设施帮助规划路线，但效果仍然不是非常理想，尤其是当驶入一个陌生区域时，会对出行效率产生极大的影响；而人工智能则可以帮助无人驾驶汽车自动规划路线，在确保精度的同时还可以保证路线的最优化。

人工智能技术在无人汽车驾驶领域中的应用，一直致力于降低交通事故的发生概率。对一些驾驶技术不熟练的人而言，有了无人驾驶汽车就不会过于担心因技术不过关而导致的安全事故。

2. 人工智能在市政工程领域的应用

目前，以深度学习和机器学习为代表的人工智能进入规划领域，为未来城市规划的审查、考评、生成、多方案比较提供了重要的技术手段。人工智能使规划方法从经验走向科学，同时也引发了新机构与新技术的萌芽。

数字化城市设计是以形态整体性理论重构为目标，并以人机互动的数字技术方法、工具变革为核心特征的、能真正付诸实施的城市设计。在人工智能发展的背景下，伴随着数字技术的成熟，基于人机互动的数字化城市设计也逐渐成为热门。

随着城市化进程步伐的加快，城市交通运输能力得到大幅度提升，传统的城市交通管理已经无法满足当下的需求。在科学技术高速发展的环境下，城市交通逐渐向智能交通方向发展，通过引进人工智能技术，构建城市智能交通系统，能够有效解决城市交通问题，完善城市交通设施，推动城市的发展。图 14-5 所示的冬奥会中的智慧交通平台就是未来大智慧交通的一个缩影。

图 14-5　冬奥会中的智慧交通平台

城市智能交通系统主要应用在三个方面：道路安全和事故预测、交通控制和预测、车辆控制等。在道路安全和事故预测系统中主要应用模糊逻辑，在交通控制和预测系统中主要应用人工神经网络，在车辆控制系统中主要应用遗传算法。

1) 智能交通规划

智能交通规划是指通过使用各种人工智能技术，收集城市道路环境和车辆状态信息数据，对收集到的数据进行存储和分析，然后依靠人工智能技术的人工神经网络和遗传算法对城市交通和道路进行全面分析，并最大限度地优化配置交通资源，同时有效分析和预测城市居民的出行偏好和行为，对居民出行进行精准把握，为城市智能交通规划决策提供可靠的数据支撑。

2) 智能交通监控系统

在智能交通监控系统中应用人工神经网络，可对城市交通信息进行有效识别和收集，实现对城市道路的实时监控和对出入车辆的检测，从而准确地实时掌握城市道路状态，实现对城市道路交通信号的智能化调整，最大限度减少城市交通道路堵塞现象。另外，还可以把该系统应用在重点场所，实现对监控区域全面监测。随着人工智能技术的高速发展，在未来，城市智能交通系统能更好地配合交通管理，最终实现绿色交通。

3. 人工智能在农业领域的应用

智慧农业通过经营领域的差异性、生产领域的智能化和服务领域的完整性，实现农业精准化和绿色化、保障农产品安全、农业竞争力提升、农业产业链升级和农业可持续发展，是我国农业现代化发展的必由之路。

将人工智能与智慧农业结合起来，可极大地提升农业生产效率，减少农药和化肥消耗，降低劳动强度。智能机器人、智能监测和诊断系统、智能节水灌溉系统、智能农业物联网、智能预测和管理系统的应用，是智慧农业的未来发展方向。当前，世界人口的增长、膳食结构的改善与粮食需求之间的矛盾日益突出，对人类来说，农业领域的挑战比其他领域的挑战更加激烈，而基于人工智能的智慧农业是解决这一挑战的有效途径，具有巨大的应用潜力。图 14-6 所示是一个蔬菜大棚的智慧管理。

图 14-6　智慧农业

智慧农业最终的目标是实现无人农场，机器人深度参与农业生产全过程，逐步替代人力，参与决策管理。当前，人工智能农业机器人不断升级换代并推广应用，有望逐步替代农民手工劳动，缓解农村劳动力不足的难题，降低劳动力成本，提升生产效率。

4. 人工智能在智能家居领域的应用

近年来，随着人工智能相关技术的稳定和成熟，人工智能也慢慢进入了智能家居领域。过去，智能家居需要昂贵的硬件支持，对普通人来说就是奢侈品，可望而不可及。随着国家科技、经济的发展，人民生活水平日益改善，智能家居不再是奢侈品，开始走进普通家庭。同时人们对居家生活的智能化要求也越来越高，越来越多的人开始打造属于自己的智能家居。如图 14-7 所示，所有家具被智能管理和控制。

图 14-7　智能家居图

未来的智能家居系统将使居住空间具有更加先进的感知能力，即对居住者的偏好进行感知，通过了解居住者喜欢什么、想要做什么，为居住者提供更加精准化、人性化的服务。例如，智能家居系统可以自动识别室内外的温度情况，对灯具色温进行调节，营造出良好的温感体验，温度较高的夏季可以应用高色温冷色调，气候寒冷的冬季则可以应用低色温暖色调，再配合空调等设备，即可达到理想的冬暖夏凉的效果。再如，智能家居系统也可以通过感知分析，为居住者的工作、学习、生活提供辅助性便利，如通过对居住者的作息规律进行自动整理与分析，从而匹配针对性的环境。如可以在居住者阅读时调节灯具亮度，在保证阅读体验的同时，达到护眼的效果，也可以在居住者有娱乐需求时及时转换到音乐、电视等对应模式。综合来说，在人工智能与物联网的背景下，随着各类新技术的持续应用与智能家居系统建设体系的完善，未来智能家居系统将会拥有更加强大的感知、学习、判断、决策、执行能力，其中感知能力的重要性也会越发凸显。

5. 人工智能在医疗领域的应用

近年来，人工智能技术与医疗健康领域的融合不断加深，随着人工智能领域的语音交互、计算机视觉和认知计算等技术的逐渐成熟，人工智能的应用场景越发丰富，人工智能技术也逐渐成为影响医疗行业发展，提升医疗服务水平的重要因素。图 14-8 所示为医疗机器人在为病人实施手术。

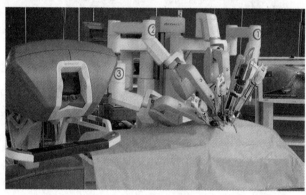

图 14-8　医疗机器人

人工智能在医疗领域的广泛应用，意味着全世界的人都能得到更为普惠的医疗救助，获得更好的诊断、更安全的微创手术、更短的等待时间和更低的感染率，并且还能提高个人的长期存活率。其应用技术主要包括：语音录入病历、医疗影像辅助诊断、药物研发、医疗机器人、个人健康大数据的智能分析等。智能医疗的具体应用包括洞察与风险管理、医学研究、医学影像与诊断、生活方式管理与监督、精神健康、护理、急救室与医院管理、药物研发、虚拟助理、可穿戴设备与其他。

人工智能应用技术

通俗地讲，人工智能就是研究如何使计算机会听、说、读、写、学习、推理，能够适应环境变化，以及模拟出人脑思维活动。总之，人工智能就是要使计算机能够像人一样去思考和行动，完成人类能够完成的工作，甚至在某些方面比人更强。

习　　题

假设你的智能手机提供了不同语种间的语音翻译，你会使用这个功能吗？你确信它能传达准确的语义吗？你会有所顾虑吗？

第 15 章 云 计 算

云计算是由 Google 提出的。狭义云计算是指 IT 基础设施的交付和使用模式，指通过网络以按需、易扩展的方式获得所需的资源。广义云计算是指服务的交付和使用模式，指通过网络以按需、易扩展的方式获得所需的服务。

本章要点：

- 了解云计算的概念。
- 了解云计算的分类。
- 掌握云计算的工作原理。
- 了解云计算服务商及其产品。

思维导图：

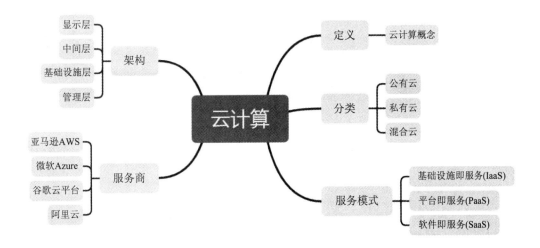

关键字：

云计算：Cloud Computing。
基础设施即服务：IaaS。
平台即服务：PaaS。
软件即服务：SaaS。

15.1 云计算概述

云计算(Cloud Computing)是基于互联网的相关服务的增加、使用和交付模式，通常涉及通过互联网来提供动态易扩展且经常是虚拟化的资源。"云"是网络、互联网的一种比喻说法。过去在图中往往用云来表示电信网，后来也用来表示互联网和底层基础设施的抽象。

15.1.1 云计算的概念

云计算是一种分布式计算模式，如图 15-1 所示。其最基本的原理，是将本地计算机无法承载的庞大程序，通过网络自动拆分为无数个较小的子程序，再交给由多部服务器组成的庞大系统进行计算，最后将结果回传给用户。这就好比从古老的单台发电机模式转向了电厂集中供电的模式。计算能力也可以作为一种商品进行流通。用户按实际使用情况计量付费，根据需求随时随地访问网络和存储系统，获取超级计算的能力和所需的资源。

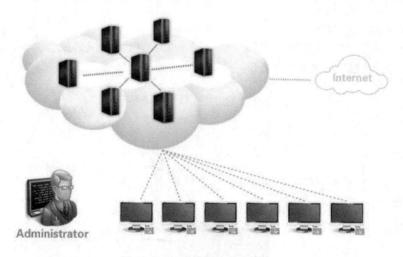

图 15-1　云计算的分布式结构

云计算具有超大规模、虚拟化、高可靠性、高可扩展性、按需服务、极其廉价等特点，在网络服务中的应用已随处可见，如搜索引擎、网络邮箱等，用户只需输入简单指令即可获取大量信息。近年来，云计算产业规模增长迅速，应用领域也在不断扩展，从政府项目到民生应用，从金融、物流、医疗、教育领域到科学研究和创新制造等全行业延伸拓展，典型的应用有云存储、云计算、云物联、云音乐、云游戏、云安全等。

15.1.2 云计算的分类

1. 公有云

公有云是最常见的云计算部署类型。公有云资源(如服务器和存储空间)由第三方云服务提供商拥有和运营，这些资源通过 Internet 提供。在公有云中，所有硬件、软件和其他支持性基础结构均由云提供商所拥有和管理。Microsoft Azure 是公有云的一个示例。

在公有云中，各个用户与其他组织或云"租户"共享相同的硬件、存储和网络设备，可以使用 Web 浏览器访问服务和管理账户。公有云部署通常用于提供基于 Web 的电子邮件、网上办公应用、存储，以及测试和开发环境。

公有云的优势如下：
- 成本更低：无须购买硬件或软件，仅对使用的服务付费。
- 无须维护：维护由服务提供商提供。
- 近乎无限制的缩放性：提供按需资源，可满足业务需求。
- 高可靠性：具备众多服务器，确保免受故障影响。

2. 私有云

私有云由专供一个企业或组织使用的云计算资源构成。私有云可在物理上位于组织的现场数据中心，也可由第三方服务提供商托管。但是，在私有云中，服务和基础结构始终在私有网络上进行维护，硬件和软件专供组织使用。

这样，私有云可使组织更加方便地自定义资源，从而满足特定的 IT 需求。私有云的使用对象通常为政府机构、金融机构，以及其他具备关键性运营业务且希望对环境拥有更大控制权的中型到大型组织。

私有云的优势如下：
- 灵活性更强：组织可自定义云环境以满足特定业务需求。
- 控制力更强：资源不与其他组织共享，因此能获得更高的控制力和隐私级别。
- 可伸缩性更强：与本地基础结构相比，私有云通常具有更强的可伸缩性。

3. 混合云

混合云融合了公有云和私有云，是近年来云计算的主要模式和发展方向。混合云平台为组织提供了许多优势，如更大的灵活性、更多的部署选项、更高的安全性和符合性，并能从其现有基础结构获得更多价值。当计算和处理需求发生变化时，混合云计算使企业能够将其本地基础结构无缝扩展到公有云以处理任何溢出，而无须授予第三方数据中心访问其完整数据的权限。通过在云中运行特定工作负载，组织可以获得公有云提供的灵活性和创新能力，同时将高度敏感的数据保存在自己的数据中心内，满足客户需求或监管要求。

这样不仅允许公司扩展计算资源，还消除了进行大量资本支出以处理短期需求高峰的需要，以及企业释放本地资源以获取更多敏感数据或应用程序的需要。公司将仅对其暂时使用的资源付费，而不必购买、计划和维护可能长时间闲置的额外资源和设备。

混合云的优势如下：
- 控制力：组织可以针对需要低延迟的敏感资产或工作负载维护私有基础结构。
- 灵活性：需要时可利用公有云中的其他资源。
- 成本效益：具备扩展至公有云的能力，因此仅在需要时支付额外的计算能力。
- 轻松使用：无须费时费力即可过渡到云，因为可根据时间按工作负载逐步迁移。

基于以上云特征，加之考虑安全性，目前逐渐推出了行业云和政府云。

行业云是指由行业内或某个区域内起主导作用或者掌握关键资源的组织建立和维护的，以内部或公开的方式，向行业内部组织和公众提供有偿或无偿服务的云计算平台。

政府云是整合政务网络、设备、信息资源，面向地市政府、区县政府、各级委办厅局提供的基于电子政务应用的政务私有云和公共服务云平台。政府云是通过应用政务办公、信息报送、政府网站群、公文交换、行政审批等软件,为政府机构提供对内行政办公平台、对外服务型门户、横向扩展到市直单位、纵向衍生到区县政府的一体化政务平台,旨在实现政府日常工作的电子化、网络化,极大地提高政府公共服务能力、工作效率和管理水平,促进政务公开,降低行政成本,实现公共信息资源社会共享。

15.2　云计算的原理

云计算的基本原理是将用户所需的计算分布在数量无限的分布式计算机上,而非本地计算机或远程服务器上,使得企业数据中心的运行类似于互联网,企业能够将资源切换到需要的应用上,根据需求访问计算机及其存储系统,就像从古老的单台发电机模式转向了电厂集中供电的模式,这意味着计算能力可通过互联网作为一种商品进行流通,如同水电一样,取用方便,费用低廉。

15.2.1　云计算的部署

一般来说,云计算有三种部署模型:云端部署、本地化部署和混合部署。

云端部署:在这种部署下,用户需要把全部程序迁移至云端,全部应用程序都在云上运行,而且在云端开发新的程序。比方说,KFC 餐厅可以把所有的客户数据、交易数据等都放到云端数据库中,KFC 的软件工程师可以在云端设计新的程序(如点餐、设置优惠券等)。

本地化部署:把云放到本地(即私有云),相当于云平台专门为某些公司私人订制。因此,在本地化部署中,IT 资源通过虚拟化工具和资源管理工具部署在本地。

混合部署:这是一种比较接地气的部署模型。它实现云端资源和本地 IT 基础设施的结合,将云端资源和现有的 IT 基础设施整合起来。这样做的好处是既可以利用云资源,也可以利用本地现有的基础设施,天地结合,融通万物。

15.2.2　云计算架构

云计算——至少作为虚拟化的一种延伸,其影响范围已经越来越大。但是目前云计算还不能支持复杂的企业环境。因此云计算架构呼之欲出。经验表明,在云计算走向成熟之前,我们更应该关注系统云计算架构的细节。云计算架构主要分为以下四层。

1. 显示层

显示层主要用于以友好的方式展现用户所需的内容和服务体验,并利用中间层提供多种服务。

2. 中间层

中间层是承上启下的,它在基础设施层所提供资源的基础上提供多种服务,如缓存服务和 REST 服务等,这些服务既可用于支撑显示层,也可以直接让用户调用。

3. 基础设施层

基础设施层用于给中间层或者用户准备其所需的计算和存储等资源。

4. 管理层

管理层是为横向的显示层、中间层、基础设施层服务的，并给这三层提供多种管理和维护等方面的技术。

云计算架构中的显示层、中间层和基础设施层是横向的，通过这三层技术能够提供非常丰富的云计算能力和友好的用户界面。云计算架构中的管理层是纵向的，是为了更好地管理和维护横向的三层而存在的。

15.2.3 云计算的服务模式

云计算的服务模式一般可分为三个层面，分别是基础设施即服务(IaaS)、平台即服务(PaaS)和软件即服务(SaaS)，如图 15-2 所示。这三个层次组成了云计算技术层面的整体架构，其中可能包含了一些虚拟化的技术和应用、自动化的部署与分布式计算等技术，这种技术架构的优势就是可以对外表现出非常优秀的并行计算能力，以及大规模的伸缩性和灵活性等特点。

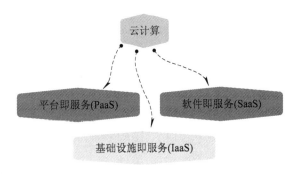

图 15-2 云计算的服务模式

1. 基础设施即服务(IaaS)

基础设施即服务(Infrastructure-as-a- Service，IaaS)是指通过 Internet 从完善的计算机基础设施获得服务。IaaS 是把数据中心、基础设施等硬件资源通过 Web 分配给用户的商业模式。

2. 平台即服务(PaaS)

平台即服务(Platform-as-a-Service，PaaS)实际上是指将软件研发的平台作为一种服务，以 SaaS 的模式提交给用户。因此，PaaS 也是 SaaS 模式的一种应用。但是，PaaS 的出现可以加快 SaaS 的发展，尤其是加快 SaaS 应用的开发速度。PaaS 服务使得软件开发人员可以在不购买服务器等设备环境的情况下开发新的应用程序。

3. 软件即服务(SaaS)

软件即服务(Software-as-a- Service，SaaS)是一种通过 Internet 提供软件的模式，用户无须购买软件，而是向提供商租用基于 Web 的软件来管理企业经营活动。

SaaS 模式大大降低了软件，尤其是大型软件的使用成本，并且由于软件托管在服务商的服务器上，因此减少了客户的管理维护成本，可靠性也更高。

15.3　云计算服务商及其产品

云服务产品的使用

1. 亚马逊 AWS

亚马逊的基本业务是电商,并搭建相应的电商平台。由于平台中服务器有富余的计算资源,于是其考虑对外出租这些资源,从此开展了云计算业务,并越做越大。现在,亚马逊是世界上最大的云计算服务公司,产品线丰富,具体包括如图 15-3 所示的云服务。

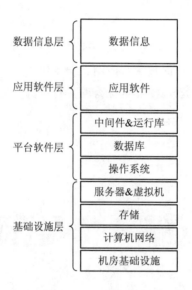

图 15-3　亚马逊 AWS

亚马逊公司提供的云计算服务产品线涵盖了 IT 系统架构的各个层次,加上另外几个部署和运维产品,一个企业的数据中心可以用亚马逊云计算服务产品来替换。亚马逊公司最核心的云服务产品是主机(EC2)和存储,其他是增值产品或者支撑产品。一台主机(EC2)就是一台供用户租用的虚拟服务器或者物理服务器,属于 IaaS 类型。亚马逊目前提供几十种不同的主机类型供用户选择,主要是 Windows 和 Linux 各版本。用户可以根据实际应用的计算需求来选择不同主机的种类和数量,并可以在数分钟内构建起自己的计算环境。虚拟桌面(WorkSpaces)就是一个基于云的桌面虚拟化服务,是传统 VDI 方案的一种基于云计算的实现方式。用户可以使用个人计算机、平板电脑、Kindle 和 Android 平板等各种终端设备通过网络访问虚拟桌面,但首先要安装一个相应的小客户端软件,采用 PCoIP 通信协议。只要网速满足要求,用户就可以用任何设备在任何地点接入远程桌面,真正实现移动办公。不同于 WorkSpaces 把整个电脑桌面显示到终端上,AppStream 只把运行在亚马逊服务器上的软件界面显示到终端屏幕上,与其他软件界面(无论是本地还是云端的软件)一起整合到本地桌面上。

最终的结果就是:用户的云终端屏幕上同时显示多个软件的界面,而这些软件有的是 Windows 软件,有的是 Linux 软件,有的是 Mac 软件,还有的可能是 Android 软件,有的运行在亚马逊,有的运行在私有云端,有的运行在本地。

亚马逊的 AppStream 与微软的 RemoteApp、思杰的 XenApp、VMware 公司的 ThinApp 互为竞争产品。AppStream 特别适合那些需要大量计算资源而操作终端又需要多样化的软件，如跨平台的多人游戏、图形渲染、生命科学研究等软件，如图 15-4 所示。

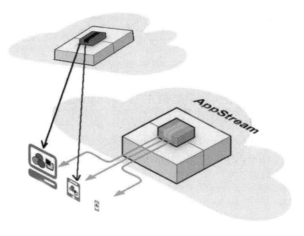

图 15-4　AppStream

2. 微软 Azure

微软云端的技术绝大多数是自己的，如 Windows 操作系统、SQL Server 数据库、Office 办公软件、活动目录等，优点是架构简洁，综合成本低，但是缺点也很明显，即开放性有待提高，目前虽然引入了 Linux、Hadoop、Eclipse 等开源产品，但还远远不够。微软 Azure 的云服务产品线如图 15-5 所示。

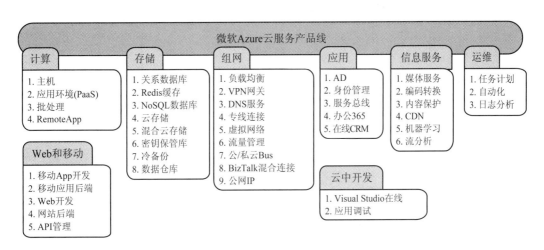

图 15-5　微软 Azure

微软的云中开发比较有优势，包括开发移动应用、Web 应用和传统软件。另外，微软把 Office 办公套件搬上了云端，取名为 Office 365。

3. 谷歌云平台

谷歌公司的云计算服务产品线虽然没有亚马逊公司的丰富，但是也有其特色，如翻译、大查询、Bigtable 等，如图 15-6 所示。

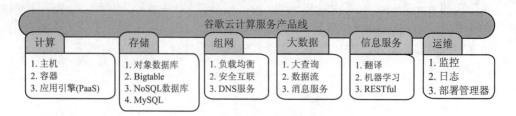

图 15-6　谷歌云平台

谷歌公司的云计算服务产品线具备虚拟主机、存储和组网等核心产品，但没有类似于亚马逊 AWS 的虚拟桌面和软件流(AppStream)，不过用户可以自己在虚拟主机的基础上配置，比如在虚拟主机里安装 Windows 8，然后采用微软的远程桌面协议 RDP 实现 VDI。另外，谷歌提供的免费版谷歌硬盘集成了在线办公软件 Google Docs(包括文字排版、表格、PPT 文件等)。

4. 阿里云

阿里云拥有诸如虚拟主机、存储和虚拟网络等核心产品，但是相比国外的云服务公司，其他产品线有待进一步完善。不过，阿里云的出口带宽和稳定性在国内的云服务公司中还是相当不错的。

另外，阿里云以一个数据中心的平面示意图来标注各个产品的作用和关系，如图 15-7 所示，从而使用户能轻松理解并购买适合自己需求的云服务。

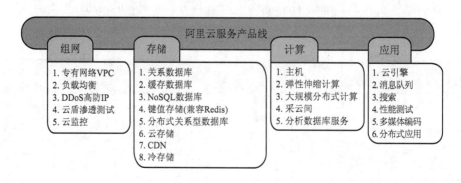

图 15-7　阿里云

习　　题

1. 根据你的知识背景，你觉得云计算在高校应用需要考虑哪些因素？
2. 企业云、政府云划分出来的意义何在，讨论一下必要性和未来展望。

第16章　现代通信技术

　　现代通信技术是信息技术的一个重要组成部分，是信息化社会的重要支柱。随着信息社会的发展，人们对信息的需求日益丰富与多样化。现代通信所承载的信息已不再局限于电话、电报、传真等单一媒体信息，而是将数据、文字、声音、图像、视频等综合为一体的多媒体信息。5G 技术被认为是支撑经济社会数字化、网络化、智能化转型的关键新型基础设施，将会改变生活的方方面面。

本章要点：

- 了解通信的概念、现代通信技术的概念以及发展史。
- 了解移动通信技术概念及发展。
- 了解 5G 技术概念和应用以及未来通信发展趋势。

思维导图：

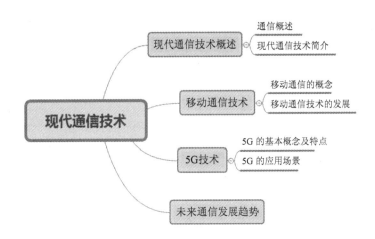

关键字：

　　通信：Communication。
　　电信：Telecommunication。
　　信息：Information。
　　信号：Signal。
　　通信系统：Communication System。

16.1　现代通信技术概述

在信息技术高速发展的时代，通信已成为发展极为迅速的一个行业。人们的通信需求日益多样化，通信正由简单的语音通信向综合信息通信发展，互联网和电信网成为推动这一发展的两大主要力量。

16.1.1　通信概述

人类社会需要进行信息交互。人们通过听觉、视觉、嗅觉、触觉等感官，感知现实世界而获取信息，并通过一定方式来传递信息。这种按照达成的协议从一方到另一方传递或交换信息的方式，就是通信(Communication)。电信(Telecommunication)则指在线缆上或经由大气，利用电信信号或光学信号发送和接收任何类型信息(如数据、图形、图像和声音)的通信方式。

通信作为信息科学的一个重要领域，与人类的社会活动、个人生活、科学活动密切相关，并有其独立的技术体系。

1. 通信的基本形式

通信的基本形式是在信源与信宿之间建立一个传输信息的通道(信道)。现代通信不仅可以无失真、高效率地传递信息，还可在传输过程中抑制无用信息，同时还具有存储、处理、采集和显示等功能。

2. 信息与信号

信息(Information)：以适合于通信、存储或处理的形式来表示的知识或消息。消息是指通信系统要传送的对象，如语音、图像、文字或某些物理参数等。

信号(Signal)：可以使它的一个或多个特征量发生变化，用以代表信息的物理量；在通信系统中为传送消息而对其变换后传输的某种物理量，如电信号、声信号、光信号等。信号是消息的载体。

3. 通信系统的基本模型

通信的任务是完成信息的传递和交换。通信系统(Communication System)至少包含发送和接收两大部分，用于可靠地传输/交换信息。

电话、电视、广播、微波通信、卫星通信等系统有着成熟的技术与应用，可用点对点通信的基本模型描述，如图 16-1 所示。从该模型可以看出，要实现信息从一端向另一端的传递，必须包括五个部分：信息源、发送设备、信道、接收设备、受信者。

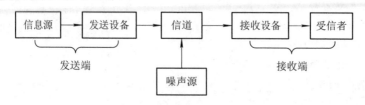

图 16-1　通信系统的基本模型

16.1.2　现代通信技术简介

现代通信是计算机技术与通信技术的相互渗透和结合。通信的数字化使其能与计算机技术和数字信号技术相结合，数字通信系统是构成现代通信网的基础。作为国家信息基础设施，现代通信网主要包括语音通信领域的固定电话网、移动通信网，数据多媒体通信领域的基础数据网、IP 网络、互联网接入、宽带增值服务，传输网领域的光通信网等现代通信技术和业务。现代通信网络的发展趋势是向数字化、宽带化、智能化和个人化方向发展。

现代通信网络的
发展趋势

1. 数字化

现代通信技术的数字化是基础，没有数字化，宽带化、智能化与个人化无法实现。数字传输与交换具有容量大、交换能力强、传输质量好、可靠性高等优点。实现数字化是现代通信网发展的第一步。

2. 宽带化

现代通信网络发展的第二步是组建宽带综合业务数字网。宽带综合业务数字网不仅以迅速、准确、经济、可靠的方式提供目前各种通信网络中现有的各种业务，而且将通信和数据处理结合起来，开创了很多新业务，展现了强大的生命力。

3. 智能化

现代通信网络的智能化是伴随着用户的需求日益增多而产生的。智能网是在现有的基础网络结构上，为快速、方便、经济地实现电信新业务而设置的一种附加网络结构，从而使网络运营者和业务提供者自行开辟新业务，按每个用户的需求提供服务。

4. 个人化

个人通信是现代通信的主要目标。个人通信被认为是一种理想的通信方式，其基本概念是实现任何人在任何地点、任何时间向任何人传送任何种类的信息。实现个人通信的通信网络就是个人通信网。现有的实际通信系统和网络由于资金、地域、环境等方面的限制，离实现理想的个人通信相差甚远。

16.2　移动通信技术

16.2.1　移动通信的概念

移动通信中，通信双方或至少有一方是在运动中通过通信网络进行信息交换的。例如，固定点与移动体之间、移动体与移动体之间、人与人之间或人与移动体之间的通信都属于移动通信。我们现在使用手机通话、上网等都属于移动通信的范畴。移动通信主要包括陆地移动通信和卫星移动通信，若无特别说明，一般泛指前者。

移动通信作为公用通信和专业通信的主要手段，是近年来发展最快的通信领域之一。我国的移动语音业务已超过固定电话业务，移动通信所能交换的信息已不限于语音，各种非语音服务(如数据、图像等)也纳入移动通信的服务范围。移动通信具有快捷、方便、可靠进行信息交换的特点，已成为一种理想的个人通信形式。

16.2.2 移动通信技术的发展

从美国贝尔实验室提出蜂窝小区的概念起，移动通信系统发展可以划分为各个"时代"。

第一代移动通信解决了通信的移动化，大大促进了人类信息通信的能力，为经济不太发达地区和偏远地区提供了通信能力。

第二代移动通信使人类进入数字通信时代，不仅可以传输语音，还可以传输短信息形式的文字信息，通信的品质更高，也更安全。在 GSM 和窄带 CDMA 时期，实现了全世界漫游，用户数量飞速增长。

第三代移动通信使人类进入数据通信时代，手机从打电话的工具变得更加智能化，可以实现更多的功能，进一步扩大了系统容量，提高了频谱利用率，同时满足多速率、多环境和多业务的要求，逐步将现有通信系统集成为统一的、可替代的系统。

第四代移动通信意味着移动互联网时代的到来，位置、社交、移动支付这些全新的能力大大改变了人们的生活。移动支付、移动电子商务的爆发，现金使用的减少，社会信息沟通能力的大幅度提高，给人类社会带来了许多有价值的变化。

第五代移动通信将会提供改变世界的新力量，除了高速度之外，低功耗、低时延、万物互联这些能力是前所未有的，它们为大数据、人工智能等新能力提供了基础。5G 是一个集中了半导体、通信、人工智能、智能硬件、新业务与应用的全新的体系，它会给社会带来能力和效率的提升，给经济、文化和网络安全带来挑战，给传统的运营体系和相关行业带来深远的影响。

16.3　5G 技 术

5G 是新一代移动通信技术发展的主要方向，是未来新一代信息基础设施的重要组成部分。与 4G 相比，5G 不仅将进一步提升用户的网络体验，同时还将满足未来万物互联的应用需求。

16.3.1 5G 的基本概念与特点

5G 指的是第五代通信技术。与前四代不同，5G 不是一种单一的无线技术，而是现有无线通信技术的融合。目前，4G 峰值速率可以达到 100 Mb/s，5G 的峰值速率可达到 10 Gb/s，比 4G 网络的传输速度快数百倍，

5G 的性能

这意味着在手机硬件性能允许的情况下，一部高清画质的电影可在 1 秒之内下载完成。5G 网络带来的三个新特点是更高的速度(下载更多数据)、更低的延迟(更具响应性)、同时连接更多的设备(用于传感器和智能设备)。5G 是一个多业务、多技术的融合性网络，在通信智能性、系统可靠性和用户体验感上都比 4G 有了数倍提高。

现有的 4G 网络由于技术限制，对于部分高清视频、高质量语音、增强语音、增强现实、虚拟现实等业务还不能处理。5G 将引入更加先进的技术，解决 4G 网络面临的问题，

以构建一个高传输速率、高容量、低延时、高可靠性的网络社会。

从原理上讲，现代通信技术分为有线通信和无线通信。数据在有线线路上传播，其速率可以达到很高的数值。而移动通信的瓶颈是数据在空气中传播的速率。所以，如果 5G 要实现端到端的高速率，重点是突破无线通信这部分的瓶颈。

移动通信系统主要由终端、基站、核心网这三部分组成，如图 16-2 所示。其中，手机和基站之间是通过电磁波在空气中传播的，其接口被称为空口。

终端　　　　　基站　　　　　核心网

图 16-2　移动通信系统

5G 不仅是无线技术的一次升级换代，更将带来网络服务架构的变革。

5G 核心网采用全新的服务化架构，支持网络虚拟化/软件定义网络(NFV/SDN)、网络切片等技术，用于实现灵活部署和差异化业务。

通俗来讲，5G 核心网是一个智能的网络架构。云化(即加了算法和"调度中心")可以更大范围、更快地进行资源配置优化，实现资源的高效调度、按需调用。

从应用端来看，5G 网络按分片技术，可以定制出功能、特性、服务各不相同的多个逻辑网络，灵活服务于不同需求的行业用户，并面向垂直行业进行网络管控和性能监测。

16.3.2　5G 的应用场景

5G 不仅是一次技术升级，它还可搭建一个广阔的技术平台，催生无数新应用、新产业，对人们未来生活的影响是不可估量的。5G 的主要目标是让终端用户始终处于联网状态，并支持增强移动宽带、低功耗覆盖、低时延且高可靠这三大应用场景，将推动虚拟现实、自动驾驶、智能家居、智慧城市等应用领域的发展。为满足高速发展的互联网和物联网的业务需要，未来的 5G 网络将拥有多达 1000 亿的连接数量，从而使"万物互联"成为现实。

1. VR/AR 应用场景

VR/AR 是近眼现实、感知交互、渲染处理、网络传输和内容制作等新一代信息技术相互融合的产物，新形势下高质量 VR/AR 业务对带宽、时延要求逐渐提升，速率从 25 Mb/s 逐步提高到 3.5 Gb/s，时延从 30 ms 降低到 5 ms 以下。伴随大量数据和计算密集型任务转移到云端，未来"Cloud VR+"将成为 VR/AR 与 5G 融合创新的典型范例。凭借 5G 超宽带高速传输能力，可以解决 VR/AR 渲染能力不足、互动体验不强和终端移动性差等痛点问题，推动媒体行业转型升级，在文化宣传、社交娱乐、教育科普等大众和行业领域培育 5G 的第一波"杀手级"应用。

以下为几个典型的 5G VR/AR 应用场景。

2019 年北京教育装备展上，北京威尔文教科技有限责任公司展示了"VR 超感教室"。威尔文教将基于"5G + 云计算 + VR"，打造便捷高效的端到端云计算平台，构建 VR 智能教学生态系统。

华为在上海发布了全球首款基于云的 VR 连接服务，同时在 2020 年 7 月发布了一款颠覆性的 VR 终端"VR Glass"。通过智终端、宽管道、云应用的 5G 典型业务模式，基于云的 VR 成为 5G 元年最重要的业务之一。

2019 年江西省春节联欢晚会首次采用"5G + 8K + VR"进行录制播出。现场观众可以通过手机、PC 和 VR 头显等体验观看，尤其是采用 VR 头显，用户可以体验沉浸式观看。

2. 超高清视频应用场景

作为继数字化、高清化媒体之后的新一代革新技术，超高清视频被业界认为将是 5G 网络最早实现商用的核心场景之一。超高清视频的典型特征就是大数据、高速率，按照产业主流标准，4K、8K 视频传输速率为 12～40 Mb/s、48～160 Mb/s，4G 网络已无法完全满足网络流量、存储空间和回传时延等技术指标的要求，5G 网络良好的承载力成为解决该场景需求的有效手段。当前 4K、8K 超高清视频与 5G 技术结合的场景不断出现，广泛应用于大型赛事/活动/事件直播、视频监控、商业性远程现场实时展示等领域，成为市场前景广阔的基础应用。

以下为几个典型的 5G 超高清视频应用场景。

2022 年北京—张家口冬奥会中，充分利用 5G 开展重大活动、重要体育赛事直播，北京明确了"5G + 8K"超高清视频发展方向。产业界以此为契机，加快推动 8K 超高清的转播/直播落地，助推我国 8K 超高清视频产业发展。图 16-3 为奥运会 8K 实况转播车内景。

图 16-3　奥运会 8K 实况转播车内景

2022 年央视春节联欢晚会主会场与分会场进行了"5G + 4K/8K"超高清视频直播，实现了"时空凝结""多维度变换"等精彩自由视角的视频内容，标志着央视春节联欢晚会"5G + 4K/8K"超高清直播工作圆满完成。

在 2018 年的云栖大会上，中国联通、阿里云、京东等企业创造性地完成了首个"5G + 8K"视频技术在远程医疗上的应用展示，标志着 8K 超高清直播技术实现商用成为可能。

3. 车联网应用场景

车联网是智慧交通中最具代表性的应用之一，通过 5G 等通信技术实现"人—车—路—云"一体化协同，可使其成为低时延、高可靠场景中最为典型的应用之一。融入 5G 元素的车联网体系将更加灵活，实现车内、车际、车载互联网之间的信息互通，推动与低时延、高可靠密切相关的远控驾驶、编队行驶、自动驾驶等场景的应用。

远控驾驶：车辆由远程控制中心的司机进行控制，5G 用于解决其往返时延(RTT)需要小于 10 毫秒的要求。

编队行驶：主要应用于卡车或货车，提高运输安全和效率，5G 用于解决 3 辆以上的编队网络的高可靠、低时延要求。

自动驾驶：大部分应用场景(如紧急刹车)，多路通信同时进行，数据采集及处理量大，需要 5G 网络满足其大带宽(10 Gb/s 的峰值速率)、低时延(1 毫秒)和超高连接数(1000 亿个连接)、高可靠性(99.999%)和高精度定位等能力。

以下为几个典型的 5G 车联网应用场景。

房山区政府与中国移动在北京高端制造业基地打造了国内第一个 5G 自动驾驶示范区，建成了中国第一条 5G 自动驾驶车辆开放测试道路，可提供 5G 智能化汽车试验场环境。

华为和罗德与施瓦茨(R&S)合作，在德国慕尼黑开展 5G V2X 通信，用于移动汽车现场测试中的协同驾驶应用，对 5G 应用于远程自动驾驶控制奠定了良好的基础。

厦门市交通运输局、公交集团与大唐移动通信设备有限公司签署协议，在厦门 BRT 上建设了全国首个商用级 5G 智能网联驾驶平台，推动了厦门 BRT 最终实现无人驾驶，如图 16-4 所示。

图 16-4　无人驾驶汽车

4. 网联无人机应用场景

5G 网络赋予网联无人机的重要能力包括超高清图视频传输(50～150 Mb/s)、低时延控制(10～20 ms)、远程联网协作和自主飞行(100 kb/s，500 ms)等，可以实现对联网无人机设备的监视管理、航线规范，从而实现效率提升。5G 网联无人机使无人机群协同作业和 7×24 小时不间断工作成为可能，在农药喷洒、森林防火、大气取样、地理测绘、环境监测、电力巡检、交通巡查、物流运输、演艺直播、消费娱乐等各种行业与个人服务领域获得了巨大的发展空间。

以下为几个典型的 5G 无人机应用场景。

搭载 5G 通信技术模组的无人机在上海虹口北外滩成功实现了一场基于 5G 网络传输叠加无人机全景 4K 高清视频的现场直播。

南方电网广东东莞供电局变电二所在全国率先实现了 5G 无人机＋程序化操作，由东莞联通提供 5G 网络信号支持，进行电力线设备巡检，变电站设备上的信号灯、字迹在电脑屏幕上均清晰可见。

杭州余杭未来研创园已实现了无人机利用 5G 网络将摄像头识别的画面传到后台监控平台规划路径，并依靠 5G 实时视觉识别来确认投放点，完成物流配送。

5. 远程医疗应用场景

通过 5G 和物联网技术可承载医疗设备和移动用户的全连接网络，对无线监护、移动护理和患者的实时位置等数据进行采集与监测，并在医院内业务服务器上进行分析处理，提升医护效率。借助 5G、人工智能、云计算技术，医生可以通过基于视频与图像的医疗诊断系统，为患者提供远程实时会诊、应急救援指导等服务。例如，基于 AI 和触觉反馈的远程超声理论上需要 30 Mb/s 的数据速率和 10 ms 的最大延时，患者可通过便携式 5G 医疗终端和云端医疗服务器与远程医疗专家进行沟通，随时随地享受医疗服务。

以下为几个典型的 5G 远程医疗应用场景。

中国移动、华为协助海南总医院通过操控接入 5G 网络的远程机械臂成功完成了位于北京的患者的远程人体手术，这是全国首例 5G 网络下实施的远程手术。图 16-5 所示为远程医疗实施手术现场。

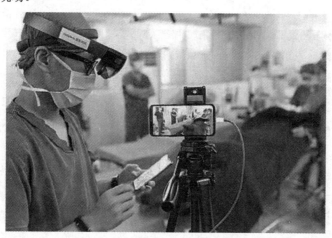

图 16-5　远程医疗实施手术现场

上海市第一医院打造的 5G 智慧医疗联合创新中心涵盖远程查房、区域医学影像中心远程会诊、远程手术教学、远程操作机械臂诊疗等服务。

北京移动携手华为完成了中日友好医院 5G 室内数字化系统部署，为移动查房、移动护理、移动检测、移动会诊等应用提供了 5G 网络环境。

6. 智能工厂应用场景

在工业互联网领域，5G 网络切片支持企业实现多用户和多业务的隔离和保护，其大连接的特性满足工厂内信息采集和大规模机器间通信的需求，5G 工厂外的通信可以实现远程定位，以及跨工厂、跨地域远程遥控和设备维护。在智能制造过程中，高频和多天线技术支持工厂内的精准定位和高宽带通信，毫秒级低时延技术将实现工业机器人之间和工业机器人与机器设备之间前所未有的互动和协调，提供精确高效的工业控制。在柔性制造模式中，5G 可满足工业机器人的灵活移动性和差异化业务处理的高要求，提供涵盖供应链、生产车间和产品全生命周期的制造服务。智能工厂建设过程中，5G 可以替代有线工业以太网，节约建设成本。图 16-6 展示了企业 5G 生产线场景。

图 16-6　5G 生产线场景

以下为几个典型的 5G 智能工程应用场景。

浙江移动通过与杭汽轮集团合作，建立了 5G 三维扫描建模检测系统。该系统使得检测时间从 2～3 天降低到 3～5 分钟，在实现产品全量检测的基础上还建立了质量信息数据库，便于后期对质量问题进行分析追溯。

贵阳市 5G 实验网综合应用示范项目已完成 5G 创新实验室对航天云网的平台接入，通过 5G 网络将海量工业设备信息以超低时延实时上传到云端，实现对整个生产制造过程和设备状态情况进行实时监测。

德国大众公司展示了一条基于 5G 技术的微缩汽车组装流水线。与现有的随机监测相比，这种生产方式的准确性和可靠性大幅提升。

16.4　未来通信发展趋势

5G 已经展开了全面商用，随着 5G 在垂直行业的不断渗透，人们对于 6G 的设想也逐步提上日程。面向 2030+，6G 将在 5G 基础上全面支持整个世界的数字化，并结合人工智能等技术的发展，实现智慧的泛在可取、全面赋能万事万物，推动社会走向虚拟与现实结合的"数字孪生"世界，实现"数字孪生，智慧泛在"的美好愿景。围绕这一总体愿景，6G 网络将在智享生活、智赋生产、智焕社会三个方面催生全新的应用场景，比如孪生数字、全息交互、超能交通、通感互联、智能交互等。

习　　题

通信网的使用应当被管控吗？如果需要，应该由谁来管理，你有什么建议？

第17章 物 联 网

物联网(Internet of Things，IoT)，顾名思义，指的是连接物与物的互联网。它可以将万物(包括人)都接入互联网中，彻底改变人们传统的生产和生活方式。随着技术的发展，"万物互联"的时代即将到来。

本章要点：

- 了解物联网的基本概念、工作原理。
- 了解物联网和传感网、泛在网的关系。
- 了解物联网全面感知、可靠传递和智能处理的特点。
- 了解物联网在安全、生产、物流、交通等方面的应用。

思维导图：

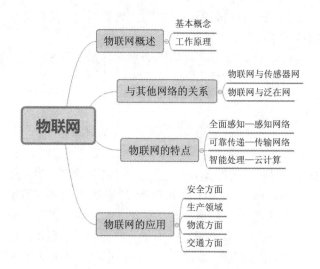

关键字：

物联网：Internet of Things。

传感网：Sensing Network。

传输网：Transmission Network。

泛在网：Ubiquitous Network。

智能处理：Intelligent Processing。

17.1 物 联 网 概 述

物联网是万物相连的互联网，是在互联网基础上延伸和扩展的网络。通过电子标签可将真实的物体上网连接，形成一个巨大的网络，实现任何时间、任何地点，人、机、物的互联互通。

"物"的含义：接入物联网中的"物"，是生活中实际存在的，人们希望能够通过网络定位、访问或者控制的物品。它需要具备以下功能才能够被纳入"物联网"。

(1) 信息接收器。

(2) 数据传输通路。

(3) 一定的存储功能。

(4) CPU。

(5) 操作系统。

(6) 专用应用程序。

(7) 数据发送器。

(8) 遵循物联网的通信协议。

(9) 在网络中有可被识别的唯一编号。

物联网技术实现了人类对物理世界的感知与控制，已经被广泛应用在智能交通、环境保护、政府工作、公共安全、智能电网、环境监测、食品溯源和情报搜索等多个领域。物联网的应用主要可分为监控型(如物流监控和环境监控)、查询型(如智能检索和远程抄表)、控制型(如智能交通和智能家居)、扫描型(如手机钱包和动态收费等管理和服务功能)，实现对万物的"高效、节能、安全、环保"的"管、控、营"一体化。物联网是基于人类的各种需要而实现的物物互联。将一个个单独的"物品"看作是组成某个宏观整体的一部分，那么围绕在人周围的一切物品都是某个规模宏大、功能超凡的宏观整体的组成部分。这个"宏观整体"就好似一个巨型的机器人，人类就在这个机器人的精心服务下生活。如果我们从医生的角度来看待人体，那么人就是由众多的器官构成的，每个器官具有不同的功能，器官之间通过血管、神经等相互连接，器官获取到的信息汇入大脑进行处理，由大脑来统一控制整个身体。人体中每个器官都类似物联网中的"物"，获取到的信息要通过神经(因特网)传送到大脑(云计算)进行处理和反馈。因此，人体中"器官——神经——大脑"就和物联网中的"物品——网络——云计算"对应起来了，实现感知、传输和处理的整个过程。

17.1.1 物联网的基本概念

物联网的核心是互联网，是在互联网基础上扩展和延伸的网络。物联网是指实现物体与物体之间进行信息交换与通信的网络。物联网通过 RFID(Radio Frequency Identification，射频识别技术)、红外传感器、全球定位、激光扫描等技术，按照约定的协议，实时采集任何需要监控、连接、互动的物体或过程，包含其声、光、热、电、力学、化学、生物、位置等各种需要的数据，通

RFID 电子标签

过各类可能的网络接入，实现物与物、物与人之间的通信，完成对物品和过程的智能化感知、识别、监控与管理。

　　一般来说，物联网由三大基础组成部分组成：传感器、传输网络和云计算，也可以简单划分为三层：感知层、网络层和应用层，如图 17-1 所示。

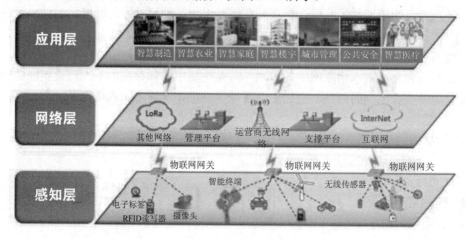

图 17-1　物联网分层

　　为了让"物"可以被识别，就像超市里给每个商品贴上条形码一样，要给接入网络中的每个"物"都贴上识别标志——RFID 电子标签，而且要配备相应的"扫码枪"来识别这些电子标签，传感器和各种 RFID 电子标签就构成了"传感网"，用来搜集原始数据，这就是物联网的第一层——感知层。

　　通常情况下，人们都希望系统给出的反馈足够快。比如在超市购物的时候，如果扫码结账不如店员手动输入商品编号结账快，那么扫码枪就应该"下岗"了。又如，在自动驾驶时，时速 60 公里的汽车每秒速度约为 17 米，如果传感网搜集到的数据不能及时传输和处理，那么后果将是极其可怕的。因此，高速而可靠的传输网络与高性能处理中心是十分重要的。目前，已经逐步普及的 5G(第五代移动通信技术)可以实现毫秒级低时延，且具备高并发性和可靠性，能够方便灵活地组建数据传输网，即传输层或网络层。

　　物联网的第三层是应用层，是建立在"云计算"的基础上的。受限于数据处理的时效性和计算机的性能、成本、安全性、可靠性方面的问题，云计算是一个很好的解决方案。云计算的本质是分布式计算，将很多高性能服务器通过网络连接起来，形成云计算数据中心，通过统一管理，获得强大的性能，使可靠性、安全性等方面得到保障，是一种实时数据处理的理想选择。

　　如上所述，物联网的基础是由感知层、传输层(网络层)、云计算(应用层)构成的。将传感器、RFID 电子标签、条形码等嵌入各种需要接入物联网中的"物"上面，通过无线数据通信技术(比如 5G)将数据汇入中央信息系统(部署在云计算平台上)，即可实现对物品的识别、信息交换和共享，乃至对"物"的管理。

17.1.2　物联网的工作原理

　　物联网在一定程度上可以看作对人的某种行为的仿生。以普通人走路为例，我们在大街上走路，眼睛会看到路况、行人、行车、交通标志等信息，耳朵会听到车铃、人声、引擎轰鸣乃至轮胎噪声和脚步等声音，脚部会感受到路面凹凸，身体会感受到风和各种触碰。这些大量复杂的信息都会通过神经送入大脑，由大脑进行处理，指挥我们的身体完成走路的行为，并规避各种危险。自动驾驶是物联网的一种典型应用，汽车上装配了数量众多的各种传感器(类似于人的各种感官)，用来监测交通情况(包括交通标志、路面、其他交通参与者等信息)，将监测到的所有数据经高速网络(类似于人的神经系统)传输给云计算中心(类似于人的大脑)进行处理，处理完的数据再传回汽车，实时控制汽车运行。

物联网的工作原理一般分为三个过程。首先，要对物体的各种属性进行标识。静态属性(如名称、颜色、尺寸等不变属性)就直接存储在标签中；而动态属性(如当前位置、速度等会变化的属性)则由传感器进行实时检测，甚至需要计算才能获取。其次，需要识别物体并读取物体的属性，并且将这些属性数据进行格式处理，使之变成适合网络传输的格式。最后，将这些数据传送到云计算平台，由具体的处理程序完成处理过程，并根据需要将处理结果反馈至被控制的物体上。

17.2 物联网和其他网络的关系

与物联网相关的网络有传感器网络和泛在网。它们之间是什么关系呢？

传感器网络，简称传感网，是由各种传感器(采集声、光、温湿度等信息)通过无线通信技术连接而成的，具有通信能力和计算能力的低功耗的小范围信息交换系统。它可以在任何地点、任何时间、任何人、任何物体的情况下被部署，向智能化方向发展，其构成和应用领域与物联网的感知层相同。

1. 物联网与传感器网络的关系

物联网中的感知层更关注信息技术，关注这些"物"在一个系统中能够为人所用的特性，即"应用和服务"。比如，在一个测量天气的传感网中，用户更关注最终的结果，如刮不刮风、下不下雨等，因此要求传感网能给出相应的结论。而传感器网络更倾向于检测每一项客观事实，同样是测量天气，它会详细检测出每一个客观数据，从技术和设备的角度对检测对象进行客观描述，给出原始数据，如气压、风速、温度、湿度等。传感器网络可以说是对物联网中感知层的技术支撑，而传感网是面向产业和用户的。这两个网络的本质是一致的，都是"感知"。

泛在网就是基于人和社会的需求，提供无所不含的信息服务和应用的网络。泛在网的基本特征是"无所不包、无所不能"，帮助人们实现四个任何(任何时间、任何地点、任何人、任何物)之间的顺畅通信。

2. 物联网与泛在网的关系

从技术发展和人类期望的角度来讲，泛在网属于未来网络技术发展的理想状态，是社会发展的最高目标。物联网是泛在网的必然发展阶段，传感器网络是物联网的基础，它们之间的关系如图 17-2 所示。

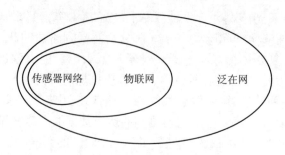

图 17-2　传感器网络、物联网、泛在网的关系

17.3　物联网的特点

物联网具备三个关键特点：全面感知、高速可靠传输、对海量数据的智能处理。

17.3.1　全面感知——感知网络

感知网络是由接入网络的各式各样的传感器构成的，就像人使用各种感官获取信息一样，感知网络通过传感器，在其覆盖范围内随时随地搜集信息，实现物联网中"物"的发现，为后续的连接和控制奠定基础。

感知网络搜集的信息是以满足人的需要为基础的。例如，在出行时，通过感知网络收集一辆车的车况、位置、是否能开、附近路况等信息，对人们的出行是十分有帮助的；又如，我们通过感知网络，可以收集到远在百里甚至千里之外的老家厨房里一个馒头的颜色、温度、柔软程度甚至味道等信息，就像正在拿着馒头一样。

感知网络对一个物品的感知信息必须是全面的，以避免发生盲人摸象的情况。感知网络把针对同一物品的所有传感器采集到的信息进行综合分析和科学判定，最后给出对物品的综合评判结果。

感知网络的核心元器件是传感设备。各种各样的传感器就和人的各种感官一样重要。有了这些传感器，人们就好像有了"千里眼"和"顺风耳"一样。这些传感器比人类的感官功能更加强大，且可以借助网络做到无处不在。依靠传感器，没有生命的物品也可以通过特定的信息和其他物品，甚至和人进行"交流"。因此，感知网络是物联网实现万物互联的先决条件。

生活中的超市防盗系统，就是由各种传感器构成的一个小型感知网络；现在用于检测出行轨迹的行程卡也是一个感知网络的典型例子。在这个物联网系统中，手机就是"物"，而无处不在的基站就类似"传感器"，基站构成的网络就相当于感知网络，在这个网络覆盖范围内，无论手机移动到什么地方，都可以被基站检测到。

17.3.2　可靠传递——传输网络

传输网络就是用来实现数据高速、可靠传输的网络。从感知网络获取到的数据，需要通过这种高速的、可靠的网络来进行实时传输，以实现信息的交互和处理。传输网络可以在具体的使用条件下利用现有的网络，也可以根据实际情况使用有线或无线技术组建专用的网络来完成数据传输功能。另外，5G 等新出现的无线高速传输技术也成为构建高速传输网络的核心技术之一。

一般情况下，由于受到具体环境的影响，因此组建无线网往往是最好的方式。比如，在家庭环境下，我们想把手机、手表、钥匙、钱包等随身物品接入物联网，就不能也无法使用有线网络连接，只能通过无线网络来连接。

5G 技术也可以应用在需要高速数据传输的场合，可以十分方便地将各种物品高速接入网络，并且可以通过手机发送各种文字、语音和视频资料，让用户随时随地查看物品状态，并进行监视和远程控制。

17.3.3　智能处理——云计算

物联网采集到的数据是海量的，而且很多数据的处理要求必须是实时的，这就需要使用一个强大高效的平台来进行智能处理。云计算是一种智能计算技术，可以随时对海量数据进行分析和处理，实现物联网的智能决策和控制。

以一个简单的交通模型为例，我们可以对所有的交通参与者(人、车等)安装感应芯片，同时在道路上安装各种检测装置。通过检测装置将一段(甚至是全部)道路都纳入物联网中，通过智能计算，可以实现交通状况实时预报、事故预警等功能。

所有的交通状况和参与者都通过感应芯片接入一个巨大的网络之中，由一个建立在云计算平台基础上的处理中心来计算和控制，就好似天上的卫星俯瞰人地一样，居高临下地注视着整个城市的交通情况。它可以关注到所有的交通细节，提前发现所有的潜在危险，并且及时通知和控制每一个交通参与者，将交通效率提升到最高，把人们的出行风险降到最低。图 17-3 所示为智能轨道交通的云1平台。

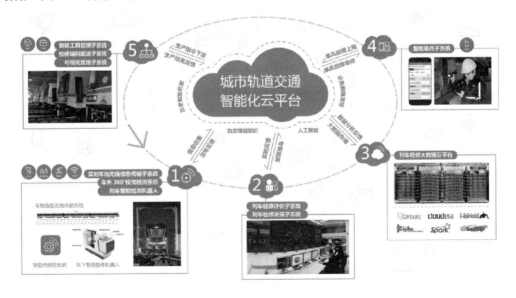

图 17-3　智能交通

17.4　物联网的应用

目前，物联网的应用已经覆盖到社会生活的每个领域，可以随时随地为我们的生活提供便利。物联网在云计算平台上的应用可以涵盖人们生活的方方面面，并和我们的衣食住行等方面紧密结合起来，我们可以通过物联网追踪购买商品的物流信息，追溯食物从生产到餐桌之间的所有流程，不久的将来我们还可以用物联网来定位和控制我们所关注的物品等。物联网在工业方面也有着广阔的应用前景。总之，物联网会全面进入我们的生活和生产，并实现各行各业的智能化。

17.4.1　物联网在安全方面的应用

物联网在安全方面的典型应用是信息加密防伪和电子防盗。它主要是通过电子标签来实现的(见图 17-4)。电子标签具有很多优秀的特性：成本低，轻薄短小，数据存储容量大，环境适应性强，保密性高，寿命长，可实现非接触识别，可识别高速运动物体，可同时识别多个目标等，因此应用很广泛。

图 17-4　RFID 电子标签

信息加密防伪的一个典型的例子就是我国第二代居民身份证，它嵌入了加密芯片，使用加密算法，保证证件在各种环境下都能正常使用，读写速度很快，易于使用，具有极强的防伪造特性。电子标签标识全球唯一，是只读的，在制作芯片时放在 ROM(Read Only Memory)中，不怕脏污和磨损，无法修改和仿造，通过数据加密的方法，实现标签的防伪安全机制。

在电子防盗方面，在汽车上安装电子标签读写器，并将读写器与发动机点火控制逻辑对接起来，此时汽车钥匙就是电子标签。如果钥匙和读写器匹配，那么汽车的点火逻辑就会被激活，汽车就可以正常使用；而如果钥匙和读写器不匹配，那么汽车的点火逻辑就被锁定而无法点火启动，直至钥匙和读写器匹配后才解除锁定。用这样的逻辑来实现汽车防盗，取得了良好的效果。

17.4.2　物联网在生产领域的应用

物联网在生产领域也具有广泛的用途，首先是在制造过程中保证了精确性，在生产线上安装各种传感器，用来检测加工过程中的各种参数，反馈给控制逻辑，控制逻辑根据数据反馈适时调整参数，使得加工过程时刻保持精度要求，不会出现因磨损或其他原因出现的加工精度下降的问题。

在商品跟踪方面，物联网也有着巨大的优势。商品被加工出来以后，就可以贴上电子标签，写入厂家、品牌、参数和加工时间等参数。在运输环节，每经过一个环节，就在电子标签中写入相应的信息。这样一来，该商品从加工、运输、销售到消费者手中，乃至于之后的维护维修记录甚至报废，都有明确的记录，可以做到对商品整个生命周期的记录和追踪，实现全过程记录，对商品的溯源和调研提供精准的数据支持。图 17-5 为物联网下的商品追踪。

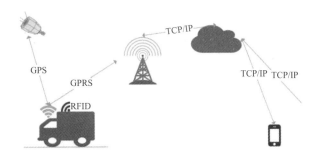

图 17-5　商品追踪

在资产管理方面，物联网应用的一个简单例子就是资产盘点。传统的方式是人工统计办公用品的名称和数量、各类资产的名称和数量，耗时长且准确度不高。而使用了电子标签，资产盘点就变得十分简单。所有物资被贴上电子标签，然后存放在仓库中。只要在仓库中安装若干能实现仓库全覆盖的读写器，就可以随时随地实现资产盘点了。读写器远程读取每个物资上面的电子标签，通过网络把读取到的信息发送到统计计算机上，由统计计算机程序分类统计，瞬间就可以统计出规模不限的仓库里的所有资产信息。图 17-6 所示为云仓库。

图 17-6　云仓库

在农业生产方面，物联网技术也有巨大的应用。首先在农作物种植方面，以大棚为例，可以安装若干传感器，用来检测温度、湿度、光照度，甚至是土壤中各种元素的含量，然后反馈给控制系统，由控制系统控制温控系统、灌溉系统、施肥系统和天窗开合系统，这样就可以将大棚内作物成长所需条件时刻保持在理想状况下，促进作物增产增收。在作物成长过程中，贴上电子标签，可以将作物成长环境中所有的成长条件和人工干预的信息，以及采收、仓储、运输和销售网点等信息都写入电子标签，实现农作物生命周期内所有事件的全过程记录和溯源，为实现我国的食品安全提供了技术上的可行性。

17.4.3　物联网在物流方面的应用

物联网技术可以广泛地应用在物流领域。给每个商品都贴上电子标签，写入商品信息，可以实现准确而快速的入库、出库和库存管理，极大地减少了人工干预的过程，提高了效率，降低了成本。另外，还可以避免货物丢失和被盗。据统计，我国物流领域信息化程度相比先进水平还有很大差距，工业商品的物流费用要占商品价格的一半左右，农副产品的物流费用高达70%。而欧美等发达国家的平均物流费用一般能控制在商品价格的8%，如果我国的物流成本能达到这一水平，那将极大地促进国家经济的发展。图17-7所示为智能物流信息系统的架构。

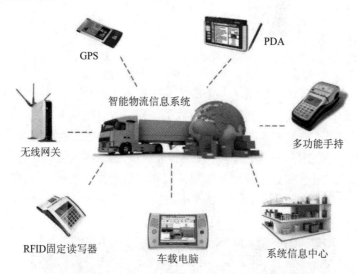

图 17-7　智能物流信息系统的架构

物联网系统在物流行业表现尤为突出。例如，物联网系统可以给出车厢空间、载重和运输货物体积重量最佳配载方案，极大提高运输效率，降低运输成本，还可以根据装卸货物信息规划最优路线，缩短运输时间，降低运输消耗。

将 EAS(Electronic Article Surveillance，电子防盗技术)引入物流系统，可以实现物流安全。EAS系统其实也是一种物联网的具体应用，它广泛应用于商场、超市中。商品标签中写入安全数据，一旦被非法带出有效区域，就会触发警报。只有在经过授权通道，将安全数据合法擦除，商品才能被合法带出有效区域，从而实现了电子防盗。在物流领域中，可以将封闭车厢设定为有效区域，车厢门口设置授权通道。商品装车时，给每个商品写入安全数据，取消授权通道的擦除功能，只有当车辆到达目的地后，由目的地接收人员激活授权通道擦除安全数据的功能，才能完成商品的运输过程。

17.4.4 物联网在交通方面的应用

智能交通是物联网在交通方面的典型应用，实现了交通信息的收集、高速传输、实时处理以及远程控制等功能。

目前已经实现的物联网在交通中的应用有 ETC(Electronic Toll Collection，电子不停车收费系统)，它可以准确地实现车辆的远程自动识别，并进行数据交换，利用计算机系统对数据进行实时处理，最终实现不停车收费。车载设备提供了银行卡接口，插入银行卡后，当汽车驶入高速路口或其他类型的收费站时，读写设备远程访问到银行卡信息，并从中扣除过路费，如图 17-8 所示。一般来说，一辆车的整个扣费过程耗时在 2 秒以内，提高了收费口的通行效率，减少了车辆降速、停车、加速的过程，降低了油耗。

图 17-8　ETC 系统

当前，智慧停车正逐渐发展起来。利用各种传感器，结合各种图像识别和计时技术，可以进行车牌识别、车位搜索、停车引导、时间计算、停车计费等操作，如图 17-9 所示。这些功能结合了计算机技术、网络技术和各种传感技术，大大提升了停车场的管理效率。

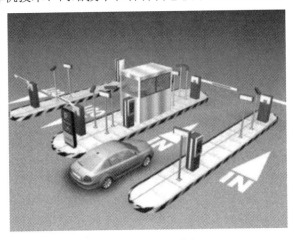

图 17-9　智能停车场

在智能公交方面，物联网技术也有广泛的应用。通过物联网技术将公交车和站牌联系起来，乘客可以方便查看公交状态。图 17-10 所示为未来的公交站。调度中心可以通过控制系统实时查看车辆运行信息和公交站上乘客信息，并进行智能化调度。未来会实现乘客使用各种数据终端，只要输入自己的目的地，智能公交系统马上就会给乘客提出最优化的出行方案和建议，最大化地提高出行效率。

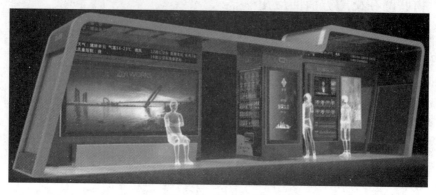

图 17-10　智能公交站

在不久的将来，无人驾驶会进入人们的日常生活。它采用物联网和人工智能技术，实现了真正意义上的"无人"驾驶。汽车上安装的多个传感器用来获取车况和路况信息；利用 5G 技术实现高速可靠的数据传输，将获取到的数据传送至网络上的人工智能系统，并将人工智能系统处理后的汽车控制信息回传至汽车；利用车载控制系统接收汽车控制信息，并按照汽车控制信息实时调整汽车行驶状态、行进路线选择等操作，实现无人驾驶。2015 年 12 月 10 日，百度公司宣布首次实现了城市、环路和高速道路混合路况下的全自动驾驶。随着科学的进步、技术的发展，物联网的应用会越来越多，涉及行业会越来越广，它会逐步深入人们生活的方方面面，全面改变我们的生活方式。

习　　题

1. 物联网中的"物"具备哪些特点？
2. 一个完整的物联网系统由哪几部分构成？
3. 请结合生活中的实际例子，说明物联网有哪些应用。

第 18 章　虚 拟 现 实

经过近几年的螺旋式、波浪式发展，我国虚拟现实产业日趋成熟理性，已经逐步应用到社会的多个领域。5G 网络、人工智能、云计算、物联网等技术，特别是近期火爆的元宇宙、数字孪生、NFT(Non-Fungible Token，非同质化代币)等新技术给了虚拟现实产业更大的想象空间，虚拟现实应用领域不断拓展，市场机遇不断显现，产业发展将迎来新的爆发期。

本章要点：

- 虚拟现实的概念和特征。
- 虚拟现实的应用领域和发展趋势。
- 虚拟现实的开发工具——Unity。

思维导图：

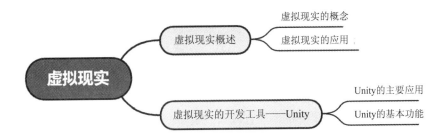

关键字：

虚拟现实：Virtual Reality。
增强现实：Augmented Reality。
混合现实：Mixed Reality。
沉浸感：Immersion。
交互感：Interaction。
想象力：Imagination。

18.1　虚拟现实概述

作为 20 世纪发展起来的一项全新的实用技术，虚拟现实(Virtual Reality，VR)涉及学科众多，应用领域广泛。本节将从虚拟现实的概念、应用领域和发展趋势三个方面展开。

18.1.1　虚拟现实的概念

通俗地讲，虚拟现实就是利用虚拟现实技术虚拟出一个真实的环境，通过特殊的设备让人们感觉身临其境。虚拟现实技术是一种多源信息融合的、交互式的三维动态视景和实体行为的系统仿真技术，它利用计算机生成一种模拟环境，使用户沉浸到该环境中。虚拟现实技术是仿真技术的一个重要方向，是仿真技术与计算机图形学、人机接口技术、多媒体技术、传感技术、网络技术等多种技术的集合，是一个富有挑战性的交叉技术前沿学科和研究领域。

布尔代亚和夸弗托将虚拟现实的重要特征归纳为"3I"，即沉浸感(Immersion)、交互感(Interaction)、想象力(Imagination)。

(1) 沉浸感：指逼真、身临其境的感觉。用户借助特殊的硬件设备，与虚拟世界进行自然的交互，虚拟现实技术为用户提供视觉、听觉、触觉等感官模拟，用户如同身临其境一般。

(2) 交互感：用户对虚拟环境内的物体以最自然的方式进行操作体验，如在真实环境中一样。

(3) 想象力：也指创造性，指用户能在虚拟环境中根据自己与物体的交互行为，通过联想、逻辑推断等思维过程，对未来进行想象的能力。虚拟环境的创建也是由设计者想象出来的，既可能是真实现象的重现，也可能是自身想象的结果。

近几年来，增强现实(Augmented Reality，AR)和混合现实(Mixed Reality，MR)逐步走进了大众的视野，尽管 AR、MR、VR 只相差一个字母，但它们目前在技术和设备上都有较大区别。

AR 是在虚拟现实的基础上加以延伸，通过模拟仿真把虚拟的物体和信息添加到现实环境中，使二者实时叠加到同一个画面或空间而同时存在。

VR、AR 和 MR

MR 是通过在虚拟环境中引入现实场景信息，在虚拟世界、现实世界和用户之间搭起一个交互反馈信息的桥梁，从而增强用户体验的真实感。其技术的关键点就是与现实世界进行交互和信息的及时获取。

VR 使很多不可能变成可能，用于军事航天、医疗手术、极限运动、体感游戏、工业仿真、房产开发、应急推演以及人们日常的衣着饮食等方方面面。在不久的将来，VR 必然会发展成一种改变我们生活方式的重要突破口。随着人工智能技术、5G 通信技术和物联网技术的蓬勃发展，未来 VR 的发展前景广阔。图 18-1 是通过 VR 技术模拟操控设备的场景。

图 18-1 虚拟现实的工业控制

18.1.2 虚拟现实的应用

借助沉浸式技术和交互式体验，VR 技术在医疗健康、教育培训、文化旅游、电竞游戏和工业设计等行业的应用层出不穷，正在成为赋能千行百业的重要推手。

1. 医疗健康

医疗行业是个专业性、风险性和成本投入都很高的行业。VR 技术中的三维建模技术与无风险的模拟操作给 VR 医疗以无限的想象空间。从模拟手术、医疗教育到三维建模、手术直播、远程手术等，VR 技术的发展给整个医疗行业开拓了一条全新的道路。

在进行心理问题治疗中，VR 可以虚拟出适宜的场景，让用户沉浸于其中，放松的状态有助于治疗，可以让诊疗过程更顺畅，如图 18-2 所示。VR 在手术中也发挥着重要作用，主刀医生在手术前可以建立一个病人身体的虚拟模型，在虚拟空间中先进行一次手术预演，这样能够大大提高手术的成功率，让更多的病人被治愈。VR 在教学中也显示出特别的优势，通过虚拟技术模拟出人体组织和器官，让学生进行模拟操作，大大降低了学习成本，也提供了更多的练习机会。

图 18-2 虚拟环境进行心理治疗

2. 教育培训

"VR + 教育"推动了教育信息化的发展，让整个教学过程更加完善，为学生营造了更加丰富的学习体验和途径。在现实中不可能实现、难以实现、危险的场景和操作都可以通过虚拟现实技术完美呈现，让学生可以身临其境、充分体验。例如，身在南方的同学可以进行滑雪训练；身在校园可以到世界各地旅游探险；学生也可以不受任何场地限制操控各种机械设备等，如图 18-3 所示。

图 18-3　虚拟教学实践

展望未来，随着虚拟现实产业关键技术的不断突破，虚拟现实产品和行业应用解决方案将更为丰富，虚拟现实产业将进入稳步发展期。元宇宙和数字孪生的提出大大提升了人们对 VR、AR 以及 MR 技术的需求和要求。结合 VR 云平台、VR 数据中心、VR 引擎与内容生产平台等基础设施，可实现虚拟现实硬件技术升级与内容提升，促使虚拟现实与 5G、AI、4K 等新一代信息技术更加融合。总之，全球 VR 产业将再次走强，为我们的生活带来更多精彩。

虚拟现实的更多应用

18.2　虚拟现实的开发工具——Unity

虚拟现实常用的开发软件有 Unreal、Unity3D、Blender、Maya、3Ds max、A-Frame、VRTK 等。其中，Unity 以其完整的虚拟现实场景开发生态系统、与开发者具有极高的交互性等特性在众多软件中脱颖而出。Unity 是美国 Unity Technologies 公司开发的一款强大的跨平台 VR 开发工具、综合型游戏开发引擎，具有强大的可视化编辑器，脚本采用了 Java、C#、Boo 等语言，可以快速地制作信息可视化等互动内容。我们熟知的《王者荣耀》《绝地求生》都是应用 Unity 进行开发的。Unity 引擎是现今最优秀的 3D 引擎之一。Unity 引擎能让开发者轻松创建 3D 视频、实时 3D 动画等互动内容，目前广泛应用于游戏、工业制造、影视和建筑工程等领域，是当前全球市场上主流且具有发展前景的虚拟场景开发引擎。

18.2.1 Unity 的主要应用

根据在 Unity 会议上发布的数据，Unity 如今已经占据了游戏开发市场的 50%，同时，Unity 正不断拓展其他发展领域，在电影、电视、计算机动画、VR/AR、汽车、运输与制造、建筑、工程与施工等领域也逐渐崭露头角。

1. 强大的游戏开发平台

Unity 拥有方便灵活的编辑器、友好的开发环境、丰富的工具套件，旨在帮助使用者为玩家打造最佳游戏体验。近年来，Unity 专为中国用户量身打造了很多产品和服务。2019 年 Unity 中国版编辑器正式推出，其中加入了专为中国 Unity 研发的 Unity 优化-云端性能检测和优化工具，还有资源加密、防沉迷工具、Unity 游戏云等，以方便国内开发者。

2. 汽车、运输与制造

使用实时 3D 开发平台，可以在产品生命周期的每个阶段带来沉浸式交互体验。Unity 的实时渲染技术可以应用到汽车设计、制造人员培训、制造流水线实际操作、无人驾驶模拟训练、市场推广展示等各个环节。Unity 最新的实时光线追踪技术可以创造出更加逼真的可交互虚拟环境，让参与者身临其境，感受虚拟现实的真实体验。

3. 电影、动画和影视

Unity 为动画内容创作者带来了实时工作流程，加快了传统制作流程的速度，在灵活的平台上为美术师、制作人和导演提供了更多的自由创作、快速反馈和美术迭代的机会，让实时制作成为现实，如图 18-4 所示。

图 18-4 Unity 应用于电影、动画和影视

4. AEC 领域的应用(建筑、工程、施工)

对于 AEC 行业的设计师、工程师和开拓者来说，Unity 是用于打造可视化产品与构建交互式和虚拟体验的实时 3D 平台。高清实时渲染配合 VR、AR 和 MR 设备，可以展示传统离线渲染无法提供的可互动内容，如图 18-5 所示。

图 18-5　Unity 应用于 AEC

18.2.2　Unity 的基本功能

下面我们通过 Unity 2019 的工作界面(见图 18-6)来介绍这款软件的基本功能。

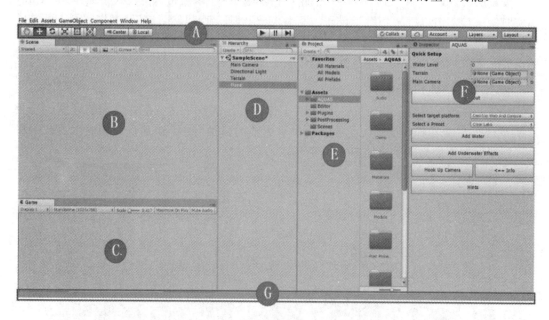

图 18-6　Unity 2019 的工作界面

(1) 工具栏(A)提供最基本的工作功能。左侧包含用于操作 Scene 视图及其游戏对象的基本工具。中间是播放、暂停和步进控制工具。右侧的按钮用于访问 Unity Collaborate、Unity 云服务和 Unity 账户，然后是层可见性菜单，最后是 Editor 布局菜单(提供一些备选的 Editor 窗口布局，并允许保存自定义布局)。

(2) Scene 视图(B)可用于直观导航和编辑场景，用来构建游戏中所能呈现景象，可以将所有的模型、灯光以及其他材质对象拖放到该场景中。根据正在处理的项目类型，Scene 视图可显示 3D 或 2D 透视图。

(3) Game 视图(C)通过场景摄像机模拟最终渲染的游戏的外观效果。单击【Play】按钮模拟开始，该面板不能用作编辑，但却可以呈现完整的动画效果。

(4) Hierarchy 窗口(D)是场景中每个游戏对象的分层文本表示形式,主要功能是显示放在场景面板中所有的物体对象。场景中的每一项都在层级视图中有一个条目,因此这两个窗口本质上相互关联。层级视图显示了游戏对象之间相互连接的结构。

(5) Project 窗口(E)显示可在项目中使用的资源库,即该项目文件中的所有资源列表。将资源导入到项目中时,这些资源将显示在此处。

(6) Inspector 窗口(F)可用于查看和编辑当前所选游戏对象的所有属性,会呈现出任何对象的所固有的属性,包括三维坐标、旋转量、缩放大小、脚本的变量和对象等。由于不同类型的游戏对象具有不同的属性集,因此在您每次选择不同游戏对象时,Inspector 窗口的布局和内容也会变化。

(7) 状态栏(G)提供有关各种 Unity 进程的通知,以及对相关工具和设置的快速访问。

Unity 通过线上问答、项目分析、现场培训等形式提供技术支持服务,为开发者解决技术难题。同时,Unity 企业技术支持团队还提供各种定制服务,包括开放大世界解决方案、游戏代码加密方案、UPR 性能优化、技术美术支持等服务。所以感兴趣的同学赶紧学起来吧!

习 题

试说说利用 VR、AR 和 MR 技术能拓展哪些应用。

第19章　区　块　链

　　"区块链"的概念源于比特币。2009 年比特币(Bitcoin)面世，成为区块链应用的第一个"结晶"。2015 年始，部分国家认识到区块链技术的巨大应用前景，开始从国家发展层面考虑区块链的未来道路，区块链成为全球各大监管机构、金融机构和商业机构争相研究讨论的对象。在区块链迅速发展的背景下，我国顺应全球化需求，紧跟国际步伐，积极推动国内区块链的相关领域研究、标准化制定和产业化发展。政府充分认可了区块链技术引领产业发展、激活实体经济的作用。

本章要点：

- 了解区块链的概念。
- 了解区块链的分类。
- 掌握区块链的工作原理。
- 了解区块链的价值和前景。

思维导图：

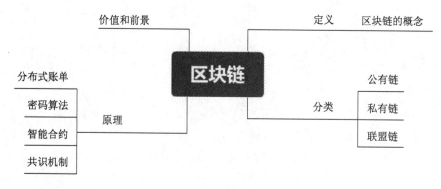

关键字：

　　区块链：Blockchain。
　　公有链：Public Blockchain。
　　私有链：Private Blockchain。
　　联盟链：Consortium Blockchain。
　　超级账本：Hyperledger。

19.1 区块链概述

区块链是一种带有数据"散列验证"功能的数据库。区块，就是数据块，按照时间顺序将数据区块组合成一种链式结构，并利用密码学算法，以分布式记账的方式，集体维护数据库的可靠性。所有数据块按时间顺序相连，从而形成区块链。

比特币

19.1.1 区块链的概念

区块链(Blockchain)是一种去中心化的分布式数据库技术，它的主要作用是存储信息，所应用到的技术包括非对称加密技术、点对点传输、时间戳、共识机制等。通俗来说，我们可以将网上的每笔记录理解为一个区块，每一区块形成后会盖上时间戳，后续产生的区块会依次盖上时间戳并严格按照时间线顺序推进，形成不可逆的链条。因此，每个区块都包含上一个区块的加密值，以确保区块按照时间顺序连接的同时没有被篡改。另外，区域链也能被看作一个公共账本，每一位用户均可以对其进行核查，也不受到任何一位用户的控制。在区块链系统中，每一位用户是公共账本的共同更新者，并且该套账本的修改需要根据严格的规则和共识才可实现。因此，区块链技术安全可靠，不易篡改，如图19-1所示。

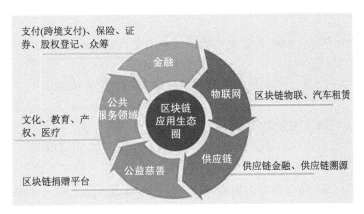

图 19-1 区块链技术的应用

区块链技术被认为是继蒸汽机、电力、互联网之后，下一代颠覆性的核心技术，将改变千百年来落后的信用机制。区块链作为构造信任的机器，利用信息技术建立起可以量化的信任机制，应用范围已经从数字货币、智能合约扩展到金融行业以外的各个领域。不久的将来，以金融服务、社会管理、共享经济、物联网、医疗健康、文化娱乐为主要应用场景的区块链生态圈将成为下一个信任的基石云。

19.1.2 区块链的分类

区块链分为公有链、私有链、联盟链三类。

1. 公有链

公有链(Public Blockchain)是指该区块链对所有人开放，任何人都可以参与进来。公有链的特点包括：

(1) 系统是开源的，运作规则公开透明，不设置访问门槛，任何人都可以下载获得完整的区块链数据。

(2) 公有链的程序开发者无权干涉用户，用户权益可以得到系统的有效保护。

(3) 虽然系统的数据公开透明，但是系统参与者都是匿名的，每个地址的真实身份都得到隐藏，公有链具有匿名性。

公有链往往是作为区块链生态系统的底层支撑存在，又可以称为基础链，典型的公有链代表就是比特币(BTC)、以太坊(ETH)、EOS(Enterprise Operation System)等，如图 19-2 所示。

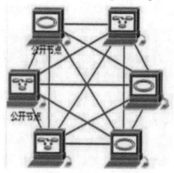

图 19-2　公有链示意图

2. 私有链

私有链(Private Blockchain)是指该区块链仅限于个人或公司机构内部使用。

私有链的特点包括：

(1) 系统不对外公开，区块链的信息写入权限掌握在个人或组织手中，并可设置信息传递的权限。

(2) 交易速度很快，不需要每个节点来验证一个交易。

(3) 交易成本低廉，私有链的内部运作方式使得交易可以实现免费。

(4) 私有链的个人数据不会被互联网络的其他人员获取，能够有效保护隐私。

私有链是组织机构通过利用区块链的技术手段去改善内部，特别是金融部门的工作效率、防范金融欺诈的一个有效运用，如图 19-3 所示。

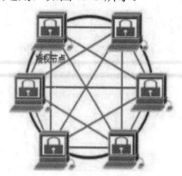

图 19-3　私有链示意图

3. 联盟链

联盟链(Consortium Blockchain)是指该区块链只对特定的组织团体开放，即仅限联盟成员参与，共识过程受到预选节点控制，而且节点只有通过授权后才能加入或退出。

联盟链的特点包括：

(1) 联盟链的节点通常有与之对应的实体机构，是多机构之间组成联盟的形式。

(2) 联盟链系统是半中心化，数据只对有权限的用户和内部联盟成员开放。

(3) 联盟链系统节点较少，交易速度快且可控性强，但是只要大部分联盟成员达成共识，就存在区块数据修改的可能。

(4) 联盟链的应用更多是机构之间的交易、结算等 B2B(Business-To-Business，企业对企业的电子商务模式)场景，是为了增强成员之间的相互信任度。

典型的联盟链代表有超级账本(Hyperledger)，这是一个由美国 Linux 基金会发起的项目，现有 100 多个成员机构，目标是构建一个各个成员之间共同合作、满足不同行业用户的开放平台，如图 19-4 所示。

图 19-4　联盟链示意图

19.2　区块链的原理

区块链技术也称为分布式账本技术，是一种互联网数据库技术，其特点是去中心化、公开透明，让每个人均可参与数据库记录。区块链技术不是一个单项的技术，而是一个集成了多方面研究成果基础之上的综合性技术系统。其中有分布式账本、密码算法、智能合约和共识机制。

19.2.1　分布式账本

分布式账本也称为共享账本。如果说密码学是区块链的基石，那么分布式账本就是区块链的骨架。简单来说，分布式账本就是一种数据存储的技术，是一个去中心化的分布式数据库。

注意：这里面有两个点需要解释一下，一个是"去中心化"，另一个是"分布式"。

先说"去中心化"。举个简单的例子。① 我出去吃饭使用微信付款给老板，假如这顿饭是 100 元，我的微信账面 −100，老板账面 +100。这种转换过程是怎样的呢？其中有一个第三方腾讯，这样理解，你的钱是存在腾讯微信上，通过它的服务器完成了这次交易。② 我要将 100 元从 A 银行汇款至 B 银行的朋友账户。可以是手机银行网银柜面交易，首先这 100 元先从我所在的 A 银行扣除，然后转入人行清算系统，再由系统将资金转入 B 银行朋友的账户。汇款至国外也是如此道理，只是中间可能多了几家代理行。区块链去中心化的价值就在这里，直接由我付款给老板，由我付款至朋友，其中没有腾讯，没有银行。这项技术不仅将用于金融行业，医疗、物流、农业等都需要。

再说"分布式"。分布式的意思就是把数据分散开来存储。像早期很多互联网公司，会把我们的信息都存储在一个大的数据库里，数据信息都比较集中，属于集中式的数据库，一旦这个数据库发生问题，就会出现宕机、无法使用等严重后果。于是把数据分散到多个数据库中，共同存储数据，哪怕其中的一个出现问题，其他的数据库也能够顶替它继续运行，保证整个公司的正常工作。而这种把数据分散存储的技术，就是分布式数据库。

分布式账本带来的好处，不仅仅是避免了单点故障，降低了网络遭到黑客攻击或信息丢失的概率，更赋予了区块链去中心化的特点，防止数据都集中在中心化巨头手中，使用户"自己控制自己的数据，自己决定数据的用途"成为现实。

总的来说，分布式账本就像是区块链的灵魂。在今天这样一个大数据时代，希望区块链能像个勇士一样，披荆斩棘，为现在数据乱象画上一个句号。

19.2.2　密码算法

在区块链中使用了很多加密算法，包括哈希算法、对称加密技术、非对称加密技术等。今天主要介绍这几种加密算法的原理和在区块链中的运用。

1. 哈希算法

哈希算法是一种常见的单向加密算法，它将一串数据通过哈希函数加密生成一串固定长度的二进制字符串，这段二进制字符串就是哈希值，但不能由哈希值还原为原来的输入数据。

常用的哈希算法有 MD5、SHA256 和 RIPEMD。在区块链中很多地方用了哈希算法，比如对区块计算哈希值、区块和交易的完整性验证等等。

2. 对称加密技术

对称加密技术是采用同一个混淆因子(也叫密码)，然后使用混淆算法对输入进行混淆，得到加密后的数据。之后，采用相同的混淆因子(密码)进行逆运算，可以得到原始的输入值。它的特点是：使用的密钥只有一个，发收信双方都使用这个密钥对数据进行加密和解密，要求解密方事先必须知道加密密钥。

如果有人在传输过程中截取了密文和密钥，也一样能解密出明文，这就导致了安全性问题。目前，区块链领域最常用的对称加密算法是 AES、PBKDF2 和 SCRYPT。

3. 非对称加密技术

非对称加密算法需要两个密钥：公钥(publickey)和私钥(privatekey)。公钥与私钥是一对，私钥可以推导出公钥而公钥不可以推导出私钥，如果用公钥对数据进行加密，只有用对应的私钥才能解密；如果用私钥对数据进行加密，那么只有用对应的公钥才能解密。简单地说，就是"公钥加密，私钥解密；私钥加密，公钥解密"。

在区块链中，数字签名就是基于上述非对称加密技术，不同点在于数字签名使用私钥生成一个签名，接收方使用公钥进行校验。比如上面用私钥解密得到明文后，用私钥进行签名进行回复，收到回复后用公钥解密得到的内容与数据相同即可证明签名正确。

因为公钥和私钥是成对的，唯一对应的，私钥只有对方拥有，所以对方也不能对签名进行抵赖。

在区块链技术中常见的签名算法是椭圆曲线加密技术。其算法用对椭圆曲线上的点进行加法或乘法运算来表达。区块链中私钥是一个随机数，通过椭圆曲线签名算法生成公钥。但反向从公钥计算出私钥几乎是不可能的。椭圆曲线签名算法还具有安全性高和存储空间占用小的特点。

19.2.3　智能合约

智能合约概念的首次提出要追溯到 1994 年，几乎与互联网同时出现。计算机与密码科学家尼克·萨博(Nick Szabo)是智能合约概念的提出者，被业界誉为智能合约之父。但由于当时互联网还未有大规模发展，并且缺少可信任的执行环境，智能合约如空中楼阁一般一直难有用武之地，直到遇见了区块链技术。因为区块链自带去中心化，无须第三方权威，依靠代码实现信任的技术特性，能够与智能合约做到完美互补。

简单地说，区块链智能合约就是传统合约的数字化升级版本。它们是在区块链数据库上运行的计算机程序，当满足其源代码中写入的条件时自行执行。智能合约一旦编写好就可以被用户信赖，部署完毕就无法更改，即使是代码编写者也不行。

举个例子就比较好理解，饮料自动售卖机就是一个实体版的智能合约。根据不同输入，提供相应的输出。投入足额的钱币，掉落一罐饮料。钱币不够，不掉饮料。钱币多了，掉落饮料同时找零。

19.2.4　共识机制

在区块链系统中没有像银行一样的中心化机构，所以在进行传输信息、价值转移时，共识机制解决并保证每一笔交易在所有记账节点上的一致性和正确性问题。区块链的这种新的共识机制使其在不依靠中心化组织的情况下，依然大规模高效协作完成运转。

除了密码学技术外，共识机制也是区块链的必要元素和核心部分，是保障区块链系统不断运行的关键。

在区块链网络中，由于应用场景的不同，采用了不同的共识算法。目前，区块链的共识机制主要有四类：工作量证明机制 Pow、权益证明机制 Pos、委托权益证明机制 Dpos、验证池共识机制 Pool。

1. 工作量证明

工作量证明(Proof of Work，POW)机制可简单理解为一份证明，证明你做过一定量的工作。通过查看工作结果，就能知道你完成了指定量的工作。区块链共识算法使用最多的就是 POW。比特币和以太坊都是基于 POW 的共识机制。

例如，比特币在区块链的生成过程中使用的就是 POW 机制，简单理解就是大家共同争夺记账权利，谁先抢到并正确完成记账工作，谁就得到系统的奖励，奖励为比特币，也就是所谓的"挖矿"。矿工(参与挖矿的人)通过计算机的计算能力去完成这个记账工作，这个拥有计算能力的专业计算机就是所谓的"矿机"。

2. 权益证明

权益证明(Proof of Stake，POS)机制通过持有 Token(代币)的数量和时长来决定你获得记账的概率，类似于股票的分红制度，持有股权越多的人就能够获得更多的分红。Token相当于区块链系统的权益。目前有很多数字资产用 POW 发行新币。

3. 委托权益证明

委托权益证明(Delegated Proof of Stake，DPOS)机制是基于 POS 衍生出的更专业的解决方案，类似于董事会投票，拥有 Token 的人投票给固定的节点，选举若干代理人，由代理人负责验证和记账。不同于 POW 和 POS 的全网都可以参与记账竞争，DPOS 的记账节点在一定时间段内是确定的。

为了激励更多人参与竞选，系统会生成少量代币作为奖励。比特股就采用该方式。

4. 验证池共识机制 Pool

验证池共识机制是一种基于传统的分布式一致性技术，加上数据验证的机制，是目前行业链大范围在使用的共识机制。

每一种共识机制都不能同时满足安全、效率、公平的需求。去中心程度越弱，安全性就越低，区块链的速度就越快；去中心化程度越强，安全性就会越高，区块链的速度就会越慢。POW 完全去中心化，但运行效率太低。POS 提高了效率，但却降低了公平与安全。DPOS 有强烈的中心化特性，却在短期内效率最高。目前，行业区块链大范围使用 Pool共识。

19.3　区块链的价值和前景

区块链的诞生标志着人类开始构建真正的信任互联网。

区块链技术可以构建一个高效可靠的价值传输系统，推动互联网成为构建社会信任的网络基础设施，实现价值的有效传递，并将此称为价值互联网。区块链提供了一种新型的社会信任机制，为数字经济的发展奠定了新基石，"区块链+"应用创新，昭示着产业创新和公共服务的新方向。

价值交互的基础是双方信任的建立。区块链技术的革命性在于它实现了一种全新的信任方式，通过在技术层面的设计创新，使得价值交互过程中人与人的信任关系能够转换为人与技术的信任，甚至于由程序自动化执行某些环节，商业活动成本会更低。

区块链技术被认为是继蒸汽机、电力、互联网之后，下一代颠覆性的核心技术。如果说蒸汽机释放了人们的生产力，电力解决了人们基本的生活需求，互联网彻底改变了信息传递的方式，那么区块链作为构造信任的机器，将可能彻底改变整个人类社会价值传递的方式。

区块链将对现有的经济社会产生巨大的影响，有望重塑人类互联网活动形态。

对于区块链近期的发展趋势主要有以下几个方面。

(1) 应用模式升级。鉴于公有链的安全性和交易量与日俱增对现网容量之间的平衡问题，未来区块链的应用领域将以联盟链、私有链或混合链为主。比特币模式增加了区块链网络的维护成本，对于低价值、低风险的交易来说并非完全适用。考虑到效率和安全的提升，未来将是以联盟链、私有链，或由联盟链和私有链组成的混合链组成。

(2) 多中心化。未来区块链系统架构将是构建可信任的多中心体系，将分散独立的各自单中心提升为多方参与的统一多中心，从而提高信任传递效率，降低交易成本。即在信息不对称、不确定的环境下，建立满足各种活动赖以发生、发展的"信任"生态体系。

(3) 从金融创新带动其他行业应用突破。区块链的应用领域将先从对交易各方有相互建立信任的需求，但又不容易建立信任关系的领域切入，如金融、证券、保险等领域。随着应用普及和社会认知度的提高，区块链将逐渐向社会各领域渗透。比如区块链已经初步应用于政治选举、企业股东投票、预测市场等领域。

(4) 智能合约的社会化。在未来，所有的契约型的约定都实现智能化，利用智能合约可以保障所有约定的可靠执行，避免篡改、抵赖和违约。除了将社会中的有形资产转变为数字智能资产进行确权、授权和实时监控外，区块链还可应用于社会中的无形资产管理，如知识产权保护、域名管理、积分管理等领域。

从比特币等数字货币的爆发推进了其底层区块链技术的发展，寒冬更是让行业进入反思和沉淀的时期，我们期待区块链有价值应用的落地，真正为社会创造价值。

习　题

一、思考题

1. 大家思考一下区块链未来的发展趋势。
2. 关于区块链与数字货币的思考。

二、讨论题

区块链等网络技术建立的信任机制对社会人或自然人之间的相互信任有什么影响？

参 考 文 献

[1] 万雅静，赵杰，吴晓霞. 信息技术基础：Windows 10 + Office 2016 + 新技术[M]. 西安：西安电子科技大学出版社，2019.

[2] 眭碧霞. 信息技术基础[M]. 2 版. 北京：高等教育出版社，2021.

[3] WPS 学堂. 登录 WPS 账号可以享有什么权益[EB/OL]. (2020-09-11)[2022-04-11]. https://www.wps.cn/learning/article/detail/id/14149.html.

[4] WPS 再创历史：全国计算机等级考试实现"全覆盖"[EB/OL]. (2020-12-11) [2022-04-11]. https://zhuanlan.zhihu.com/p/335983006.

[5] OFD 格式文档，在 WPS 能轻松打开啦[EB/OL]. (2021-03-03)[2022-04-11]. https://zhuanlan.zhihu.com/p/354181509.

[6] WPS 云服务是如何保护你的数据安全[EB/OL]. (2020-07-08)[2022-04-11]. https://zhuanlan.zhihu.com/p/154099327.

[7] 他是 WPS 的"亲兄弟"，擅长协作办公，如今被 2 亿多人使用，却鲜为人知[EB/OL]. (2020-06-05)[2022-04-11]. https://zhuanlan.zhihu.com/p/145990496.

[8] WPS 里最强大的隐藏技巧？它比你想象中实用太多了[EB/OL]. (2020-06-17)[2022-04-11]. https://zhuanlan.zhihu.com/p/148875588.

[9] 龙马工作室. Word 2010 中文版完全自学手册[M]. 北京：人民邮电出版社，2012.

[10] 陈慧南. 算法设计与分析：C++ 语言描述[M]. 北京：电子工业出版社，2006.

[11] 褚瑞，袁志坚. 机器人流程自动化(RPA)UiBot 开发者认证教程：上册[M]. 北京：电子工业出版社，2020.

[12] 褚瑞，袁志坚. 机器人流程自动化(RPA)UiBot 开发者认证教程：下册[M]. 北京：电子工业出版社，2020.

[13] 柴娟伟. RPA(流程自动化机器人)入门：手把手教你应用 UiPath 自动化工作[M]. 北京：电子工业出版社，2021.

[14] 西村泰洋. 几张图教你看懂 RPA(AI& RPA：人工智能与机器人流程自动化的完美结合)[M]. 张丹，译. 北京：中国青年出版社，2020.

[15] UiPath 官网[EB/OL]. (2019-05-13)[2022-04-11]. https://www.uipath.com.cn/.

[16] 来也科技官网[EB/OL]. (2015-07-1)[2022-04-11]. https://laiye.com/.

[17] 吉姆·克里斯蒂安. 写给所有人的编程思维[M]. 北京：北京日报出版社，2019.

[18] 沈鑫剡. 计算机基础与计算思维[M]. 北京：清华大学出版社，2014.

[19] 计算机语言的发展史[EB/OL]. (2018-10-03)[2022-04-11]. https://blog.csdn.net/qq_42932382/article/details/82912762.

[20] 郎为民. 大话物联网[M]. 北京：人民邮电出版社，2011.

[21] 上海轨道交通车辆智能运维系统[EB/OL]. (2021-01-11)[2022-04-11]. https://www.sohu.com/a/ 443841317_682294.

[22] 百度百家号. 供应链管理数字化实时跟踪技术分享[EB/OL]. (2020-11-06)[2022-04-11].

https://baijiahao.baidu.com/s?id=1682588398539026733&wfr=spider&for=pc.

[23] 百度百家号. 数字化转型助推农业高质量发展[EB/OL]. (2020-08-17)[2022-04-11].
https://baijiahao.baidu.com/s?id=1675252964832459393&wfr=spider&for=pc.

[24] 百度百家号. 物流企业转型数字化，作为经营者该关心什么？[EB/OL]. (2021-08-04)
[2022-04-11]. https://baijiahao.baidu.com/s?id=1707152030080042302.

[25] 双路高清纯车牌识别系统[EB/OL]. (2018-07-28)[2022-04-11]. https://bbs.zhulong.
com/104030_group_201205/detail32790024/.

[26] 物联网智能平台可为公交候车亭赋予更多人性化功能[EB/OL](2018-11-21)[2022-04-11].
https://www.sohu.com/a/276890194_408232.

[27] 杨俊锋，崔丽霞，吴滕，等. 混合同步网络课堂有效性的实证研究[J]. 电化教育研究，
2018，39(12):50-56+77. DOI:10.13811/j.cnki.eer.2018.12.007.

[28] 温君波. 基于 Socket 的网络会议系统[D]. 长春吉林大学，2007.

[29] 云台(拍摄设备的支撑平台)[EB/OL]. (2014-02-14)[2022-04-11]. https://baike.baidu.
com/item/%E4%BA%91%E5%8F%B0/13021663?fr=aladdin.

[30] Tencent 腾讯. 腾讯会议[EB/OL]. (2019-11-10)[2022-04-11]. https://www.tencent.com/
zh-cn/responsibility/combat-covid-19-tencent-meeting.html?ivk_sa=1024320u.

[31] 阿里钉钉官网[EB/OL]. (2014-07-01)[2022-04-11]. https://www.dingtalk.com/.

[32] 卢梦琪. 虚拟现实：元宇宙点燃新一轮发展热情[N]. 中国电子报，2021-12-21(007).
DOI:10.28065/n.cnki.ncdzb.2021.001632.

[33] 郑泉. 虚拟现实实践视域下的身体与技术关系探析[J]. 自然辩证法研究,2021,37(12):
33-38. DOI:10.19484/j.cnki.1000-8934.2021.12.006.

[34] 陈沅. 虚拟现实技术的发展与展望[J]. 中国高新区，2019，(1):231-232.

[35] 杨青，钟书华. 国外"虚拟现实技术发展及演化趋势"研究综述[J]. 自然辩证法通
讯，2021，43(03): 97-106.DOI:10.15994/j.1000-0763.2021.03.013.

[36] Unity 中国官网[EB/OL]. (2015-05-12)[2022-04-11]. https://unity.cn/.

[37] Unity 的界面[EB/OL]. (2021-03-31)[2022-04-11]. https://docs.unity.cn/cn/current/Manual/
UsingTheEditor.html.

[38] Unity(游戏引擎)[EB/OL]. (2022-03-10)[2022-04-11]. https://baike.baidu.com/item/Unity/
10793?fr=aladdin.

[39] 韩洋祺，郑亚清，陈亚娟. 人工智能基础[M]. 长沙：湖南大学出版社，2021.

[40] 严晓华，包晓蕾. 现代通信技术基础[M]. 3 版. 北京：清华大学出版社，2019.

[41] 张宝富，张曙光，田华. 现代通信技术与网络应用[M]. 3 版. 西安：西安电子科技大
学出版社，2022.

[42] 云计算的应用领域及案例介绍[EB/OL]. (2018-04-10)[2022-04-11]. https://m.elecfans.com/
article/659507.html.

[43] 互联网+[EB/OL]. (2013-11-10)[2022-04-11]. https://baike.baidu.com/item/互联网+/
12277003.

[44] 王斌，颜兵，曹三省，等.VR+:融合与创新[M]. 北京：机械工业出版社，2016.

[45] 科技速龙. 科技科普帖：什么是物联网[EB/OL]. (2019-08-12)[2022-04-11]. http://www.

iotworld.com.cn/html/News/201908/549a177447fda3b2.shtml

[46]　刘静芳. 增强数据安全责任意识，完善数据安全管理体系[EB/OL]. (2021-08-12) [2022-04-11]. https://www.sohu.com/a/483038302_121124367.

[47]　Excel 如何对满足条件的整行数据自动加色[EB/OL]. (2022-03-21)[2022-04-11]. https:// jingyan.baidu.com/article/5d6edee2fc39f4d8eadeecfa.html.

[48]　了解"公有链""私有链""联盟链"区块链[EB/OL]. (2018-03-24)[2022-04-11]. https:// www.sohu. com/a/226283638_100090514.

[49]　国内外主流云服务提供商有哪些？[EB/OL]. [2022-04-11]. http://c.biancheng.net/ view/3929.html.